"Elizabeth Blackburn y Elissa Epel descubrieron que los telómeros, la estructura final del ADN que forma tus cromosomas, no sólo llevan los comandos emitidos por tu código genético. También te escuchan. Absorben las instrucciones que les das. Responden cuando estás estresado o relajado, triste o feliz. Influyen en tu salud mental, humor, velocidad de envejecimiento y riesgo de enfermedades neurodegenerativas. En otras palabras, podemos cambiar la forma en que envejecemos al nivel celular más básico. Así que si quieres mantener tu cerebro activo, ingenioso y perspicaz, debes conocer a los telómeros y conectarte con ellos. Esta obra te muestra cómo de forma emocionante, intelectual y accesible para todos. Se volverá un clásico. Es uno de los libros de biología más emocionantes de la última década."

—ERIC KANDEL, Premio Nobel, autor de *En busca de la memoria: El nacimiento de una nueva ciencia de la mente*[1]

"Para mejorar la salud pública se necesita que la gente sepa la verdad sobre su propia vida. Blackburn y Epel revelan el descubrimiento de la manera en que envejecen las células y cómo ciertas fuerzas provocan la enfermedad y el envejecimiento prematuros. *El efecto telómero* explica las cosas (casi siempre invisibles) que afectan nuestra vida, ofreciéndonos conocimiento nuevo y fresco que nos ayuda a concientizar y tomar mejores decisiones de manera individual y social para una mejor salud y longevidad. En resumen, cambiará la forma en que pensamos sobre la enfermedad y la vejez."

—DOCTOR DAVID KESSLER, excomisionado de la FDA, autor de los *bestsellers The End of Overeating* y *Capture*

"Usando la ciencia y las historias personales, Blackburn y Epel demuestran que la manera en que vivimos cada día tiene un profundo efecto en la forma de envejecer (y no sólo en nuestra salud y bienestar). Éste es un manual para vivir más jóvenes y más tiempo. Un adelanto: dormir es un elemento clave. *El efecto telómero* es un libro que te ayudará a crecer sano en cada nivel."

—ARIANNA HUFFINGTON

"Elizabeth Blackburn y Elissa Epel descubrieron un conjunto de hallazgos revolucionarios que pueden transformar la manera en que vivimos, modelando la salud de nuestras células por la forma en que usamos la mente. Estas pioneras del bienestar revelan el poder de nuestras conexiones interpersonales (en relaciones de romance, amistad y padre-hijo) para bajar la velocidad del envejecimiento celular.

"Estos poderosos descubrimientos son muy útiles en tu vida diaria y los presentan con abundantes sugerencias basadas en la ciencia que encantarán tu mente, enriquecerán tu día y mejorarán tu salud."

—DOCTOR DANIEL J. SIEGEL, autor de
Mindsight: La nueva ciencia de la transformación personal[2] y
Tormenta cerebral: El poder y el propósito del cerebro adolescente[3]

"Blackburn y Epel nos enseñan el camino para desarrollarnos muy bien conforme crecemos al ilustrar de forma elocuente las intrincadas relaciones entre la psicología y la biología del envejecimiento. Recurriendo a la ciencia de los telómeros, fortalecen e inspiran al lector para que mejore su periodo de vida saludable. Las autoras señalan posibilidades realistas y al alcance de todos para tener una vida larga, con un lenguaje accesible, informativo y cautivador."

—DOCTORA LAURA L. CARSTENSEN, profesora de psicología,
directora fundadora del Centro de Longevidad en la
Universidad de Stanford, autora de *A Long Bright Future*

"El *dream-team* Blackburn-Epel condensó una cantidad masiva de datos complejos y científicos en una guía práctica y fácil de leer llena de estrategias que ayudarán a cualquier persona: un regalo en verdad extraordinario para todos los que queremos mejorar nuestra salud, sin importar en qué etapa de la vida nos encontremos."

—Doctora Rita B. Effros,
profesora en la Escuela de Medicina David Geffen de UCLA,
presidente en 2015 de la Sociedad Gerontológica de América

"Las autoras de este fascinante libro muestran cómo los telómeros son los responsables de muchos aspectos de nuestra existencia diaria. En estas páginas, los telómeros se vuelven la conexión de una discusión importante entre la vulnerabilidad, resistencia y adaptación a las influencias de nuestro entorno social y físico y el rol de la conexión mente-cuerpo. En el futuro quizá el monitoreo de los telómeros nos ayude a tener mejor salud (una nueva frontera esperando a ser explorada). En cualquier caso, aprenderás muchas cosas que beneficiarán tu 'periodo de vida saludable'."

—Doctor Bruce McEwen, profesor de neurociencia en la
Universidad Rockefeller, autor de *The End of Stress as We Know It*

"La doctora Elizabeth Blackburn es *la* experta en telómeros, esas puntas que protegen nuestros cromosomas y se relacionan de forma extraordinaria con la salud y la longevidad. Sus descubrimientos científicos y los de la doctora Epel, así como su importancia para nuestra salud, tanto individual como colectiva, son muy profundos. Además, su aparente relación con el estrés abre una emocionante variedad de transformaciones potenciales y saludables para el estilo de vida."

—Lee Goldman, director general del Centro Médico de la
Universidad de Columbia, autor de *Too Much of a Good Thing:
How Four Key Survival Traits Are Now Killing Us*

"La exitosa investigación que llevaron a cabo las doctoras Elizabeth Blackburn y Elissa Epel propició un cambio dramático en nuestro entendimiento de las posibilidades en términos de salud y longevidad humana. Los telómeros, los extremos de tu ADN, afectan la rapidez con la que tus células envejecen y mueren. Conforme se acortan, tu vida se enturbia con la enfermedad.

"Las doctoras Blackburn y Epel son las principales investigadoras en el descubrimiento de los telómeros, sus profundos efectos en la salud y las innumerables formas en que la elección del estilo de vida puede reducir el envejecimiento celular. Han colaborado con investigadores de todo el mundo en estudios que van desde entender el mecanismo del envejecimiento celular y exposiciones químicas, hasta clases de entrenamiento mental con el fin de mejorar la salud celular. Un estudio en el que colaboramos mostró, por primera vez, que los cambios en el estilo de vida incrementan nuestra longitud telomérica, empezando a revertir el envejecimiento a nivel celular. Este libro es revolucionario al transformar la manera en que el mundo concibe la salud, el bienestar, la enfermedad y la muerte. El trabajo revela una impresionante imagen del envejecimiento saludable (no solamente como individuos, sino de la manera en que estamos conectados a los demás, hoy y a través de las futuras generaciones). Todo lo que diga es poco para destacar su importancia."

—DOCTOR DEAN ORNISH, fundador y presidente del
Preventive Medicine Research Institute,
profesor de medicina en UCSF, autor de
The Spectrum, bestseller del *New York Times*

"Algunos resaltamos los determinantes sociales de la salud; otros hacemos hincapié en los comportamientos como la dieta y el ejercicio, y unos más en la psicología y la salud. ¿Y si tuviéramos una forma coherente y fácilmente comprensible de entender la biología que vincula todo esto a la salud y la enfermedad, así como a la longitud y calidad de vida? No sólo conseguiríamos un mejor entendimiento de las causas del binomio salud-enfermedad, sino también sabríamos qué hacer para mejorar las cosas. Como Blackburn y Epel exponen de manera hermosa y clara en este maravilloso libro, la longitud telomérica provee tal mecanismo biológico unificador. Las autoras toman ciencia innovadora y la hacen fascinante y entendible para lectores interesados y expertos. Más que esto, nos entusiasmamos con su humanidad."

—Profesor Sir Michael Marmot, presidente
de la World Medical Association,
director del Institute of Health Equity de la Universidad Colegio de Londres,
autor de *The Health Gap: The Challenge of an Unequal World*

"Al fin nos estamos acercando a las influencias biológicas, conductuales y sociales interconectadas que explican por qué algunas personas se desarrollan con buena salud mientras otras son más propensas a tropezar y caer. Siempre educativo y a veces poético, *El efecto telómero* nos trae un análisis fascinante de dos de las mejores investigadoras del mundo en comportamiento, salud y longevidad.

"Evitando las exhortaciones con soluciones rápidas como los propósitos de año nuevo destinados a desaparecer en primavera, Blackburn y Epel explican los patrones de vida a largo plazo que juegan un rol en alargar los telómeros, los periodos de buena salud y la vida.

"Este excelente libro evita la trampa de ver todo el estrés y los retos como malos. En vez de eso, aporta el sutil entendimiento de que los problemas y tribulaciones no son una amenaza para la salud, más bien un reto que puede generar adaptación y resistencia. El estudio de los telómeros nos ayuda a entender lo que protege y refuerza nuestras células. Esto es lo último en las ciencias que estudian la longevidad."

—Doctor Howard S. Friedman,
eminente profesor en la Universidad de California, en Riverside,
y autor de *The Longevity Project: Surprising Discoveries for Health and Long Life from the Landmark Eight-Decade Study*

"*El efecto telómero* nos presenta, en alto relieve y con los detalles prácticos necesarios, la situación general de una ciencia nueva que revela que cómo vivimos nuestra vida, de manera interna y externa e individual y colectiva, afecta significativamente nuestra salud, bienestar y longevidad. La concientización es un ingrediente clave, y de manera importante muestra que también entran en juego problemas de pobreza y de justicia social. Este libro es una invaluable y sabia contribución, con auténtico rigor científico y en esencia sumamente compasiva, para nuestro entendimiento de la salud y el bienestar."

—JON KABAT-ZINN, autor de *Vivir con plenitud las crisis*[4]
y Coming to Our Senses

LA SOLUCIÓN
DE LOS
TELÓMEROS

LA SOLUCIÓN
DE LOS
TELÓMEROS

Un acercamiento revolucionario para vivir
más joven, más sano y más tiempo

Elizabeth Blackburn

PREMIO NOBEL DE MEDICINA

Elissa Epel

Traducción de
Elena Preciado

La solución de los telómeros

Un acercamiento revolucionario para vivir más joven, más sano y más tiempo

Título original: *The Telomere Effect*
Publicado por acuerdo con Grand Central Publishing,
un sello de Hachette Book Group, Inc.

Primera edición: julio de 2017

D. R. © 2017, Elizabeth Blackburn / Elissa Epel

D. R. © 2017, derechos de edición mundiales en lengua castellana:
Penguin Random House Grupo Editorial, S.A. de C.V.
Blvd. Miguel de Cervantes Saavedra núm. 301, 1er piso,
colonia Granada, delegación Miguel Hidalgo, C.P. 11520,
Ciudad de México
www.megustaleer.com.mx

D. R. © Jeff Miller / Faceout Studio, por el diseño de cubierta
D. R. © Shutterstock, por la imagen de portada
D. R. © Elena Preciado, por la traducción

Este libro está diseñado para ayudarle a comprender la nueva ciencia de los telómeros y para ayudarle a tomar decisiones informadas sobre su estilo de vida; su intención no es reemplazar el tratamiento médico profesional. Debe consultar regularmente a un médico en asuntos relacionados con su salud y particularmente con respecto a cualquier síntoma que requiera diagnóstico o atención médica.

ISBN: 978-607-315-541-0

Impreso en México – *Printed in Mexico*

El papel utilizado para la impresión de este libro ha sido fabricado a partir de madera procedente de bosques y plantaciones gestionadas con los más altos estándares ambientales, garantizando una explotación de los recursos sostenible con el medio ambiente y beneficiosa para las personas.

Penguin
Random House
Grupo Editorial

Dedico este libro a John y Ben, las luces de mi vida que hacen valer la pena todo en esta vida.

—EHB

Dedico este libro a mis padres, David y Louis, quienes son una inspiración para vivir de manera plena y vibrante, en su casi novena década de vida, y a Jack y Danny que hacen felices a mis células.

—ESE

ÍNDICE

PARTE I

TELÓMEROS: UN CAMINO PARA UNA VIDA MÁS JOVEN

PARTE II

TUS CÉLULAS ESCUCHAN TUS PENSAMIENTOS

PARTE III

AYUDA AL CUERPO PARA QUE PROTEJA TUS CÉLULAS

PARTE IV

EXPÁNDETE: EL MUNDO SOCIAL MODELA TUS TELÓMEROS

Nota de las autoras: por qué escribimos este libro

A sus 122 años, Jeanne Calment es la mujer con la vida más larga documentada. Cuando tenía 85 empezó a practicar esgrima. Cuando cumplió 100 todavía andaba en bici[1] y salió a dar la vuelta caminando por su ciudad natal, Arles, Francia, agradeciendo a la gente que le deseaba feliz cumpleaños.[2] El entusiasmo por la vida de Calment abarca lo que todos queremos: una vida saludable hasta el final. Envejecer y morir son hechos inmutables de la vida, pero cómo vivimos hasta nuestro último día no lo es. Depende de nosotros, podemos vivir mejor y más plenamente ahora y en nuestros años futuros.

El campo relativamente nuevo de la ciencia de los telómeros tiene implicaciones profundas que pueden ayudarnos a alcanzar este objetivo. Su aplicación puede ayudar a reducir enfermedades crónicas y mejorar el bienestar hasta el fondo de nuestras células y durante toda nuestra vida. Escribimos este libro para ponerte en las manos información importante.

Aquí encontrarás una nueva forma de pensar sobre el envejecimiento humano. Una visión científica, actual y predominante del proceso mencionado es que el ADN de nuestras células se deteriora de manera progresiva, causando que las células se vuelvan viejas y disfuncionales de manera irreversible. Pero ¿cuál ADN se deteriora? ¿Por qué se daña? Todavía no se conocen las respuestas completas, pero ahora las pistas señalan a los telómeros como los principales culpables. Las enfermedades parecen distintas porque involucran órganos y partes del cuerpo muy diferentes. Pero nuevos hallazgos científicos y clínicos concretaron un nuevo concepto. Conforme envejecemos, los telómeros de todo el cuerpo se acortan, y este mecanismo subyacente contribuye a la mayoría de las enfermedades de la senectud. Los telómeros explican cómo se nos acaba la habilidad de reponer el tejido (llamado senescencia replicativa). Hay otras formas en que las células se vuelven disfuncionales o mueren de manera prematura y diferentes factores que contribuyen al envejecimiento humano. Pero el desgaste de los telómeros es un colaborador claro y prematuro para este proceso, y (lo más emocionante) es posible disminuir o incluso revertir ese desgaste.

Ponemos la información de las investigaciones teloméricas en un panorama completo, como se está desarrollando hoy, en un lenguaje para el lector general. Antes este conocimiento sólo estaba disponible en artículos de revistas especializadas y muy disperso. Simplificar este cúmulo de conocimiento científico para el público ha sido un gran reto y responsabilidad. No podíamos describir cada teoría o secuencia de envejecimiento, ni plantear cada tema con sus detalles específicos. Tampoco exponer cada certificación y descargo de responsabilidad. Estos asuntos están detallados en las revistas donde se publicó el estudio original, y alentamos a los lectores interesados a explorar este fascinante conjunto de resultados científicos, muchos de los cuales están citados en este libro. También escribimos un artículo de revisión que cubre la última investigación sobre biología telomérica, publicado en la revista científica arbitrada *Science*, el cual te dará muchas guías en los mecanismos a nivel molecular.[3]

La ciencia es un deporte de equipo. Hemos tenido el privilegio de participar en investigaciones con una amplia gama de colaboradores científicos de diferentes disciplinas. También hemos aprendido de los equipos de investigación de todo el mundo. El envejecimiento humano es un rompecabezas compuesto por muchas piezas. A lo largo de varias décadas, nuevas piezas de información han agregado una parte crítica al conjunto. El entendimiento de los telómeros nos ayuda a ver cómo encajan las piezas (la manera en que las células envejecidas pueden causar la gran variedad de enfermedades propias de la edad). Por fin ha surgido una imagen que es tan convincente y útil que era importante compartirla ampliamente. Ahora tenemos un entendimiento extenso del mantenimiento telomérico, desde la célula hasta la sociedad, y lo que puede significar en la vida y comunidades humanas. Compartimos contigo la biología básica de los telómeros, cómo se relacionan con la enfermedad, la salud, nuestra forma de pensar y hasta con nuestras familias y comunidades. Juntar las piezas, iluminadas por el conocimiento de lo que afecta a los telómeros, nos permite una visión más interconectada del mundo, como te compartiremos en la última sección de esta obra.

Otra razón por la que escribimos este libro es para ayudarte a evitar riesgos potenciales. El interés en los telómeros y el envejecimiento está creciendo de forma exponencial, y aunque el público general tiene algo de información correcta, otra puede ser confusa o engañosa. Por ejemplo, hay afirmaciones de que ciertas cremas y suplementos alargan tus telómeros e incrementan tu longevidad. Estos tratamientos, si bien trabajan en el cuerpo, parece que aumentan de manera potencial tu riesgo de cáncer o tener otros efectos peligrosos. Necesitamos estudios más extensos para evaluar los peligros potenciales. Hay otras formas conocidas de mejorar tu longevidad celular, sin riesgos, y aquí tratamos de incluir lo mejor de ellas. En estas páginas no encontrarás ninguna cura instantánea, pero *descubrirás* las ideas específicas, basadas en investigaciones científicas, que pueden hacer el resto de tu vida saludable, largo y pleno. Aunque algunas ideas quizá no sean nuevas para ti, obtener un entendimiento profundo de lo que hay detrás de ellas te permite cambiar el cómo ves y vives tus días.

Por último, queremos que sepas que no tenemos ningún interés económico en las compañías que venden productos relacionados con los telómeros o que ofrecen pruebas teloméricas. Nuestro deseo es sintetizar lo mejor de nuestro entendimiento y hacerlo accesible a cualquiera que pueda encontrarlo útil. Estos estudios representan un verdadero logro en nuestra comprensión de envejecer o vivir más joven y queremos agradecer a todos los que han contribuido a la investigación que aquí se presenta.

A excepción del relato educativo que aparece en la primera página de la introducción, las historias fueron tomadas de personas y experiencias de la vida real. Estamos profundamente agradecidas con la gente que compartió sus historias con nosotras. Para proteger su privacidad, cambiamos algunos nombres y detalles identificadores.

Esperamos que este libro sea útil para ti, tu familia y todos los que puedan beneficiarse de los fascinantes descubrimientos expuestos.

Una historia de dos telómeros

Es una fría mañana de sábado en San Francisco. Dos amigas están sentadas en el exterior de un restaurante dando sorbos a su café caliente. Es su tiempo lejos de casa, de la familia, del trabajo y de la lista de pendientes que parece no tener fin.

Kara habla sobre lo cansada que está. De lo cansada que *siempre* está. El hecho de pescar cada gripa que pasa por la oficina no ayuda, o que esos resfriados de manera inevitable se convierten en una miserable sinusitis. O que su exesposo continúa "olvidando" cuándo es su turno de ir por los niños. O que su malhumorado jefe en la firma de inversión la regañe frente a todos. Y a veces, cuando se recuesta en la cama en la noche, su corazón empieza a galopar fuera de control. La sensación dura sólo unos segundos, pero Kara se queda despierta y preocupada por un tiempo. *Tal vez sólo es estrés*, se dice. *Soy muy joven para tener un problema cardiaco, ¿o no?*

"No es justo —le dice a Lisa—. Somos de la misma edad, pero yo me veo más vieja."

Tiene razón. Con la luz de la mañana, Kara luce demacrada. Cuando va por su taza de café, se mueve con cuidado, como si le dolieran los hombros y el cuello.

Pero Lisa se ve radiante. Sus ojos y su piel brillan, es una mujer con energía más que suficiente para las actividades de un día. También se siente bien. De hecho, Lisa no piensa mucho en su edad, más bien está agradecida por ser más sabia de lo que solía ser.

Al ver a Kara y a Lisa juntas, pensarías que Lisa *es* más joven que su amiga. Si pudieras mirar de cerca su piel, verías que, en cierto modo, la brecha de edad es mayor de lo que parece. De manera cronológica, las dos mujeres tienen la misma edad. De manera biológica, Kara es décadas mayor.

Lisa tiene un secreto, ¿costosas cremas faciales? ¿Tratamientos láser con un dermatólogo? ¿Buenos genes? ¿Una vida libre de dificultades que su amiga enfrenta año tras año?

Ni siquiera cerca. Lisa tiene estrés más que suficiente. Perdió a su marido hace dos años en un accidente automovilístico, ahora, como Kara, es madre soltera. El dinero está justo, y la empresa de tecnología en la que siempre ha trabajado parece estar a un trimestre de quedarse sin capital.

¿Qué sucede? ¿Por qué estas mujeres envejecen de maneras tan diferentes?

La respuesta es simple, y tiene que ver con la actividad dentro de las células de cada una. Las células de Kara están envejeciendo de manera prematura. Se ve más vieja de lo que es, y recorre con rapidez un camino hacia enfermedades y trastornos relacionados con la edad. Las células de Lisa se renuevan. Vive con más juventud.

¿POR QUÉ LA GENTE ENVEJECE DE MANERA DIFERENTE?

¿Por qué la gente envejece a diferentes ritmos? ¿Por qué algunas personas de edad avanzada son ingeniosas y enérgicas, mientras que otras, mucho más jóvenes, están enfermas y exhaustas? Puedes pensar en las diferencias de forma visual:

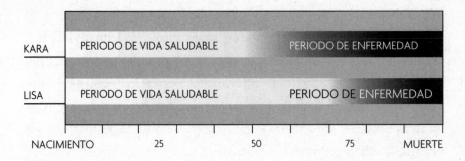

Figura 1: Periodo de vida saludable contra periodo de enfermedad. Nuestro periodo de vida saludable es el número de años de bienestar. Nuestro periodo de enfermedad son los años que vivimos con enfermedades notorias que interfieren con nuestra calidad de vida. Lisa y Kara pueden vivir hasta los cien años, pero cada una tendrá una calidad de vida muy diferente en la segunda mitad.

Mira la primera barra blanca en la figura 1. Muestra el periodo de vida saludable de Kara, el tiempo en que estará libre de enfermedades. Pero a inicios de sus cincuenta, la línea empieza a ponerse gris, y a los setenta, negra. Entra a una fase diferente: el periodo de enfermedad.

Éstos son años marcados por enfermedades de la edad: cardiovasculares, pulmonares, artritis, sistema inmune debilitado, diabetes, cáncer y demás. La piel y el cabello también se ven más desgastados. Y peor, no es que tengas sólo una enfermedad relacionada con la edad y todo quede ahí, es un fenómeno con el sombrío nombre de *multimorbilidad,* pues las patologías tienden a venir en grupos. Por lo que Kara no sólo tiene un sistema inmune agotado, también tiene dolor en las articulaciones y signos tempranos de una enfermedad cardiaca. Para algunas personas, las enfermedades de la edad apresuran el final de la vida. Para otras, la vida continúa, pero es una vida con menos chispa, más lenta. Los años se arruinan por la enfermedad, la fatiga y el malestar.

A los cincuenta, Kara debería tener buena salud. Pero la gráfica muestra que a temprana edad, está entrando al periodo de enfermedad. Kara podría decirlo sin rodeos: se está haciendo vieja.

Lisa es otra historia.

A la edad de cincuenta años todavía goza de una excelente salud. Envejece conforme pasan los años, pero disfruta del periodo de vida saludable por un largo y buen tiempo. No será hasta bien entrada en sus ochenta, la edad aproximada que los gerontólogos llaman "anciano anciano", que le será difícil mantener el ritmo de vida como siempre lo hizo. Lisa tiene un periodo de enfermedad, pero se reduce a sólo unos pocos años hacia el final de una larga y productiva vida. Lisa y Kara no son personas reales, las inventamos para demostración, pero en sus historias resaltan preguntas genuinas.

¿Cómo una persona puede disfrutar el rayo de sol de la buena salud, mientras otra sufre en las penumbras de un periodo de enfermedad? ¿Puedes elegir cuál experiencia *te* sucederá?

Los términos *periodo de vida saludable* y *periodo de enfermedad* son nuevos, pero la pregunta básica no lo es. *¿Por qué las personas envejecen de manera diferente?* La gente se ha hecho esta pregunta por miles de años, quizá desde que fuimos capaces de contar los años y compararnos con nuestros vecinos.

En un extremo, algunas personas piensan que el proceso de envejecimiento está determinado por la naturaleza. Está fuera de nuestras manos. Los antiguos griegos expresaron esta idea a través del mito de las Moiras, tres ancianas que merodeaban alrededor de los bebés en los días después del nacimiento. La primera Moira tomaba un hilo, la segunda tomaba una medida de ese hilo y la tercera lo cortaba. Tu vida sería tan larga como el hilo. Cuando las Moiras cumplían con su trabajo, *tu* destino estaba sellado.

Es una idea que continúa hasta la fecha, aunque con más autoridad científica. En la última versión del argumento de la "naturaleza", tu salud es controlada en su mayoría por los genes. Tal vez no sean Moiras paseándose alrededor de la cuna, pero el código genético determina tu riesgo de sufrir enfermedades cardiacas, cáncer y tu longevidad antes de nacer.

Tal vez, sin darse cuenta, algunas personas creen que la naturaleza es *todo* lo que determina el envejecimiento. Si los presionaras para que explicaran por qué Kara está envejeciendo más rápido que su amiga, éstas son algunas cosas que te podrían decir:

"Es probable que sus padres tuvieran problemas cardiacos y malas articulaciones también."

"Todo está en su ADN."

"Tiene malos genes."

La creencia de que "los genes marcan nuestro destino" no es la única posición. Muchos se han dado cuenta de que la calidad de nuestra salud depende de la manera en que vivimos. Pensamos que esto es un punto de vista moderno, pero ha estado presente por mucho, mucho tiempo. Una antigua leyenda china cuenta la historia de un guerrero de cabello oscuro que tenía que hacer un viaje peligroso por la frontera de su tierra natal. Estaba tan aterrado y estresado por la idea de ser capturado y asesinado, que se despertó una mañana y descubrió que su hermosa cabellera negra se había hecho blanca. Había envejecido con premura durante la noche. Hace 2 500 años esta cultura se había dado cuenta de que el envejecimiento prematuro se podía generar por cosas como el estrés. (La historia tiene un final feliz: nadie reconoció al guerrero por su cabello blanco y viajó a través de la frontera sin ser detectado. Envejecer tiene sus ventajas.)

En la actualidad hay mucha gente que siente que la crianza es más importante que la naturaleza, no importa con lo que hayas nacido, lo que cuenta son tus hábitos de salud. Esto diría esa gente sobre el envejecimiento prematuro de Kara:

"Está comiendo muchos carbohidratos."

"Todos obtenemos el rostro que merecemos conforme envejecemos."

"Necesita hacer más ejercicio."

"Es probable que tenga graves problemas psicológicos sin resolver."

Revisa de nuevo la manera en que ambos lados explican el envejecimiento acelerado de Kara. Los defensores de la naturaleza suenan fatalistas. Para bien o para mal, nacemos con nuestro futuro codificado en los cromosomas. La parte de la crianza es más optimista en su creencia de que el envejecimiento prematuro se puede evitar. Pero quienes apoyan la teoría de la crianza también pueden sonar sentenciosos. Si Kara está envejeciendo con rapidez, dicen, es por su culpa.

¿Quién está en lo correcto? ¿Naturaleza o crianza? ¿Genes o entorno? De hecho ambas son fundamentales, y lo más importante es la interacción entre las dos. Las diferencias reales en el ritmo de envejecimiento entre Kara y Lisa recaen en las complejas interacciones entre genes, relaciones sociales, medio ambiente, estilos de vida, giros del destino, y en especial, en cómo reaccionamos ante éstos. Naces con un conjunto particular de genes, pero la forma en que vives puede influir en cómo se expresan. En algunos casos, factores en el estilo de vida pueden activarlos o apagarlos. Como dijo George Bray, investigador en obesidad: "Los genes cargan la pistola, y el entorno presiona el gatillo".[1] Sus palabras se aplican no sólo al peso, sino a la mayoría de los aspectos de la salud.

Te vamos a mostrar una manera muy diferente de pensar acerca de tu salud. La llevaremos a un nivel celular, para enseñarte cómo luce el envejecimiento celular prematuro y el tipo de caos que produce en tu cuerpo. También te mostraremos no sólo cómo evitarlo, sino cómo revertirlo. Nos sumergiremos en el corazón genético de las células, en los cromosomas. Aquí es donde encontrarás los **telómeros (te-ló-me-ros)**, segmentos no codificados repetidos de ADN que viven en los extremos de tus cromosomas. Los telómeros, que se acortan en cada división celular, ayudan a determinar qué tan rápido envejecen tus células y cuándo morirán, dependiendo de qué tan rápido se desgasten. El extraordinario descubrimiento de nuestras investigaciones en el laboratorio y de otras alrededor del mundo es el siguiente: los extremos de nuestros cromosomas se pueden alargar, y como resultado, el envejecimiento es un proceso dinámico que se puede acelerar o ralentizar y en algunos aspectos incluso revertir. Envejecer no tiene que ser, como se pensó por mucho tiempo, una pendiente resbaladiza de un solo sentido hacia la enfermedad y el deterioro. Todos vamos a envejecer, pero la manera depende mucho de nuestra salud celular.

Somos una bióloga molecular (Liz) y una psicóloga de la salud (Elissa). Liz ha dedicado toda su vida profesional a investigar los telómeros y sus resultados dieron luz a un nuevo campo de entendimiento científico. El trabajo de toda la vida de Elissa es sobre estrés psicológico. Ha estudiado sus efectos dañinos en el comportamiento, la fisiología y la salud, y cómo revertirlos. Desde hace quince años unimos fuerzas para investigar juntas, y los estudios que realizamos pusieron en movimiento una nueva forma de examinar las relaciones entre la mente y el cuerpo. Lo que nos ha sorprendido a nosotras y al resto de la comunidad científica es que los telómeros no sólo realizan los comandos emitidos por tu código genético… también te escuchan. Absorben las instrucciones que les das. La manera en que vives puede decirles a tus telómeros que aceleren el proceso de envejecimiento celular. Pero también puede hacer lo contrario. La comida que ingieres, tu respuesta a los retos emocionales, la cantidad de ejercicio que realizas, si estuviste expuesto a estrés durante tu infancia, incluso los niveles de confianza y

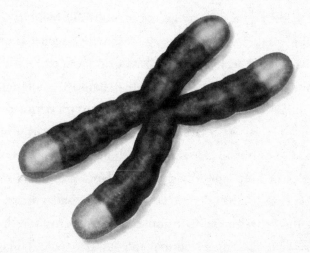

Figura 2: Telómeros en la punta de los cromosomas. El ADN de cada cromosoma tiene regiones finales que consisten en hebras de ADN revestidas de una delicada funda protectora de proteínas. Aquí se muestran como las regiones más claras al final del cromosoma, los telómeros. En esta imagen los telómeros no están dibujados a escala, porque representan menos de una diezmilésima parte del total de ADN de nuestras células. Son una parte pequeña pero vital del cromosoma.

seguridad de tu vecindario, todos estos factores y más parecen influir en tus telómeros y pueden prevenir un envejecimiento prematuro a un nivel celular. En pocas palabras, una de las claves para un periodo de vida saludable largo es que hagas tu parte para promover una regeneración celular saludable.

REGENERACIÓN CELULAR SALUDABLE Y POR QUÉ LA NECESITAS

En 1961 el biólogo Leonard Hayflick descubrió que las células humanas normales se podían dividir un número finito de veces antes de morir. Las células se reproducen haciendo copias de sí mismas (mitosis), y las células humanas contenidas en una capa delgada y transparente en los frascos que llenaban el laboratorio de Hayflick, al principio se reproducían con rapidez. Conforme se multiplicaban, el biólogo necesitaba más y más frascos para contener los crecientes cultivos celulares. Las células en esta etapa temprana se multiplicaban tan rápido que era imposible guardar todos los cultivos. Hayflick recuerda que él y su asistente casi fueron "echados del laboratorio y del edificio de investigaciones por botellas de cultivos". Hayflick llamó a esta fase juvenil de división celular "crecimiento exuberante". Después de un tiempo, las células reproductivas en el laboratorio de Hayflick detuvieron la marcha, como si se hubieran cansado. Las células más longevas consiguieron alrededor de cincuenta divisiones celulares, aunque la mayoría se dividieron menos. Con el tiempo estas células cansadas alcanzaban una fase que llamó **senescencia**. Continuaban vivas, pero todas habían dejado de dividirse de manera permanente. A esto se le llama el límite de Hayflick, el límite natural que las células humanas tienen para dividirse, y el interruptor que las apaga… son los telómeros cortos.

¿Todas las células tienen este límite de Hayflick? No. En nuestros cuerpos encontramos células que se renuevan, incluidas células inmunes, óseas, intestinales, pulmonares, hepáticas, pancreáticas, cutáneas y las que forran nuestro sistema cardiovascular. Éstas se dividen una y otra vez para mantener nuestro cuerpo sano. Las células que se renuevan incluyen algunos tipos de células normales que se dividen por más tiempo, como inmunes y progenitoras. Las células fundamentales en nuestro cuerpo se llaman células madre y se pueden dividir por un tiempo indefinido mientras estén saludables. A diferencia de las células en el laboratorio de Hayflick, las células no siempre tienen un límite de Hayflick, porque (como leerás en el capítulo 1) tienen telomerasa. Si las células madre se mantienen saludables, tienen suficiente telomerasa para continuar dividiéndose a través de nuestros periodos de vida. La renovación celular, ese *crecimiento exuberante*, es una razón por la que la piel de Lisa luce tan fresca y sus articulaciones se mueven con facilidad. Una razón por la que es capaz de hacer inhalaciones profundas de aire fresco en la bahía. Las células nuevas renuevan de manera constante tejidos y órganos esenciales del cuerpo. La renovación celular la ayuda a sentirse joven.

Desde una perspectiva lingüística, la palabra *senescencia* tiene una historia común con la palabra *senil*. De alguna forma, estas células están seniles. Hasta cierto punto es bueno que las células dejen de dividirse. Si continúan multiplicándose, se genera cáncer. Pero estas células senescentes no son inofensivas (están confundidas y cansadas). Confunden las señales que reciben y mandan el mensaje incorrecto a otras células. No pueden hacer su trabajo tan bien como lo hacían. Están enfermas. La época de crecimiento exuberante terminó, al menos para ellas. Y esto tiene serias consecuencias de salud para ti. Cuando muchas de tus células están senescentes, tus tejidos empiezan a envejecer. Por ejemplo, si hay muchas en las paredes de tus vasos sanguíneos, las arterias se endurecen y tienes más probabilidades de sufrir un ataque cardiaco. Si las células inmunes que atacan las infecciones en tu torrente sanguíneo no identifican cuando un virus está cerca (porque están senescentes) eres más susceptible a contraer gripa o neumonía. **Estas** células pueden liberar sustancias proinflamatorias que te hacen más vulnerable al dolor y a las enfermedades crónicas. Con el tiempo, muchas células senescentes experimentarán una muerte preprogramada.

Empieza el periodo de enfermedad.

Muchas células humanas saludables se dividen de manera repetida, mientras sus telómeros (y otros bloques fundamentales como las proteínas) se mantienen funcionales. Después de eso, las células se hacen viejas. Con el tiempo la senescencia le puede llegar incluso a nuestras maravillosas células madres. Este límite en la división celular es la razón que parece desacelerar el periodo de vida saludable del humano cuando entramos a los setenta y ochenta años, aunque claro, muchas personas viven una vida saludable por más tiempo. Pero ahora tenemos a nuestro alcance un buen periodo de vida saludable, entre ochenta y cien años para nosotros y para nuestros hijos.[2] Hay cerca de trescientos mil centenarios en el mundo y su número aumenta con rapidez. Y es mayor el número de gente viviendo en los noventa. Basándonos en las tendencias, se cree que cerca de un tercio de los niños que nacen en el Reino Unido ahora vivirán hasta los cien años.[3] ¿Cuántos de esos años estarán ensombrecidos por el periodo de enfermedad? Si entendemos mejor los beneficios de una buena regeneración celular, tendremos articulaciones que se muevan con más fluidez, pulmones que respiren con más facilidad, células inmunes que ataquen con más fiereza a las infecciones, un corazón que continúe bombeando sangre a través de sus cuatro cámaras y un cerebro en buen estado durante los años de vejez.

Pero en ocasiones, las células no sobreviven a todas sus divisiones de la manera en que deberían. A veces su división se detiene antes de tiempo y caen en una fase senil antes de morir. Cuando esto sucede, no consigues esas ocho o nueve décadas grandiosas. En vez de eso, experimentas envejecimiento celular prematuro. Esto le sucede a gente como Kara, cuya gráfica del periodo de vida saludable se vuelve negra a temprana edad. El envejecimiento crónico es el mayor determinante para enfermarnos y refleja nuestro reloj biológico interno.

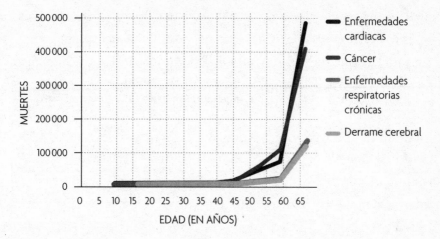

Figura 3: Envejecimiento y enfermedad. Envejecer es por mucho el mayor determinante de las enfermedades crónicas. Esta gráfica muestra la frecuencia de muertes por edad (hasta los sesenta y cinco años y más) de las principales cuatro causas de muerte por enfermedad (patologías cardiacas, respiratorias, cáncer y derrames cerebrales y otras patologías cerebrovasculares). La tasa de muertes por enfermedades crónicas empieza a incrementarse después de los cuarenta y sube de manera dramática después de los sesenta. Adaptado del Departamento de Salud y Servicios Humanos de Estados Unidos, Centros de Control de Enfermedades y Prevención, "Ten Leading Causes of Death and Injury", ‹http://www.cdc.gov/injury/wisqars/leadingCauses.html›.

Al principio del capítulo preguntamos: *¿Por qué la gente envejece de manera diferente?* Una razón es por el envejecimiento celular. Ahora la pregunta es: *¿Qué ocasiona que las células envejezcan antes de tiempo?*

Para responder esta pregunta, piensa en unas agujetas.

CÓMO LOS TELÓMEROS TE HACEN SENTIR VIEJO O TE AYUDAN A MANTENERTE JOVEN Y SALUDABLE

¿Conoces el plástico que protege la punta de las agujetas? Se llaman herretes. Los ponen para que las agujetas no se deshilachen. Ahora imagina que las agujetas son tus cromosomas, las estructuras dentro de tus células que llevan tu información genética. Los telómeros, que se pueden medir en unidades de ADN conocidas como pares de bases, son como los herretes. Forman pequeñas tapas en los extremos de los cromosomas y

11

mantienen el material genético oculto. Son los herretes del envejecimiento. Pero los telómeros tienden a acortarse con el paso del tiempo.

Aquí hay una trayectoria típica de la vida de un telómero humano:

Edad	Longitud telomérica (en pares de bases)
Recién nacido	10 000 pares de bases
35 años	7 500 pares de bases
65 años	4 800 pares de bases

Cuando la punta de tu agujeta se desgasta mucho, toda la agujeta queda inservible. Puedes tirarla a la basura. Algo parecido les pasa a las células. Cuando los telómeros se acortan mucho, la célula deja de dividirse. No es la única razón por la que se vuelve senescente, hay otros factores que todavía no entendemos muy bien. Pero los telómeros cortos son una de las razones principales por la que las células humanas envejecen, y son un mecanismo que controla el límite de Hayflick.

Tus genes afectan los telómeros, tanto su longitud al nacer como la rapidez con la que se reducen. Pero la buena noticia es que nuestras investigaciones, junto con otras alrededor del mundo, han demostrado que puedes dar un paso adelante y tener algo de control en qué tan largos (y *fuertes*) o cortos son.

Por ejemplo:

- Algunos de nosotros respondemos a situaciones difíciles sintiéndonos muy amenazados, y esta respuesta se asociada con telómeros más cortos. Podemos cambiar cómo vemos las cosas a una forma más positiva.
- Muchas técnicas de mente-cuerpo, incluida la meditación y el chi kung, reducen el estrés e incrementan la telomerasa, la enzima que rellena los telómeros.
- El ejercicio que promueve una buena salud cardiovascular es muy bueno para los telómeros. Describimos dos programas de entre-

namiento que mejoran el mantenimiento telomérico y que se pueden ajustar a cualquier nivel de entrenamiento.

- Los telómeros odian la carne procesada como la de los *hot dogs*, pero alimentos enteros y frescos son buenos para ellos.

- Los vecindarios con una baja cohesión (significa que la gente no conoce ni confía en sus vecinos) son malos para los telómeros. Esto es cierto en cualquier nivel económico.

- Los niños que se exponen a varios eventos adversos en su vida tienen telómeros más cortos. Alejar a los pequeños de circunstancias disfuncionales (como los horribles orfanatos de Rumania) puede revertir algo del daño.

- Los telómeros en los cromosomas de los padres (en el óvulo y el esperma) se transmiten de manera directa al bebé en desarrollo. De forma sorprendente, esto significa que si tus padres tuvieron vidas difíciles que acortaron su telómeros, ¡existe la posibilidad de que te los hayan transmitido! Si crees que éste es tu caso, no te espantes. Los telómeros pueden crecer así como acortarse. **Todavía es posible hacer algo para mantener tus telómeros estables. Y estas noticias también significan que nuestras decisiones producen una herencia celular positiva para la siguiente generación.**

CONÉCTATE CON TUS TELÓMEROS

Cuando piensas vivir de una manera más saludable quizá creas, con un quejido, que necesitas una gran lista de cosas por hacer. Pero algunas personas realizan cambios duraderos cuando entienden la relación entre sus acciones y los telómeros. Cuando yo (Liz) camino a la oficina, la gente a veces me detiene en la calle para decirme: "Mira, ahora voy en bicicleta al trabajo, ¡mantengo mis telómeros largos!" O "dejé de tomar refresco todos los días. Odio pensar en lo que les estaba haciendo a mis telómeros".

LO QUE SIGUE

¿Nuestras investigaciones muestran que al mantener tus telómeros vivirás hasta los cien años, correrás maratones en tus noventa o estarás libre de arrugas? No. Las células de todos envejecen y con el tiempo mueren (y nosotros con ellas). Imagina que manejas por una autopista: hay carriles de velocidad alta, baja y media. Puedes manejar en el carril de alta, es decir, ir volando hacia el periodo de enfermedad a un ritmo acelerado. O quizá manejas en un carril lento, tomando más tiempo para disfrutar el clima, la música, la compañía en el asiento del copiloto, y claro, tu buena salud.

Incluso si ahora estás en la vía rápida hacia el envejecimiento celular prematuro, puedes cambiar de carril. En las siguientes páginas verás cómo hacer eso. En la primera parte del libro explicaremos más sobre los peligros del envejecimiento celular prematuro, y cómo los telómeros saludables son un arma secreta contra este enemigo. También te contaremos acerca del descubrimiento de la telomerasa, una enzima en nuestras células que nos ayuda a mantener en buena forma las fundas protectoras alrededor de los extremos de los cromosomas.

El resto del libro te muestra cómo usar la ciencia de los telómeros para ayudar a tus células. Empieza con cambios posibles en tus hábitos mentales y luego en tu cuerpo (rutinas de ejercicio, comida y sueño que sean mejores para tus telómeros). Después expándete para determinar si tu entorno social y físico ayudan a su salud. A lo largo del libro, las secciones llamadas "Laboratorio de renovación" ofrecen recomendaciones que te ayudan a prevenir el envejecimiento celular, junto con la explicación científica que las respalda.

Al cultivar tus telómeros optimizarás las probabilidades de tener una vida que no sólo será más larga, sino mejor. De hecho, por eso escribimos este libro. En el transcurso de nuestro trabajo en los telómeros hemos visto muchas Karas, hombres y mujeres cuyos telómeros se desgastan con rapidez y entran al periodo de enfermedad cuando deberían sentirse vibrantes. Hay mucha investigación de gran calidad, publicada en revistas científicas de prestigio y respaldada por los mejores laboratorios y universidades, que te puede guiar a evitar este destino. Esperar a que esos estudios se filtren a través de los medios hacia revistas y sitios de internet de salud quizá tarde varios años y la información se distorsione en el camino. Queremos compartir lo que sabemos ahora, y evitar que más gente o sus familias sufran las consecuencias de un envejecimiento celular prematuro e innecesario.

¿El santo grial?

Los telómeros son como el índice que integra todas las influencias de nuestro estilo de vida: ya sean positivas (como las restauradoras ejercicio y sueño) o negativas (estrés, mala alimentación y adversidades). Pájaros, peces y ratones también muestran la relación entre telómeros y estrés. Por eso se dice que la longitud telomérica puede ser el "Santo Grial para el bienestar acumulativo"[4] y ser usado como una medida sumatoria de la experiencia de vida de los animales. De igual manera, en los humanos, mientras no haya un indicador biológico de experiencias de vida acumulativas, los telómeros son uno de los indicadores más útiles que conocemos en la actualidad.

Cuando una persona se enferma pierde un recurso muy valioso. La mala salud con frecuencia debilita tu habilidad mental y física de vivir como quieres. Cuando las personas en sus treinta, cuarenta, cincuenta, sesenta y más están saludables, se disfrutan más y tienen la opción de compartir su don. Pueden usar su tiempo con más facilidad de maneras significativas, para criar y educar a la siguiente generación, para ayudar a otras personas, resolver problemas sociales, desarrollarse como artistas, hacer descubrimientos científicos o tecnológicos, viajar y compartir experiencias, empezar un negocio o ser líderes sabios. Conforme leas este libro aprenderás mucho más sobre cómo mantener tus células saludables. Esperamos que disfrutes escuchar qué tan fácil es alargar tu periodo de vida saludable y hacerte la pregunta: *¿Cómo voy a usar todos estos años maravillosos de buena salud?* Sigue los consejos de este libro, y habrá posibilidades de que tengas mucho tiempo, energía y vitalidad para contestarla.

La renovación empieza ahora mismo

Empieza a renovar tus telómeros y tus células ahora mismo. Un estudio descubrió que las personas que tienden a concentrarse en lo que están haciendo en el momento, presentan telómeros más largos que aquellas que tienen su mente divagando.[5] Otras investigaciones encontraron que tomar clases de meditación o entrenamiento de atención plena se asocian con una mejora en el mantenimiento telomérico.[6]

La concentración es una habilidad que puedes cultivar. Sólo se necesita práctica. A lo largo del libro verás la imagen de una agujeta, cuando así sea (o cada vez que observes tus zapatos con o sin agujetas), úsala como señal para hacer una pausa y preguntarte en qué estás pensando. ¿Cuáles son tus reflexiones ahora mismo? Si te preocupan o retomas viejos problemas, recuérdate de manera suave que debes concentrarte en lo que estás haciendo. Y si no estás "haciendo" nada, puedes disfrutar concentrándote en "ser".

Sólo enfócate en la respiración, lleva toda tu atención a este simple acto de inhalar y exhalar. Es restaurador concentrarte en tu interior (notar sensaciones, el ritmo de tu respiración) o en el exterior (poniendo atención en las vistas o sonidos que te rodean). La habilidad de enfocarte en tu respiración o en tu experiencia presente es muy buena para las células de tu cuerpo.

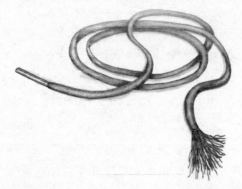

Figura 4: Piensa en tus agujetas. Las agujetas son una metáfora de los telómeros. Mientras más largos sean los herretes protectores al final, es menos probable que el cordón se deshilache. En términos de cromosomas, mientras más largos sean los telómeros, hay menos probabilidades de que se activen las alarmas en las células o que haya una fusión de cromosomas. Las fusiones desencadenan inestabilidad en los cromosomas y daños en el ADN, que son eventos catastróficos para las células.

A lo largo del libro verás el dibujo de una agujeta con herretes largos. Úsalo como una oportunidad para volver a concentrarte en el presente, hacer una profunda respiración y pensar que tus telómeros se están restaurando con la vitalidad de tu respiración.

PARTE I

TELÓMEROS: UN CAMINO PARA UNA VIDA MÁS JOVEN

1

Cómo el envejecimiento celular prematuro te hace lucir, sentir y actuar más viejo

Responde estas preguntas:

1. ¿De qué edad me veo?
   - Me veo más joven de lo que soy.
   - Me veo de mi edad.
   - Me veo más viejo de lo que soy.

2. ¿Cómo calificaría mi salud física?
   - Tengo mejor salud que la mayoría de la gente de mi edad.
   - Tengo la misma salud que la mayoría de la gente de mi edad.
   - Tengo menos salud que la mayoría de la gente de mi edad.

3. ¿Qué tan viejo me siento?
   - Me siento más joven de lo que soy.
   - Me siento de mi edad.
   - Me siento más viejo de lo que soy.

Estas tres preguntas son simples, pero tu respuesta revela tendencias importantes en tu salud y envejecimiento. La gente que se ve más vieja de lo que es quizá experimenta decoloración prematura del cabello o daño en la piel, ambos relacionados con telómeros más cortos. La mala salud física se puede deber a muchas razones, pero la llegada prematura al periodo de enfermedad con frecuencia es una señal de que tus células están envejeciendo. Y los estudios muestran que las personas que se sienten mayores a su edad biológica también tienden a enfermarse antes que quienes se sienten más jóvenes.

Cuando alguien dice que tiene miedo de envejecer, por lo general se refiere a que teme padecer un largo y continuo periodo de enfermedad. Le atemoriza tener problemas para subir las escaleras, recuperarse de una operación a corazón abierto, estar en una silla de ruedas con un tanque de oxígeno al lado; le teme a la pérdida de memoria, de huesos, a las espaldas jorobadas. Y les asusta la consecuencia de todo esto, la ruptura de las conexiones sociales saludables y la necesidad de remplazarlas con dependencia hacia otros. Pero en realidad, envejecer no tiene que ser tan traumático.

Si tus respuestas a nuestras tres preguntas sugieren que te ves y te sientes mayor de lo que eres, tal vez es porque tus telómeros se están desgastando más rápido de lo que deberían. Existe la posibilidad de que esos telómeros cortos envíen a tus células una señal para adelantar el proceso de envejecimiento. Es un escenario alarmante, pero anímate. Hay mucho que puedes hacer para combatir el envejecimiento prematuro donde más cuenta: a nivel celular.

Pero no puedes combatir a tu enemigo con éxito hasta que lo entiendas.

En esta sección del libro te daremos el conocimiento que necesitas antes de empezar la batalla. El primer capítulo explora lo que pasa durante el envejecimiento celular prematuro. Verás de cerca células envejecidas y sabrás por qué son tan dañinas para tu cuerpo y tu cerebro. También descubrirás por qué muchas de las enfermedades más temidas y debilitadoras se asocian con telómeros cortos y con el envejecimiento celular. Después, en los capítulos 2 y 3, entenderás cómo los telómeros y la fascinante enzima telomerasa (se pronuncia te-lo-me-ra-sa) pueden desencadenar un periodo de enfermedad prematuro o mantener tus células saludables.

¿CUÁL ES LA DIFERENCIA ENTRE CÉLULAS ENVEJECIDAS Y CÉLULAS SALUDABLES?

Imagina el cuerpo humano como un barril lleno de manzanas. Una célula saludable es como una manzana fresca y brillosa. ¿Pero qué pasa si hay una podrida en el barril? No sólo no puedes comerla, peor, empezará a hacer que el resto también se pudra. Esa manzana que ya no sirve es como una célula senescente en tu cuerpo.

Antes de explicar el porqué, queremos regresar al hecho de que tu cuerpo está lleno de células que necesitan renovarse con frecuencia para mantenerse saludables. Las células renovables, a las que se les llama células proliferantes, viven en lugares como:

- Sistema inmune
- Intestinos
- Huesos
- Hígado
- Piel
- Folículo capilar
- Páncreas
- Sistema cardiovascular
- Músculo liso del corazón
- Cerebro, en ciertas partes incluido el hipocampo (un centro de aprendizaje y memoria en el cerebro)

Para que estos tejidos estén saludables es necesario que sus células se renueven. El cuerpo tiene un sistema bien calibrado para saber cuándo una célula necesita renovarse, aun cuando el tejido se vea igual por años.

Se remplaza constantemente por células nuevas en el número exacto y al ritmo correcto. Pero recuerda que algunas tienen un límite sobre la cantidad de veces que se pueden dividir. Cuando las células ya no se pueden renovar, los tejidos corporales a los que pertenecen empiezan a envejecer y a funcionar mal.

Las células en nuestros tejidos se originan de células madre, que tienen la sorprendente habilidad de convertirse en muchos tipos diferentes de células especializadas. Viven en nichos de células madre, que son un tipo de sala VIP donde están protegidas e inactivas hasta que son requeridas. Por lo general, los nichos están dentro o cerca de los tejidos que las células van a remplazar. Las células madre de la piel viven bajo los folículos capilares, las del corazón en la pared del ventrículo derecho, y las de los músculos en lo profundo de la fibra muscular. Si todo está en orden, las células madre permanecen en sus nichos, y cuando hay necesidad de reponer un tejido, entran en acción. Se dividen y producen células proliferantes (también llamadas progenitoras) y algunas se transforman en cualquier célula especializada que se necesite. Si te enfermas y necesitas más leucocitos, las células madre escondidas en la médula ósea entrarán en el torrente sanguíneo. Tu revestimiento intestinal se desgasta con regularidad por el proceso normal de digestión y tu piel se descama, en esos casos las células madre rellenan esos tejidos. Si vas a correr y te lastimas el músculo de la pantorrilla, algunas de tus células madre musculares se dividirán, cada célula creará dos nuevas. Una de éstas remplaza la célula madre original y permanecerá en el nicho, la otra se convierte en una célula muscular y ayudará a reparar el tejido dañado. Tener un buen suministro de células madre que sean capaces de renovarse es clave para mantenerse saludable y recuperarse de enfermedades y heridas.

Pero cuando los telómeros de una célula se acortan mucho, mandan señales para detener el ciclo celular de división y reproducción. La célula ya no se puede renovar. Se vuelve vieja, se hace senescente. Si es una célula madre, se jubila de manera permanente y no vuelve a dejar su nicho aunque se le necesite. Otras células senescentes sólo se cruzan de brazos, incapaces de hacer las cosas que deberían. Su central eléctrica interna, la mitocondria, no trabaja de manera correcta, causando una especie de crisis energética.

El ADN de una célula envejecida no se comunica bien con las otras partes de la célula, y entonces no puede mantener la casa en orden. La célula vieja se llena por dentro de grupos de proteínas que no funcionan y de "basura" marrón conocida como lipofuscina. Ésta puede generar degeneración macular en los ojos y algunas enfermedades neurológicas. Peor aún (igual que las manzanas podridas en un barril), las células senescentes envían falsas alarmas en forma de sustancias proinflamatorias que alcanzan otras partes del cuerpo.

El mismo proceso básico de envejecimiento sucede en los diferentes tipos de células de nuestro organismo, ya sean hepatocitos, células cutáneas, del folículo piloso, o las que forran nuestros vasos sanguíneos. Pero hay algunos cambios en el proceso que dependen del tipo de célula y de su localización en el cuerpo. Las células senescentes en la médula ósea evitan que las células madre de la sangre y los leucocitos se dividan de la forma en que deberían, o las deforman para producir cantidades desequilibradas de células sanguíneas. Las células senescentes en el páncreas pueden no "escuchar" bien las señales que regulan la producción de insulina. En el cerebro secretan sustancias que ocasionan que las neuronas mueran. Aunque el proceso subyacente de envejecimiento es similar en la mayoría de las células que se han estudiado, la forma de expresar ese proceso de senectud crea diferentes tipos de heridas en el cuerpo.

El envejecimiento en las células se define como la "deficiencia funcional progresiva y capacidad reducida para responder de manera adecuada a los estímulos y heridas ambientales". Las senescentes ya no pueden responder al estrés con normalidad, no importa que sea físico o psicológico.[1] Éste es un proceso continuo que con frecuencia sirve de transición lenta y silenciosa a enfermedades de la edad, patologías que se asocian, en parte, a telómeros más cortos y células envejecidas. Para entender el envejecimiento y los telómeros un poco más, regresemos a las tres preguntas que hicimos al principio de este capítulo:

¿De qué edad me veo?

¿Cómo calificaría mi salud física?

¿Qué tan viejo me siento?

> ### Fuera lo viejo, venga lo nuevo: eliminar células senescentes en ratones revierte el envejecimiento prematuro
>
> Un estudio en laboratorio dio seguimiento a ratones que habían sido alterados genéticamente para que muchas de sus células fueran senescentes antes de lo normal. Los ratones empezaron a envejecer de manera prematura, perdieron depósitos de grasa que los hicieron verse arrugados y después desarrollaron cataratas. Algunos murieron antes por fallas del corazón. Después, en un experimento genético que no es posible replicar en humanos, los investigadores removieron las células senescentes de los ratones. Al quitarlas se revirtieron muchos de los síntomas del envejecimiento prematuro. Se eliminaron las cataratas y restauraron los músculos gastados, se mantuvieron los depósitos de grasa (lo que redujo las arrugas) y se promovió un periodo de vida saludable más largo.[2] **¡Las células senescentes controlan el proceso del envejecimiento!**

ENVEJECIMIENTO CELULAR PREMATURO: ¿QUÉ TAN VIEJO TE VES?

La edad provoca puntos y manchas. Cabello gris. La postura encogida o encorvada que viene con la pérdida ósea. Estos cambios nos pasan a todos, pero si has ido a una reunión de secundaria, has visto la prueba de que no suceden al mismo tiempo o de la misma manera. Ve a la reunión de diez años de secundaria, cuando todos están en sus veinte, verás compañeros usando ropa cara y otros con estilos harapientos. Algunos exhiben sus exitosas carreras, sus compañías o su productividad, y otros golpean la mesa con el whisky mientras se lamentan porque les rompieron el corazón. Podría no parecer justo. Pero en términos de señales físicas de envejecimiento, están en igualdad de condiciones. Casi todos en la habitación, sin importar si son ricos, pobres, exitosos, luchadores, felices o tristes, se ven dentro de sus veinte. Su cabello es saludable, su piel está limpia y algunos serán un par de centímetros más altos que cuando se graduaron diez años antes. Están en la radiante cima de la adultez joven.

Pero preséntate a una reunión diez años después y surge una situación diferente. Notarás que algunos de tus compañeros empezarán a verse *mayores*. Tienen un tono gris alrededor de las orejas y una frente más grande. Su piel luce manchada, sin brillo y con marcadas patas de gallo. Tal vez tengan panzas protuberantes o se vean encorvados. Estas personas están experimentando un inicio rápido de envejecimiento físico.

Pero otros están bendecidos con una trayectoria de envejecimiento más lenta. Con el paso de los años, mientras las reuniones de los veinte, treinta, cuarenta, cincuenta y sesenta años pasen, será evidente que el cabello, el rostro y el cuerpo de estos afortunados compañeros van cambiando. Pero estos cambios suceden de manera gradual y lenta, con elegancia. Los telómeros, como verás, juegan por lo menos un pequeño rol en qué tan rápido desarrollas una apariencia envejecida, y si eres una de esas personas que "envejecen bien".

Envejecimiento de la piel

La capa superficial de la piel, la epidermis, se compone de células proliferantes que se renuevan con constancia. Algunas de estas células cutáneas (queratinocitos) producen telomerasa, por lo que no se deterioran ni se convierten en células senescentes, pero la mayoría sí reducen su habilidad de renovar.[3] Debajo de esta capa visible de piel está la dermis, una capa de células cutáneas (fibroblastos) que crea los cimientos para una epidermis saludable y lozana. Esto lo logra al producir colágeno, elastina y factores que promueven el crecimiento.

Con la edad, estos fibroblastos secretan menos colágeno y elastina, ocasionando que la capa visible de la piel luzca vieja y floja. La piel se adelgaza porque pierde almohadillas de grasa y ácido hialurónico (el cual actúa como un hidratante natural para la piel y las articulaciones). Y se hace más permeable a los elementos.[4] Los melanocitos envejecidos propician la aparición de manchas y palidez. En resumen, la piel envejecida presenta manchas, palidez, flacidez y arrugas porque los fibroblastos ya no ayudan a las células externas.

Con frecuencia, las células cutáneas en la gente mayor pierden su habilidad para dividirse. Aunque en algunas personas de edad avanzada esto no sucede. Cuando los investigadores observaron sus células, vieron que eran mejores para escapar del estrés oxidativo y tenían telómeros más largos.[5] A pesar de que los telómeros más cortos no provocan forzosamente una piel envejecida, juegan un rol importante, en especial cuando se habla del envejecimiento por sol (llamado fotoenvejecimiento). Los rayos uv del sol pueden dañar los telómeros.[6] Petra Boukamp, investigadora de telómeros en la piel del Centro Alemán de Investigación Oncológica en Heidelberg, y sus colegas compararon la piel de una zona expuesta al sol (el cuello) con la de una zona protegida (los glúteos). Las células externas en el cuello mostraron erosión en los telómeros por el sol, mientras que en los glúteos ¡casi no mostraron daño en los telómeros! Las células cutáneas, cuando se protegen del sol, pueden soportar el envejecimiento por más tiempo.

Pérdida en la densidad de los huesos

Tu tejido óseo se remodela a lo largo de la vida. El nivel de densidad ósea saludable resulta de tener un equilibrio entre las células que construyen el hueso (osteoblastos) y las células que lo degradan (osteoclastos). Los osteoblastos necesitan telómeros saludables para continuar dividiéndose y renovándose, y cuando están cortos se hacen viejos y no pueden seguir el paso de los osteoclastos. El equilibrio se pierde y los osteoclastos mordisquean tus huesos.[7] No ayuda que después de que los telómeros de una persona se desgastan, las células del hueso viejo se vuelven inflamatorias. Ratones de laboratorio criados para tener telómeros extracortos sufren pérdida ósea prematura y osteoporosis.[8] Pasa lo mismo con la gente que nace con un trastorno genético que ocasiona que sus telómeros sean muy cortos.

Cabello canoso

En cierto sentido, todos nacemos con el cabello coloreado. Cada hebra de pelo empieza dentro de su propio folículo y está hecho de queratina, que produce cabello blanco. Pero hay células especiales dentro del folículo (melanocitos), el mismo tipo de célula responsable por el color de la piel, que inyectan pigmentos al cabello. Sin estas células de tinta natural, el color del cabello se pierde. Las células madre dentro del folículo producen melanocitos. Cuando los telómeros de estas células se desgastan, las células no se pueden reponer con la suficiente rapidez para seguirle el paso al crecimiento del cabello, y el resultado es el pelo canoso. Con el tiempo, cuando todos los melanocitos mueren, el cabello se vuelve blanco puro. Los melanocitos también son susceptibles a estresores químicos y radiación ultravioleta. En un estudio publicado en la revista *Cell*, ratones expuestos a rayos X presentaron daños en los melanocitos y pelo canoso.[9] Ratones con una mutación genética que ocasiona telómeros muy cortos también presentaron pérdida de color en el pelo con premura, y al restaurar la telomerasa el pelo gris se volvió oscuro de nuevo.[10]

¿Cuál es el nivel normal de canicie? Las canas se presentan menos en afroamericanos y asiáticos, y más en gente rubia.[11] Empiezan a surgir a finales de los cuarenta en el 50% de la población y al inicio de los sesenta en el 90 por ciento. La mayoría de los casos de canicie prematura son normales, sólo pocas personas tienen una mutación genética que ocasiona telómeros cortos y produce cabello gris o blanco en una edad temprana, en sus treinta.

¿Qué dice tu apariencia de tu salud?

Tal vez piensas: "Bueno, en realidad no me molesta tener algunos cabellos grises antes de tiempo. Y ¿en serio pequeñas manchas alrededor de mis ojos serán para tanto? ¿No me estarán pidiendo que me concentre en las cosas equivocadas? ¿Qué será más importante, valorar una apariencia juvenil o mi salud?" Éstas son buenas preguntas. Aquí no hay competencia: la salud es lo importante. Pero una apariencia envejecida ¿qué tanto refleja la salud interior? Investigadores solicitaron a "especialistas" con entrenamiento profesional estimar la edad de una persona sólo viendo una foto.[12] Resulta que, en promedio, la gente que se veía más grande tenía telómeros más cortos. Esto no es una sorpresa, dado el rol que parecen jugar en el envejecimiento de la piel y en la canicie. Verse viejo se asocia de pequeñas (pero preocupantes) maneras con señales de mala salud física. La gente que se luce así tiende a estar más débil, tener mal desempeño en un examen mental que evalúa la memoria, presentar mayores niveles de glucosa y cortisol en ayunas y mostrar señales tempranas de enfermedades cardiovasculares.[13] La buena noticia es que estos *efectos son muy pequeños*. Lo importante está en el interior de tu cuerpo, pero verte más viejo de lo que eres y lucir demacrado es una señal a la que debes poner atención. Puede ser un indicador de que tus telómeros necesitan más protección.

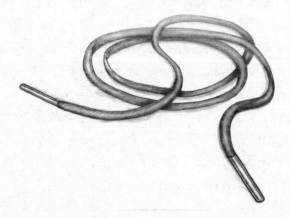

¿Recuerdas lo que debes hacer cuando veas esta imagen? Revisa la página 16.

ENVEJECIMIENTO CELULAR PREMATURO: ¿CÓMO ESTÁ TU SALUD FÍSICA?

Es posible ver el poder real de los telómeros cortos dañando tus células y tu salud cuando consideras la siguiente pregunta: *¿Cómo evaluarías tu salud física?*

Piensa de nuevo en tus reuniones con los compañeros de secundaria. Cuando llegues a la celebración de veinte o treinta años, notarás que muchos empiezan a sufrir las enfermedades comunes de la edad. Sin embargo, apenas tendrán cuarenta o cincuenta años. Todavía no son ancianos. ¿Por qué su cuerpo *actúa* como si lo fueran? ¿Por qué entran al periodo de enfermedad en edades tempranas?

Inflamm-aging

¿No sería interesante curiosear en lo profundo de las células de cada persona en la reunión y medir su longitud telomérica? Si pudieras, verías que aquellas con los telómeros más cortos son las que están más enfermas, débiles, o su rostro muestra los estragos de lidiar con problemas de salud como diabetes, enfermedades cardiovasculares, un sistema inmune débil y enfermedades pulmonares. Es probable que también descubras que las personas con telómeros más cortos sufren de inflamación crónica. La observación de que la inflamación aumenta con la edad y causa enfermedades es tan importante que los científicos tienen un nombre para ella: *inflamm-aging.*[14] Es una inflamación persistente de grado bajo que se acumula con el tiempo. Hay muchas razones por las que sucede, como el deterioro de las proteínas. Otra causa común son los telómeros estropeados.

Cuando los genes de una célula están dañados o sus telómeros son muy cortos, la célula sabe que su preciado ADN está en peligro. Entonces se reprograma para emitir moléculas que viajen a otras células para pedir ayuda. Estas moléculas, que en conjunto se les llama fenotipo secretor asociado con la senescencia (SASP, por sus siglas en inglés), pueden ser muy útiles. Si una célula se vuelve senescente porque está herida, manda señales a las células inmunes vecinas y a otras con funciones reparadoras, para llamar a los escuadrones y que empiecen un proceso de sanación.

Pero aquí es donde las cosas salen muy mal. Los telómeros tienen una respuesta anormal al ADN dañado. El telómero está tan preocupado por protegerse a sí mismo que, aunque la célula pidió ayuda, no permitirá que entre. Es como la gente que rechaza la ayuda ante una adversidad porque tiene miedo de bajar la guardia. Un telómero corto se puede quedar sentado dentro de una célula envejecida por meses, enviando y enviando señales de auxilio pero sin permitir que la célula haga algo para resolver el daño. Estas señales incesantes e inútiles pueden tener consecuencias devastadoras. Porque ahora esa célula se convierte en la manzana podrida del barril. Empieza a afectar todos los

Figura 5: La manzana podrida en el barril. Imagina un barril de manzanas. La salud de ese barril depende de cada manzana. Si una está podrida emite gases que echan a perder a las demás. Una célula senescente manda señales a las células que la rodean, promoviendo inflamación y factores que hacen que la llamemos "célula podrida".

tejidos alrededor de ella. El proceso de SASP involucra químicos como citoquinas proinflamatorias que, con el tiempo, viajan a través del cuerpo, llevando a todos los sistemas inflamación crónica. Judith Campisi, del Instituto Buck de Investigación sobre la Edad, descubrió el SASP y demostró que estas células crean un territorio amigable para el desarrollo de cáncer.

En la década pasada, los científicos reconocieron que la inflamación crónica (debida al SASP o a otra fuente) es una pieza clave que causa muchas enfermedades. La inflamación aguda a corto plazo ayuda a sanar células heridas, pero a largo plazo interfiere con la función normal de los tejidos del cuerpo. Por ejemplo, la inflamación crónica puede ocasionar que las células pancreáticas funcionen de manera incorrecta y no regulen la producción de insulina, generando diabetes. También que las placas en las arterias estallen o que la respuesta inmunológica del cuerpo sea contra sí mismo y ataque sus propios tejidos.

Éstos son sólo algunos de los horrorosos ejemplos del poder destructivo de la inflamación, pero la lista marcha con un redoble mortal. La inflamación crónica también es un factor de patologías cardiacas, cerebrales; enfermedad de Crohn, celiaca; artritis reumatoide, gingivitis, asma, hepatitis, cáncer y más. Es por eso que los científicos hablan de la *inflamm-aging*. Es real.

Si quieres bajar la velocidad de la *inflamm-aging* y quedarte el mayor tiempo posible en el periodo de vida saludable, debes prevenir la inflamación crónica. Esto significa (en gran parte) proteger tus telómeros. Como las células con telómeros muy cortos envían señales constantes de inflamación, debes mantenerlos con una longitud saludable.

ENFERMEDAD CARDIACA Y TELÓMEROS CORTOS

Cada una de nuestras arterias, de la más grande a la más pequeña, está forrada con capas de células llamadas endotelio. Si quieres que tu sistema

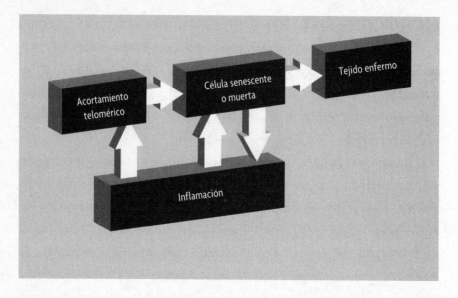

Figura 6: Los telómeros cortos llevan a la enfermedad. Un camino hacia la enfermedad es el acortamiento telomérico. Los telómeros cortos hacen que las células senescentes se queden por ahí o (si tenemos suerte) desaparezcan. Aunque hay muchos factores que pueden ocasionar senescencia, el daño en los telómeros es uno bastante común en los humanos. Con las décadas, cuando las células senescentes construyen una masa crítica, se vuelven los cimientos de un tejido enfermo. La inflamación es causada por el acortamiento telomérico y por las células senescentes.

cardiovascular se mantenga saludable, las células endoteliales se tienen que reponer, proteger el recubrimiento y evitar que las células inmunes entren a la pared arterial.

El riesgo de una enfermedad cardiovascular se incrementa en personas con telómeros cortos en sus leucocitos. (Por lo general, si tienes telómeros cortos en la sangre también aparecen en otros tejidos, como el endotelio.) Personas con variaciones genéticas comunes que provocan telómeros cortos también son propensas a problemas cardiovasculares.[15] El simple hecho de estar en el tercio más bajo de longitud telomérica en la sangre significa que eres 40% más propenso a desarrollar una enfermedad cardiovascular en el futuro.[16] ¿Por qué? No sabemos todas las razones, pero la senescencia vascular es una de ellas: si los telómeros cortos les indican a las células que envejezcan de manera prematura, el endotelio no se puede renovar para hacer revestimientos más fuertes para los vasos sanguíneos. Se debilita y se vuelve más vulnerable a enfermedades. Cuando se examina dicho tejido vascular con placas se encuentran telómeros cortos.

Además, la presencia de éstos en las células sanguíneas también puede desencadenar inflamación, lo que abre la puerta a las enfermedades cardiovasculares. Las células inflamatorias se pegan a las paredes de las arterias y atrapan el colesterol para formar placas o hacen inestables las placas existentes. Si una se rompe, se puede formar un coágulo de sangre sobre la placa y bloquear la arteria. Y si ésta es una arteria coronaria, corta el flujo de sangre hacia el corazón provocando un ataque cardiaco.

Enfermedades pulmonares y telómeros cortos

La gente con asma, enfermedad de obstrucción pulmonar crónica (COPD, por sus siglas en inglés) y fibrosis pulmonar (una enfermedad muy seria e irreversible donde el tejido pulmonar empieza a cicatrizar dificultando la respiración) tiene telómeros más cortos en sus células inmunes y pulmonares que la gente saludable. En particular, la fibrosis pulmonar es un resultado claro de la falta de un buen mantenimiento telomérico. La prueba surge al encontrar esta enfermedad en personas con raras mutaciones hereditarias en los genes que dan mantenimiento a los telómeros. Junto con este hecho revelador, existen otras líneas de evidencia. Todas apuntan con el dedo a un mantenimiento inadecuado de los telómeros como un problema subyacente que contribuye al COPD, asma, mala función e infección pulmonar. Y esto sucede en todos, no sólo en la gente con una rara mutación en algún gen de mantenimiento telomérico. La falta de mantenimiento ocasiona que las células madre y los vasos sanguíneos de los pulmones se vuelvan senescentes. No pueden mantener el tejido pulmonar reabastecido y suministrado con lo que necesita. Las células inmunes senescentes crean un entorno proinflamatorio que pone una carga extra en los pulmones, por lo que funcionan cada vez peor.

ENVEJECIMIENTO CELULAR PREMATURO: ¿QUÉ TAN VIEJO TE SIENTES?

Volvamos a tus reuniones de secundaria. Esta vez vayamos a la de cuarenta años, cuando tus compañeros tienen alrededor de sesenta. Aquí es donde las primeras personas de tu clase empiezan a mostrar señales de deterioro cognitivo. Es difícil señalar con exactitud qué es diferente en estos compañeros, pero notarás que lucen un poco más confusos, fuera de sí, menos concentrados o sintonizados con las pautas sociales normales. Les puede tomar unos segundos extras recordar tu nombre. Esta pérdida mental es la que nos hace sentir en verdad viejos.

Deterioro cognitivo y Alzheimer

No te sorprenderá escuchar que la gente que tiene problemas cognitivos prematuros también suele presentar telómeros cortos. Este efecto persiste conforme la gente envejece. En otro estudio, en personas saludables de setenta años, los telómeros cortos predijeron un declive cognitivo general años después.[17] En adultos jóvenes, no hubo relación entre telómeros y funciones cognitivas. Pero un mayor acortamiento telomérico por cerca de diez años pronosticó una mala función cognitiva.[18] Los investigadores están fascinados por una posible relación entre nuestra longitud telomérica y la agudeza de nuestro pensamiento. ¿Los telómeros cortos pueden predecir demencia o Alzheimer?

Un gran e impresionante estudio en Texas se dispuso a ayudar a contestar esta pregunta.[19] Los investigadores obtuvieron imágenes de cerebros de casi dos mil adultos de Dallas. El estudio contempló la edad y otros factores que afectan al cerebro, como tabaquismo, género y el estatus del gen APOE-epsilon 4 (llamado por lo general sólo APOE). Una variante normal de APOE incrementa los riesgos de tener Alzheimer. Como se esperaba, el cerebro de casi todos mostró algunas señales de contracción con el tiempo. Pero después, los investigadores examinaron las partes del cerebro asociadas con la memoria y las emociones. Por ejemplo, el hipocampo ayuda a formar, organizar y almacenar recuerdos. También vincula esos recuerdos con tus emociones y sentidos. Por eso el aroma de una caja nueva de gomas te lleva de regreso a la primaria. De hecho, por él puedes recordar la primaria. De manera sorprendente, los investigadores de Texas descubrieron que cuando las personas tenían telómeros cortos en sus leucocitos (los cuales sirven de ventana para ver la longitud telomérica en el cuerpo) sus hipocampos eran más pequeños que los de las personas con telómeros largos. El hipocampo está hecho de células que necesitan regenerarse, y si quieres tener una buena memoria, es esencial que tu cuerpo sea capaz de reponerlas.

No sólo el hipocampo es más pequeño en gente con telómeros cortos. También otras áreas del sistema límbico cerebral, incluyendo la amígdala y los lóbulos parietal y temporal. Estas áreas, junto con el hipocampo, ayudan a regular la memoria, las emociones y el estrés. Y son las mismas áreas que se atrofian con el Alzheimer. El estudio de Dallas sugiere que *telómeros cortos en la sangre indican que el cerebro está envejecido*. Es posible que el envejecimiento celular (tal vez sólo en el hipocampo o tal vez en todo el cuerpo) represente un importante camino a la demencia. Tener telómeros saludables puede ser fundamental para la gente que tiene la variante del gen APOE (que los pone en mayor riesgo de presentar Alzheimer). Un estudio descubrió que si tienes esta variante del gen y telómeros cortos, tus riesgos de muerte prematura son nueve veces más grandes que si tienes la misma variante del gen pero tus telómeros son largos.[20]

Los telómeros cortos pueden ayudar a causar Alzheimer de manera directa. Hay variaciones genéticas comunes (en genes llamados TERT y OBFC1) que pueden guiar a telómeros cortos. De manera sorprendente y estadística, la gente que tiene sólo un gen con estas variaciones comunes es más propensa a desarrollar Alzheimer.[21] No es un efecto muy grande, pero demuestra una relación causal: los telómeros no sólo son un indicador de que hay algo más, sino que provocan parte del

envejecimiento del cerebro, poniéndonos en mayor riesgo de enfermedades neurodegenerativas. TERT y OBFC1 funcionan de manera directa
para mantener los telómeros en buena forma. La evidencia sigue creciendo. Si quieres que tu cerebro siga siendo perspicaz, piensa en tus
telómeros. Revisa esta nota al final del libro para participar en una investigación sobre envejecimiento cerebral.[22]

"Sentir la edad" de manera saludable

Si fueras a la reunión de cuarenta años, subieras al escenario y le indi-
caras a este grupo de personas "levanten la mano los que se *sienten* de
sesenta años", obtendrías un resultado interesante. La mayoría, el 75%,
diría que se siente más joven. Incluso conforme pasan los años, aun si
la fecha de nacimiento de la licencia dice que estamos envejeciendo,
muchos todavía nos *sentimos* jóvenes.[23] Esta respuesta al envejecimiento
es adaptativa. "Sentirse" más joven se asocia con una mayor satisfacción
de vida, crecimiento personal y conexión social con otros.[24]

Sentirse joven es diferente a desear *ser* joven. La gente que anhela
tener menos edad (por ejemplo, un hombre en sus cincuenta que de-
searía tener treinta) tiende a ser infeliz y más insatisfecha con su vida.
Desear y anhelar la juventud es en realidad lo opuesto a nuestra principal tarea conforme envejecemos, que es aceptarnos como somos, incluso
si trabajamos para tener un buen estado físico y mental.

Para una vejez más saludable, cambia tu forma de pensar sobre ella

Fíjate en cómo piensas de los ancianos. La gente que interioriza y acepta
los estereotipos negativos sobre la edad se puede *convertir* en esos estereotipos y puede tener más dificultades de salud. Este fenómeno, llamado
estereotipo materializado, fue identificado por Becca Levy, una psicóloga
social en la Universidad de Yale. Incluso si se tienen en cuenta sus estados
de salud actual, las personas que tienen creencias negativas sobre envejecer actúan de manera diferente que quienes tienen una visión más alegre
sobre este proceso.[25] Creen que controlan menos las enfermedades, y no

se esfuerzan en tener hábitos saludables, como tomar medicamentos recetados. Tienen el doble de probabilidades de morir por un ataque cardiaco, y conforme pasan las décadas, experimentan un mayor declive de memoria. Cuando están heridos o enfermos, se recuperan con más lentitud.[26] En otro estudio, gente mayor a la que sólo se le recordaron los estereotipos de la edad se desempeñó tan mal en una prueba como si tuviera demencia.[27]

Si tienes una visión negativa del envejecimiento, puedes hacer un esfuerzo consciente para cambiarla. Aquí hay una lista de estereotipos que adaptamos de la imagen de la Escala de Envejecimiento de Levy.[28] Puedes visualizarte llegando a la vejez con buena salud, incorporando algunos de esos rasgos positivos. Si te descubres pensando de manera negativa detente y recuerda el lado bueno de ser de la tercera edad:

¿Cómo ves el envejecimiento?	
gruñón	optimista
dependiente	capaz
lento	lleno de vitalidad
frágil	autosuficiente
solitario	con fuerte voluntad de vivir
confundido	sabio
nostálgico	complejo emocionalmente
desconfiado	con relaciones cercanas
amargado	amoroso

¿Cuál es el perfil de nuestra vida emocional conforme envejecemos?

A pesar de la imagen de los ancianos malhumorados o resentidos con los jóvenes, Laura Carstensen, una investigadora de la vejez en la Universidad de Stanford, demostró que nuestra experiencia emocional de todos los días mejora con la edad. Como es normal, la gente más grande experimenta más emociones positivas que negativas en su vida diaria. La experiencia no es "felicidad" pura. En vez de eso, nuestras emociones se enriquecen y se hacen más complejas con el tiempo. Experimentamos más coocurrencia de emociones positivas y negativas, como en esas conmovedoras ocasiones cuando sueltas una lágrima al mismo tiempo que sientes dicha, o cuando sientes orgullo e ira al mismo tiempo[29] (es una capacidad que llamamos "complejidad emocional"). Estos estados emocionales mezclados nos ayudan a evitar los dramáticos altibajos que los jóvenes tienen y también a ejercitar el control sobre lo que sentimos. Las emociones mezcladas son más fáciles de manejar que las emociones positivas o negativas puras. Por lo tanto, emocionalmente hablando, la vida se siente mejor. Un mayor control sobre las emociones y más complejidad significan experiencias diarias más enriquecedoras. La gente con esta capacidad también tienen un periodo de vida saludable más largo.[30]

Investigadores geriátricos saben que el interés en la intimidad y el sexo se mantienen conforme envejecemos. Nuestros círculos sociales se reducen, pero esto es por decisión. Con el tiempo, los modelamos para incluir las relaciones más significativas y nos deshacemos de las problemáticas. Esto nos lleva a días con más sentimientos positivos y menos estrés. Priorizamos mejor las cosas y enfocamos el tiempo en lo que nos importa más. Tal vez ésta es una forma de describir la sabiduría de la edad.

Tus esfuerzos por imaginar una vejez mejor, más saludable y vibrante rendirán frutos. Levy les recordó a las personas mayores los beneficios de envejecer, por ejemplo mayor entendimiento y logros, y después les dio tareas estresantes para realizar. Descubrió que respondían al estrés con menos reactividad (menor ritmo cardiaco y presión arterial) que el grupo de control.[31] Como dicen algunas personas: "La edad es una cuestión de mente sobre materia. Si no te molesta, no importa".

DOS CAMINOS

Haz una pausa por un minuto. Imagina tu futuro si tus telómeros se acortaran con mucha rapidez y tus células empezaran a envejecer antes de tiempo. Este ejercicio está pensado para darte una idea vívida y real del envejecimiento celular prematuro. Piensa en el tipo de envejecimiento que *no* quieres experimentar a tus cuarenta, cincuenta, sesenta o setenta años. ¿Les temes a escenarios como éstos?

- "Perdí la lucidez. Cuando hablo, los ojos de mis compañeros más jóvenes se ponen vidriosos porque me notan disperso y desconcentrado."
- "Siempre estoy en la cama con una infección respiratoria, parece que pesco todas las enfermedades."
- "Es difícil respirar."
- "Se me duermen las piernas."
- "Mis pies no son estables. Tengo miedo de caer."
- "Estoy muy cansado para hacer cualquier otra cosa que no sea sentarme todo el día a ver televisión."
- "Escuché a mis hijos diciendo: '¿A quién le toca cuidar a mamá?'"
- "No puedo viajar de la manera en que me gustaría porque quiero estar cerca de mis doctores."

Estas declaraciones revelan aspectos de vida con un periodo de enfermedad temprano (el tipo de vida que quieres evitar). Tal vez tienes padres o abuelos que creían en el viejo mito de que todos tienen pocas y buenas décadas... y después hay que enfermarse y rendirse. Todos conocemos personas que cumplen sesenta o setenta años y con tranquilidad declaran que su vida ya se acabó. Se ponen pants, se sientan en el sillón y ven televisión hasta que las invade una enfermedad.

Ahora visualiza un futuro diferente, uno con telómeros largos y saludables, con células que se renuevan. ¿Cómo se ven estas décadas de buena salud? ¿Imaginas algún modelo o ejemplo?

Con frecuencia envejecer se retrata de maneras tan negativas que la mayoría de nosotros intenta no pensar en eso. Si tienes padres o abuelos que enfermaron antes de tiempo o que sólo se rindieron cuando alcanzaron cierta edad, quizá te sea difícil imaginar que es posible ser anciano, saludable y comprometido con la vida. Pero si puedes crear una imagen clara y positiva de cómo te gustaría envejecer, tendrás una meta para trabajar mientras lo haces y una razón convincente para mantener tus telómeros y células saludables. Si piensas en envejecer de manera positiva, hay posibilidades de que vivas siete años y medio más que alguien que no lo hace, ¡al menos de acuerdo con un estudio![32]

Uno de nuestros ejemplos favoritos de una persona que se renueva con frecuencia en espíritu es mi amiga (de Liz) Marie-Jeanne, una encantadora bióloga molecular que vive en París. Tiene cerca de ochenta años, el cabello blanco, arrugas y una espalda un poco encorvada, pero su rostro refleja vida e inteligencia. Marie-Jeanne y yo nos vimos hace poco. Comimos juntas. Visitamos el museo Petit Palais, subimos y bajamos escaleras recorriendo la mayoría de las exposiciones. Exploramos el Barrio latino a pie y visitamos librerías. Seis horas después, Marie-Jeanne se veía fresca y sin señales de querer bajar la actividad. Yo estaba a punto de caer de agotamiento. Propuse regresar ("para que Marie-Jeanne pudiera descansar"). Ella sugirió otro sitio para visitar. Yo, avergonzada de admitir que estaba desesperada por reposar mis pies adoloridos, dije que tenía un compromiso para que mis cansadas piernas pudieran llegar a casa y colapsar.

Marie-Jeanne tiene palomita en muchas de las casillas que definen un envejecimiento saludable para nosotras:

- Sigue interesada en su trabajo después de muchos años. Aunque de manera oficial ya pasó la edad de retiro, todavía va a la oficina en su instituto de investigación.
- Socializa con todo tipo de personas. Cada mes es anfitriona de cenas de discusión (en muchos idiomas) para sus colegas más jóvenes.
- Vive en un departamento en el quinto piso al que sólo se sube por escaleras. A veces sus amigos faltan a alguna cena porque están muy adoloridos o cansados para soportar todos esos escalones. Pero Marie-Jeanne flota sobre ellos con la misma destreza de antaño.
- Siempre está interesada en nuevas experiencias, como visitar exposiciones que van a la ciudad.

Tal vez tengas tu propio modelo a seguir o tus metas para envejecer. Aquí hay otras que hemos escuchado:

■ "Cuando sea viejo, quiero ser como la actriz Judi Dench, en especial cuando interpretó a M en las películas de James Bond: pelo blanco, a cargo de la situación… y la persona más lista de la habitación."

■ "Estoy inspirado por el 'tercer acto' de mi vida. El primer acto fue toda mi educación y el segundo acto fue crecer en mi carrera en la enseñanza. Para mi tercer acto estoy planeando trabajar con organizaciones sin fines de lucro y ayudar a padres adolescentes para que no abandonen la escuela y terminen sus estudios."

■ "Mi abuelo, bien entrado en sus setenta, nos llevó a esquiar cuando éramos pequeños y nos mostró cómo encender una fogata en la nieve. Yo quiero hacer lo mismo con mis nietos."

■ "De viejo me imagino con mis hijos ya grandes y fuera de casa. Los extraño, pero tengo más tiempo. Por fin puedo aceptar la oferta de presidir mi departamento."

■ "Si todavía tengo curiosidad intelectual, y trabajo de manera activa en proyectos escritos y filantrópicos, seré feliz. Quiero ser agradecido en muchas formas, apreciar nuestro bello planeta y lo mejor de los demás, incluyéndome."

Tus células van a envejecer. Pero no tienen que envejecer antes de tiempo. En realidad, la mayoría de nosotros quiere tener una vida larga y satisfactoria, con envejecimiento celular hasta el final.

El capítulo que acabas de leer muestra cómo te daña el envejecimiento celular prematuro. Ahora te mostraremos con exactitud qué son los telómeros y cómo pueden darte la oportunidad de una vida larga y buena.

2

El poder de los telómeros largos

Es 1987. Robin Huiras tiene doce años, está delgada y en forma. Parada en el campo de la escuela, espera para empezar una carrera cronometrada de kilómetro y medio. El clima está bien para correr, es una fría mañana en Minnesota. Aunque no le gusta que el maestro de educación física le marque el ritmo, espera hacerlo bien.

No lo hace. El maestro da el disparo de inicio y las demás chicas casi de inmediato están delante de ella. Trata de alcanzarlas, pero todas se alejan por la pista roja y sucia. Robin no afloja, da todo lo que tiene, pero conforme avanza la carrera se va quedando más y más atrás. Su tiempo final es uno de los más lentos de la clase, casi como si se hubiera detenido a media pista a dar un paseo sin prisa hasta la línea de meta. Pero tiempo después de que acabó la carrera, Robin todavía está doblada por el esfuerzo y dando grandes bocanadas de aire.

El siguiente año, cuando Robin tiene trece años, descubre un pelo gris abriéndose paso en su cabello café. Después otro pelo gris aparece, y otro, hasta que su cabello adquiere una ligera apariencia de sal y pimienta común entre mujeres de cuarenta o cincuenta años. Su piel cambia también, hay días en que sus actividades normales dejan grandes moretones en sus brazos y piernas. Apenas es una adolescente, pero su energía es poca, su cabello se vuelve gris y su piel es frágil. Es como si envejeciera antes de tiempo.

Eso era justo lo que estaba pasando. Robin tiene un raro trastorno biológico de telómeros, una enfermedad hereditaria que ocasiona telómeros muy cortos y, por lo tanto, envejecimiento celular prematuro. Antes de que las personas con este trastorno sean viejas por la edad, pueden experimentar un envejecimiento muy acelerado. En el exterior se manifiesta en la piel. Por ejemplo, los melanocitos (las células que dan color a la piel) pierden su capacidad de mantener un tono parejo. El resultado son manchas y puntos de edad, junto con cabello gris o blanco, incluso en jóvenes. Las uñas de las manos y de los pies también lucen viejas. Como las uñas tienen células que se estropean con rapidez, se vuelven rugosas y se parten. Los huesos también envejecen: los osteoblastos (las células que necesitan tus huesos para estar sólidos y fuertes) dejan de renovarse. El padre de Robin, quien tiene el mismo trastorno biológico de telómeros, tuvo tal pérdida ósea y dolor muscular que necesitó remplazar la cadera dos veces antes de que el trastorno le quitara la vida a los cuarenta y tres años.

Pero una apariencia envejecida y la pérdida ósea son sólo algunas de las consecuencias leves del trastorno biológico de telómeros. Las más devastadoras pueden ser pulmones cicatrizados, conteos sanguíneos inusualmente bajos, sistema inmune debilitado, trastornos de la médula ósea, problemas digestivos y ciertos tipos de cáncer. Por lo general, las personas con trastornos de telómeros no logran periodos de vida completos. Aunque los síntomas precisos y la longitud promedio de la vida varían, el paciente más viejo con este trastorno está ahora en sus sesenta.

Formas hereditarias y graves de trastornos biológicos de telómeros, como el de Robin, son una forma extrema de enfermedades más comunes llamadas "síndromes teloméricos". Sabemos qué genes van mal por accidente y causan estas graves formas hereditarias, y lo que hacen en las células. (Hasta ahora se conocen once genes.) Por fortuna, estos síndromes teloméricos hereditarios son raros, afectan a una persona por cada millón. Y por suerte, Robin aprovechó los avances médicos y se sometió a un trasplante exitoso de células madre (uno que contenía células madre en formación en la sangre de un donante). Un testimonio del éxito del trasplante es el conteo de plaquetas en Robin. Como sus células madre en la sangre no pueden reparar los telómeros de manera efectiva o hacer nuevas células, sus plaquetas habían llegado a niveles muy bajos, con conteos tan bajos como 3 000 o 4 000 (por eso no aguantó la carrera de kilómetro y medio). Seis meses después del trasplante los conteos se elevaron a niveles más normales de casi 200 000. Robin, que ahora está en sus treinta y dirige una organización de apoyo para personas con trastornos biológicos de telómeros, tiene más arrugas alrededor de su boca y ojos que otras personas de su edad. Casi todo su cabello es gris, y a veces sufre dolores de articulaciones y de músculos. Pero el ejercicio habitual la ayuda a mantener el dolor a raya y el trasplante ha restaurado mucha de su energía.

Los síndromes teloméricos graves traen un importante mensaje para todos porque lo que sucede en las células de Robin también pasa dentro de las tuyas. Sólo que a ella le pasa más rápido que a ti. En todos nosotros, los telómeros se reducen con la edad. Y el envejecimiento celular prematuro le puede ocurrir incluso a gente saludable, pero más lento. Podemos pensar que de cierto modo todos somos susceptibles a síndromes teloméricos de la edad, pero en grados mucho menores que Robin y su padre. Los pacientes con síndromes teloméricos hereditarios son incapaces de detener el proceso de envejecimiento prematuro, porque sucede con una rapidez increíble. El resto de nosotros somos afortunados. Tenemos más posibilidades de controlar el envejecimiento celular prematuro porque, de manera sorprendente, poseemos cierto control real sobre nuestros telómeros.

Ese control empieza con el conocimiento de cómo su longitud corresponde a tus hábitos diarios y a tu salud. Para entender el rol que juegan los telómeros en tu cuerpo, tenemos que recurrir a una fuente poco común: invertir algo de tiempo con algas de estanque.

LAS ALGAS DE ESTANQUE NOS MANDAN UN MENSAJE

La *tetrahymena*, literalmente alga de estanque, es un organismo unicelular que nada con valentía en cuerpos de agua dulce, buscando alimento o una pareja. Hay siete especies, un hecho curioso para reflexionar la próxima vez que estés chapoteando en un lago. Es casi adorable, vista bajo el microscopio presume un pequeño cuerpo regordete y proyecciones de pelo como una criatura de dibujos animados difusa. Si la ves durante un tiempo, puedes notar cierto parecido con Bip Bippadotta, el Muppet de pelo alborotado que canta la famosa y pegajosa canción "Maná Maná".

Dentro de las células de la *tetrahymena* está su núcleo, el centro de comando. En el fondo de ese núcleo hay un regalo para los biólogos moleculares: veinte mil pequeños cromosomas, todos idénticos, lineales y muy cortos que facilitan el estudio de sus telómeros. Ese regalo es la razón por la que en 1975, yo (Liz) estaba en un laboratorio en Yale, cultivando millones de pequeñas *tetrahymenas* en grandes frascos de vidrio. Quería juntar suficientes telómeros para entender de qué estaban hechos a nivel genético.

Por décadas, los científicos propusieron teorías de que los telómeros protegen a los cromosomas, no sólo en las algas sino también en los humanos. Pero nadie sabía con exactitud dónde estaban los telómeros o cómo trabajaban. Yo pensé que si podía localizar la estructura del ADN en los telómeros, aprendería más sobre su función. Me guiaba por mi deseo de entender la biología. En aquel momento, nadie sabía que los telómeros probarían ser una de las bases biológicas primarias del envejecimiento y la salud.

Usando una mezcla que en esencia era detergente para platos y sales, logré sacar el ADN de la *tetrahymena* fuera de la célula. Después lo analicé usando una combinación de métodos químicos y bioquímicos que aprendí durante mi doctorado en Cambridge, Inglaterra. Bajo la tenue y roja luz del cuarto oscuro del laboratorio, conseguí mi meta. El lugar estaba tranquilo, sólo se escuchaba el sonido de una gotera que corría al lado de los viejos tanques de revelado. Levanté una película radiográfica mojada hacia la luz de seguridad y la emoción recorrió mi cuerpo cuando entendí lo que estaba viendo. En los extremos de los cromosomas había una secuencia simple y repetida de ADN. La misma secuencia, una y otra vez. Había descubierto la estructura del ADN telomérico. Y en los siguientes meses, mientras me adentraba en los detalles, surgió un hecho inesperado: de manera extraordinaria, estos pequeños cromosomas

Figura 7: *Tetrahymena.* Esta pequeña criatura unicelular, que Liz estudió para decodificar la estructura del ADN telomérico y descubrir la telomerasa, nos dio la primera información preciada sobre los telómeros, la telomerasa y el periodo de vida de las células. Esto presagió lo que después aprenderíamos de los humanos.

no eran tan idénticos como parecían. Algunos tenían extremos con más números de repeticiones y otros con menos.

Ningún otro ADN se comporta de manera tan extraña, variable, secuencial y repetida. Los telómeros del alga estaban mandando una señal: hay algo especial en los extremos de los cromosomas. Algo que resultaría ser vital para la salud de las células humanas. Esa variación en la longitud de los extremos resultó ser uno de los factores que explican por qué algunos de nosotros vivimos más tiempo y más saludables que otros.

TELÓMEROS: LOS PROTECTORES DE NUESTROS CROMOSOMAS

Quedó claro con esa película radiográfica que los telómeros están compuestos por patrones repetidos de ADN. Éste consiste en dos cadenas paralelas y retorcidas hechas por sólo cuatro nucleótidos que se representan con las letras A, T, C y G. ¿Recuerdas las excursiones en la primaria, cuando tenías que sostener la mano de tu compañero mientras caminaban por el museo? Las letras del ADN operan con el mismo sistema. A siempre acompaña a T, y C siempre acompaña a G. Las letras en la primera cadena de ADN se emparejan con su compañera en la segunda. Entre las dos hacen un "par de bases", la unidad con la que medimos los telómeros.

En los telómeros humanos (como se descubriría después), la primera cadena consiste en secuencias repetidas de TTAGGG que están emparejadas con AATCCC, en la segunda cadena y torcidas en la forma helicoidal del ADN.

Éstos son los pares de base de los telómeros que, repetidos miles de veces, ofrecen una forma de medir su longitud. Nota que algunos de nuestros gráficos miden la longitud telomérica en una unidad llamada proporción t/s en lugar de pares de bases (otra forma de medir los telómeros). Las secuencias repetidas resaltan las diferencias entre telómeros

Figura 8: Cadenas de telómeros de cerca. En los extremos de los cromosomas están los telómeros. Las cadenas de los telómeros están hechas de secuencias repetidas de TTAGGG sentadas frente a su par de bases, AATCCC. Mientras más secuencias tenemos, más largos son nuestros telómeros. En este diagrama representamos sólo el ADN telomérico, pero claro, no está desnudo de esta forma, está cubierto por una funda protectora de proteínas.

y otro tipo de ADN. Los genes, que están hechos de ADN, viven dentro de los cromosomas. Dentro de una célula tenemos veintitrés pares de cromosomas, para un total de cuarenta y seis. Este ADN genético forma el mapa de tu cuerpo, es el manual de instrucciones. Sus letras emparejadas crean "enunciados" complicados que mandan instrucciones para construir las proteínas que conforman tu cuerpo. El ADN genético puede ayudar a determinar qué tan rápido late tu corazón, si tus ojos son azules o cafés, o si vas a tener piernas y brazos largos como los de un maratonista. El ADN telomérico es diferente. Primero que nada, no vive dentro de ningún gen. Está en los extremos del cromosoma que contiene los genes. Y a diferencia del ADN genético, no actúa como un mapa o un código. Es más como un amortiguador físico, protege el cromosoma durante el proceso de división celular. Como los corpulentos jugadores de futbol americano que rodean al mariscal de campo y absorben los golpes, los telómeros se sacrifican por el equipo.

Esta protección es fundamental. Cuando las células se dividen y se regeneran, necesitan que la valiosa carga de los cromosomas, los manuales de instrucciones genéticas (los genes), se entregue intacta. De otra manera, ¿cómo sabría el cuerpo de un niño que tiene que crecer alto y fuerte? ¿Cómo sabrían tus células producir los rasgos que te hacen sentir *tú*? Pero la división celular es un momento muy peligroso para los cromosomas y el material genético que contienen, porque si no están bien protegidos se pueden deshilachar o romper con facilidad y se pueden fusionar con otros, incluso mutar. Si los manuales de instrucciones genéticas de las células se revuelven de esta manera, el resultado es desastroso. Una mutación puede llevar a disfunción o muerte celular, o incluso a la proliferación de lo que ahora son células cancerígenas, y como consecuencia, es probable que no vivas por mucho tiempo.

Los telómeros, que sellan los extremos de los cromosomas, evitan que esto suceda. Ése es el mensaje que nos envían las secuencias repetidas de ADN telomérico. Jack Szostak y yo (Liz) descubrimos esta función en los inicios de los años ochenta, cuando aislé una secuencia de telómeros de *tetrahymena* y Jack la puso en células de levadura. Los telómeros del alga protegieron los cromosomas de la levadura durante la división celular al donar algunos de sus pares de bases.

Cada vez que una célula se divide, su valioso "ADN codificado" (lo que construye los genes) se copia para que pueda mantenerse seguro y entero. Por desgracia, con cada división, los telómeros pierden pares de base de la secuencia en dos de los extremos de cada cromosoma. Los telómeros tienden a acortarse mientras envejecemos, conforme nuestras células se dividen y se dividen. Pero la tendencia no es sólo una línea recta. Echa un vistazo a la gráfica 9.

En el estudio permanente del Programa de Investigación en Genes, Ambiente y Salud de Kaiser sobre la longitud telomérica salival de cien mil personas, los telómeros en promedio crecen menos conforme avanza la edad de la gente a partir de los veinte años, llegando su punto máximo a los setenta y cinco años.[1] En una conclusión interesante, la longitud telomérica parece permanecer igual o incluso aumentar pasando los setenta y cinco años. Es probable que esta tendencia no sea cierta, sólo se ve así porque las personas con telómeros más cortos ya murieron a esa edad (a esto se le llama sesgo de supervivencia, en cualquier estudio de envejecimiento, las personas más viejas son los sobrevivientes saludables). Las personas con telómeros más largos son las que viven hasta los ochenta y noventa.

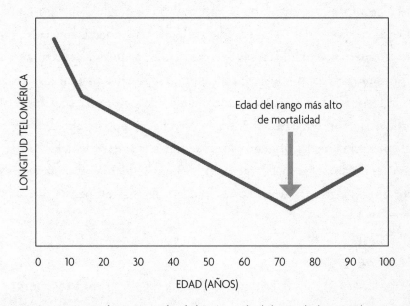

Figura 9: Acortamiento telomérico con la edad. En promedio, la longitud telomérica decrece con la edad. Baja con mayor velocidad durante la infancia y después tiene un índice promedio de declive más lento. De manera interesante, muchos estudios encuentran que la longitud telomérica no es más corta en las personas que viven lo suficiente para pasar los setenta y cinco años. Se cree que esto se debe al "sesgo de supervivencia", lo que significa que la gente que sigue viva a esta edad tiende a presentar telómeros más largos. Es probable que desde su nacimiento fueran más largos.

TELÓMEROS, EL PERIODO DE ENFERMEDAD Y MUERTE

Los telómeros se acortan con la edad, pero ¿en verdad pueden ayudar a determinar cuánto tiempo vamos a vivir o qué tan pronto vamos a entrar al periodo de enfermedad?

La ciencia *dice que sí.*

Los telómeros cortos no predicen la muerte en cada estudio, ya que hay muchos otros factores que indican cuándo morimos. Ellos sí señalan el momento de la muerte en la mitad de los estudios, incluido el más grande que se ha hecho. Una investigación en Copenhague en 2015 en más de sesenta y cuatro mil personas demostró que los telómeros cortos predecían una mortalidad prematura.[2] Mientras más pequeños sean tus telómeros, mayor es tu riesgo a morir de cáncer, enfermedades cardiovasculares, o morir en edades tempranas en general, conocido como mortalidad por todas las causas. Ve la figura 10 y notarás que la longitud telomérica se divide en percentiles de diez grupos. Las personas en el noventavo percentil de longitud (con los telómeros más largos) están en la izquierda, las personas en el ochentavo percentil están justo al lado, y así continúa hasta el extremo derecho, donde se representan las personas en el percentil más bajo. Hay una reacción ordenada, las personas con telómeros más largos son las más saludables, y conforme se acortan, las personas se enferman más y son más propensas a morir.

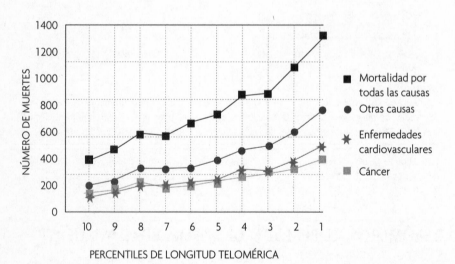

Figura 10: Telómeros y muerte. La longitud telomérica predice la mortalidad en general, y por diferentes enfermedades. Las personas con telómeros más largos (noventavo percentil) tienen el menor índice de muerte por cáncer, enfermedades cardiovasculares y por todas las causas. (Esta gráfica es de las estadísticas de Rode et al., 2015.)[3]

El estudio de Kaiser, ya mencionado, midió la longitud telomérica en cien mil voluntarios que resultaron ser miembros de la cobertura de su plan de salud. En los tres años siguientes a la medición, la gente con telómeros más cortos fue más propensa a morir cuando todas las causas de muerte se combinaban.[4] Los controles del estudio fueron las variables que marcarían diferencias en la salud y longevidad entre los sujetos, incluidas: edad, género, raza, etnia, educación, tabaquismo, actividad física, alcoholismo e índice de masa corporal (IMC). ¿Por qué los científicos controlaron tantas variables? Porque alguno o todos estos factores podrían (en teoría) ser la razón real que contribuye al incremento de mortalidad, y no los telómeros cortos. Por ejemplo, existe una clara relación entre fumar tabaco y los índices de mortalidad por todas las causas. Y muchos estudios han descubierto una relación entre fumar y un mayor acortamiento telomérico. Pero después de corregir todas esas explicaciones potenciales, la relación entre la reducción de telómeros y la mortalidad por todas las causas sigue siendo verdad. En efecto pareciera que el acortamiento telomérico es en sí un factor real de riesgos generales de mortalidad.

Una y otra vez, el acortamiento telomérico se asocia con las mayores enfermedades del envejecimiento. Muchos estudios importantes han demostrado que la gente con telómeros más cortos es más propensa a padecer patologías crónicas como diabetes, enfermedades cardiovasculares y pulmonares, función inmune alterada y ciertos tipos de cáncer.[5] Muchas de estas asociaciones han sido reforzadas por grandes análisis (llamados metaanálisis) que nos dan la seguridad de que las relaciones son exactas y confiables. Al invertir estos resultados se encuentra el lado optimista: un estudio en ancianos saludables en Estados Unidos demostró que en la población general la gente con telómeros más largos en los leucocitos tiene más años de vida saludable sin enfermedades graves (un mayor periodo de vida saludable).[6]

DALE LA VUELTA A TU SALUD

Gente como Robin Huiras, cuyos raros trastornos hereditarios hacen que tenga telómeros muy cortos, nos muestra el poder de los telómeros. A veces, como en el caso de Robin, es un tipo de poder corrosivo y oscuro que acelera el proceso de envejecimiento celular. La buena noticia es que hemos aprendido mucho sobre la naturaleza de los telómeros. Por ejemplo, Robin y su familia ayudaron a los investigadores a identificar una de las mutaciones de genes que ocasionan su trastorno al donar sangre y muestras de tejidos. Este conocimiento es un primer paso para mejores diagnósticos, tratamientos y, algún día, una cura.

Y tú puedes usar nuestro conocimiento sobre los telómeros para darle la vuelta a tu salud, a la de la gente de tu comunidad y a la de generaciones que están por venir. Porque como verás, los telómeros pueden cambiar. *Tú* tienes el poder de influir para que tus telómeros se acorten de manera prematura o sigan saludables. Para mostrarte lo que queremos decir, necesitamos llevarte de vuelta al laboratorio de Liz. Ahí, los telómeros de la *tetrahymena* empezaron a comportarse de manera extraña e inesperada.

3

Telomerasa, la enzima que aviva los telómeros

No mucho tiempo después de que yo (Liz) leí el ADN telomérico que se reveló en la película radiográfica, me contrataron en la Universidad de California, en Berkeley. Ahí, en 1978 establecí mi propio laboratorio para continuar mi investigación y comencé a notar algo que me sorprendió. Todavía estaba cultivando *tetrahymena*, esa alga peluda parecida a un Muppet, pero ahora podía definir sus tamaños basada en la longitud de su ADN. Y de forma misteriosa, bajo ciertas circunstancias, los telómeros de la *tetrahymena* a veces *crecían*.

Esto fue un shock, porque yo esperaba que si los telómeros cambiaban, se acortarían, no se alargarían, imaginaba que con cada división celular el número de secuencias de ADN en los telómeros se reduciría. Pero para mí parecía que la *tetrahymena* estaba creando nuevo ADN. El problema es que se supone que esto no pasa, que el ADN no cambia. Es probable que hayas escuchado que el ADN con el que nacemos es el mismo con el que morimos, y éste sólo se produce a través de un fotocopiado bioquímico. Revisé, y volví a revisar, y confirmé que lo imposible estaba sucediendo. Después, vimos que ocurría lo mismo en las células de levadura. (En "vimos" estoy incluyendo a mi alumna Janice Shampay, quien trabaja en mi laboratorio en los experimentos que el investigador de Harvard, Jack Szostak, y yo habíamos soñado.) Después, los reportes de otro científico sugirieron que estos cambios podían pasar también en otras pequeñas criaturas parecidas a la *tetrahymena*. De hecho, los organismos estaban produciendo ADN en los extremos de sus telómeros. ¡Estaban creciendo!

Ningún otro elemento del ADN se comporta de esta manera. Por décadas, los genetistas creyeron que cualquier estiramiento del ADN cromosómico existía sólo porque se había hecho una copia de ADN preexistente. La teoría aceptada decía que el ADN no se podía crear de cero. El descubrimiento de este raro comportamiento me dijo *que estaba sucediendo algo que nadie había visto con anterioridad*. Para los científicos, ése es uno de los tipos de descubrimientos más emocionantes por hacer. Es excitante cuando un hallazgo extraño sugiere que hay nuevas calles y esquinas desconocidas en el universo, éste es todo un vecindario nuevo, uno del que nadie sabía de su existencia.

TELOMERASA: LA SOLUCIÓN
AL ACORTAMIENTO TELOMÉRICO

Seguí considerando este extraño comportamiento del telómero: su aparente habilidad para crecer. Buscaba una enzima en una célula que pudiera añadir ADN en los telómeros, una enzima que repusiera a los telómeros después de perder algunos de sus pares de bases. Era momento de arremangarme la camisa y hacer más extractos celulares de *tetrahymena*. ¿Por qué *tetrahymena*? Porque es una buena fuente de abundantes telómeros. Razoné que si dicha enzima existía, sería una excelente fuente para formar telómeros.

En 1983 se me unió en esta misión Carol Greider, una estudiante recién egresada. Empezamos ideando experimentos y después refinándolos. En la Navidad de 1984 Carol desarrolló una película radiográfica llamada autorradiografía. Los patrones en esa película mostraron las primeras señales claras de una nueva enzima trabajando. Carol regresó a casa esa noche y bailó de emoción en la sala. Al día siguiente, su cara estaba iluminada por el regocijo de saber mi reacción, me mostró la película radiográfica. Nos miramos la una a la otra. Ambas sabíamos qué era esto. Los telómeros podían agregar ADN atrayendo esta nueva enzima desconocida, que nuestro laboratorio llamó telomerasa. Esta enzima crea nuevos telómeros copiados en su propia secuencia bioquímica.

Pero la ciencia no funciona con la euforia de un solo momento *eureka*. Teníamos que estar seguras. Conforme las semanas se convertían en meses, experimentábamos arrebatos de dudas seguidos de sentimientos de dicha cuando hacíamos cuidadosos experimentos. Poco a poco, descartamos cada opción posible de que nuestros primeros momentos de emoción en 1984 hubieran sido una pista falsa. Con el tiempo surgió un mayor entendimiento de la telomerasa: es la enzima responsable de restaurar el ADN perdido durante la división celular. La telomerasa rellena los telómeros.

Así funciona la telomerasa. Incluye tanto proteína como ARN (puedes considerarlo como una copia de ADN). Esa copia incluye una plantilla de la secuencia del ADN telomérico. La telomerasa usa esa secuencia en el ARN como su propia guía bioquímica integrada para crear la secuencia correcta de ADN nuevo. Se necesita la secuencia correcta para hacer un andamio de ADN que atraiga una cubierta de proteínas para proteger el ADN telomérico. La telomerasa añade este segmento nuevo de ADN en el extremo del cromosoma, guiada por la plantilla de la secuencia de ARN y por el sistema de emparejamiento. Esto asegura que la secuencia correcta de nucleótidos de ADN telomérico se añada. De esta forma, la telomerasa recrea nuevos extremos en los cromosomas y remplaza los que se desgastaron.

El misterio del crecimiento de telómeros fue resuelto. La telomerasa los rellena al añadir ADN. Cada vez que una célula se divide, los telómeros se reducen de forma gradual hasta que llegan a un punto crítico que manda una señal para detener la división celular. Pero la telomerasa contrarresta esa reducción añadiendo ADN y construyendo de nuevo el cromosoma cada vez que una célula se divide. Esto significa que el cromosoma está protegido, y una copia exacta de él se hace en la nueva célula. Ésta puede continuar renovándose a sí misma. **La telomerasa puede ralentizar, prevenir o incluso revertir el acortamiento telomérico que resulta de la división celular.** En cierto modo, los telómeros pueden ser renovados por la telomerasa. Encontramos una forma de darle la vuelta al límite de Hayflick de la división celular... en algas de estanque.

TELOMERASA: NO ES EL ELIXIR DE LA INMORTALIDAD

Después de estos descubrimientos, tanto el mundo científico como los medios de comunicación hicieron un alboroto con especulaciones de esperanza. ¿Qué pasaría si pudiéramos incrementar el abastecimiento de telomerasa? ¿Podríamos ser como la *tetrahymena*, con células que se renuevan para siempre? Tal vez ése fue el primer caso registrado de humanos queriendo ser como las algas de estanque.

La gente se preguntaba si la telomerasa se podía destilar y servir como un elixir de inmortalidad. En este anhelado escenario, visitaríamos nuestro bar local de telomerasa de vez en cuando por un *shot* de la enzima, que nos permitiría vivir vidas saludables hasta el límite máximo conocido del periodo de vida, o más allá.

Tal vez estos sueños no son tan ridículos como parecen. Los telómeros y la telomerasa forman una base biológica fundamental para evitar el envejecimiento celular. La demostración de la relación entre telomerasa y envejecimiento celular llegó primero de la *tetrahymena*. Guo-Liang Yu, estudiante egresado que trabajaba en mi laboratorio de Berkeley, realizó un experimento simple pero con una precisión quirúrgica. Remplazó los telómeros normales en células de la *tetrahymena* por una versión precisa e inactiva. Si las alimentas de manera correcta, las células de este organismo son inmortales en el laboratorio. Como el conejo de Energizer, la división celular del alga sigue y sigue y sigue. Pero esta telomerasa inactiva ocasionó que los telómeros se hicieran más y más cortos conforme las células de la *tetrahymena* se dividían. Después, cuando los telómeros se hicieron muy cortos para proteger los genes dentro de los cromosomas, las células dejaron de dividirse. Piensa otra vez en una agujeta. Cuando el herrete se desgasta, la agujeta, con todo el material genético vital, se deshilacha. La telomerasa inactiva hace mortales a las células de la *tetrahymena*.

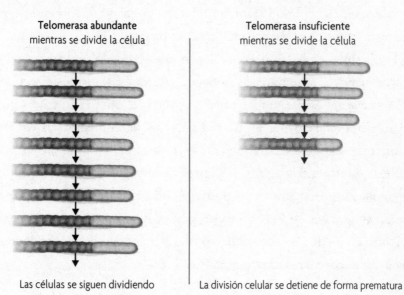

Telomerasa abundante
mientras se divide la célula

Telomerasa insuficiente
mientras se divide la célula

Las células se siguen dividiendo

La división celular se detiene de forma prematura

Figura 11: Consecuencias de la presencia de la telomerasa. El ADN telomérico se acorta porque las enzimas que lo duplican no trabajan en los extremos del telómero (copia incompleta de ADN). La telomerasa alarga los telómeros y así contrarresta la erosión del ADN. Con abundante telomerasa los telómeros se mantienen y las células pueden continuar dividiéndose. Con insuficiente telomerasa (debido a la genética, estilo de vida u otras causas) los telómeros se acortan con rapidez, las células dejan de dividirse y la senescencia se presenta pronto. Reproducido con la autorización de AAAS (E. Blackburn, E. Epel y J. Lin, "Human Telomere Biology: A Contributory and Interactive Factor in Aging, Disease Risks, and Protection", *Science* [Nueva York] 350, núm. 6265 [4 de diciembre de 2015] 1193-98).

Sin telomerasa, la célula deja de renovarse.

Y después, en otros laboratorios alrededor del mundo, se encontró que sucedía lo mismo en casi todas las células, con excepción de las bacterias (cuyos cromosomas son círculos de ADN en lugar de líneas y no tienen extremos que proteger). Telómeros largos y mayor cantidad de telomerasa retrasan el envejecimiento celular prematuro, y telómeros cortos y menos telomerasa lo aceleran. La conexión de salud con telomerasa se descubrió cuando el médico Inderjeet Dokal y sus colegas en el Reino Unido y en Estados Unidos descubrieron que cuando la gente tiene una mutación genética que reduce los niveles de telómeros a la mitad, desarrolla síndromes teloméricos graves y hereditarios.[1] La misma categoría de enfermedad que se diagnosticó en Robin Huiras. Sin suficiente telomerasa, los telómeros se acortan con rapidez y el cuerpo sucumbe ante enfermedades prematuras.

Las células de la *tetrahymena* tienen suficiente telomerasa para poder reconstruir sus telómeros de manera constante. Esto le permite a la *tetrahymena* renovarse perpetuamente y evitar el envejecimiento celular para siempre. Pero por lo general nosotros los humanos no tenemos suficiente telomerasa para lograr esto. Estamos en la miseria. Nuestras células están reacias a entregar la telomerasa a sus telómeros todo el tiempo. La producimos en cantidades suficientes para reconstruir los telómeros... pero sólo hasta cierto punto. Por lo general la telomerasa en la mayoría de nuestras células se vuelve menos activa, y los telómeros se acortan conforme envejecemos.

LA TELOMERASA Y LA PARADOJA DEL CÁNCER

Es natural preguntarse si podemos alargar la vida humana a través de métodos artificiales para incrementar la telomerasa. En internet abundan anuncios de suplementos que aseguran que sí se puede. La telomerasa y los telómeros tienen propiedades maravillosas que nos permiten evitar enfermedades terribles y sentirnos más jóvenes. Pero no son alargadores mágicos de la vida, no nos dejan vivir más allá del periodo normal de vida del humano. De hecho si tratas de extender tu vida usando métodos artificiales o incrementando la telomerasa, te pones en riesgo.

Eso sucede porque la telomerasa esconde un lado oscuro. Piensa en el Dr. Jekyll y Mr. Hyde, son la misma persona, sólo que tienen un carácter muy diferente dependiendo si es de día o de noche. Necesitamos que nuestra buena telomerasa al estilo Dr. Jekyll se mantenga saludable, pero si obtienes mucha en las células incorrectas en el momento equivocado, se vuelve un Mr. Hyde que alimenta ese crecimiento celular incontrolable distintivo del cáncer. El cáncer es, básicamente, células que no dejan de dividirse. De hecho, con frecuencia se define como "renovación celular frenética".

No quieres bombardear tus células con telomerasa artificial que las estimule para tomar el camino a hacerse cancerígenas. A menos que el campo de suplementos de telomerasa compruebe más demostraciones

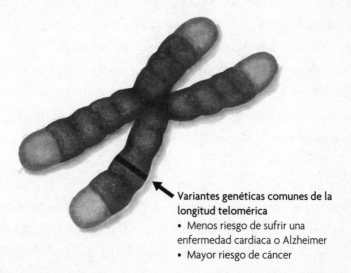

Variantes genéticas comunes de la longitud telomérica
• Menos riesgo de sufrir una enfermedad cardiaca o Alzheimer
• Mayor riesgo de cáncer

Figura 12: Enfermedades y genes relacionados con los telómeros. Los genes que mantienen a los telómeros nos protegen de enfermedades comunes, pero también nos pueden poner en riesgo de cáncer. Tener variantes genéticas de mayor telomerasa y proteínas de telómeros implica tener telómeros más largos. Esta manera genética natural de hacer los telómeros más largos disminuye los riesgos de la mayoría de enfermedades del envejecimiento, incluidas las enfermedades cardiacas y el Alzheimer. Pero niveles altos de telomerasa también implican que las células propensas a convertirse en células cancerígenas pueden seguir dividiéndose sin control, aumentando los riesgos de ciertos tipos de cáncer (cerebral, melanoma y pulmonar). ¡Tener más no siempre es lo mejor!

rigurosas de seguridad en pruebas clínicas y a largo plazo. A nuestro parecer, es prudente evitar píldoras, cremas o inyecciones que aseguran el incremento de la telomerasa. Dependiendo de tu propensión al cáncer, podrías incrementar de manera potencial las posibilidades de desarrollar alguno de los diferentes tipos de esta enfermedad (como melanomas o cáncer cerebral o pulmonar). Al saber esto, no es de sorprender que nuestras células mantengan su telomerasa bajo un estricto control.

Al ver estos descubrimientos que suenan aterradores seguro te preguntarás por qué te sugerimos actividades que aumentan la telomerasa. La respuesta es que hay una gran diferencia entre las reacciones fisiológicas normales del cuerpo al estilo de vida que sugerimos en este libro y tomar una sustancia artificial sin importar qué tan "natural" sea la planta de donde se obtiene (recuerda que las plantas son las fuentes más usadas en la guerra química porque evolucionaron a un armamento de fuertes sustancias para ahuyentar animales hambrientos y patógenos merodeadores). Las sugerencias que incluimos en este libro para aumentar la acción de tu telomerasa son suaves y naturales, y la incrementan en cantidades seguras. No te preocupes por que tu riesgo de cáncer aumente con estas estrategias. No suben la telomerasa al nivel o en maneras que pudieran ser dañinas.

De manera paradójica, también necesitamos telómeros saludables para mantener el cáncer a raya. Algunos tipos de esta patología son más propensos a desarrollarse cuando hay *muy poca telomerasa disponible* que ocasiona que los telómeros se acorten (cáncer en la sangre como la leucemia, de piel, además del melanoma y algunos gastrointestinales como el cáncer pancreático). Esto se comprobó al descubrir que la gente nacida con una mutación que inactiva un gen de la telomerasa tiene mayor riesgo a este tipo de cánceres. Se presentan porque la pérdida de protección de los telómeros permite que nuestros genes se dañen con más facilidad (y ellos a la larga pueden provocar cáncer). Además, si hay muy poca telomerasa se debilitan los telómeros en nuestras células inmunes. Por lo general, el sistema inmune mantiene un ojo puesto a cualquier cosa que perciba como "extraña", eso incluye células cancerígenas dañinas y patógenos invasores del exterior como bacterias y virus. Sin telómeros lo suficiente largos para actuar de protectores, con el tiempo las células inmunes se harán senescentes.

Algunas de ellas son como cámaras de vigilancia apostadas en cada esquina del cuerpo. Si se vuelven senescentes, sus lentes actúan como si estuvieran empañados y pasan por alto las células cancerígenas "extrañas". Entonces los equipos de células inmunes que serían llamados a la lucha no entran en acción. El resultado de telómeros debilitados es mayor probabilidad de que las defensas inmunes del cuerpo pierdan la batalla contra el cáncer (o contra un patógeno).

Telomerasa y esperanza para nuevos tratamientos contra el cáncer

Mucha telomerasa, estimulada por la acción de variantes normales de genes de telómeros, puede incrementar riesgos de desarrollar muchos tipos de cáncer. Y telomerasa muy activa estimula la mayoría de los cánceres una vez que se vuelven malignos. Pero incluso este "lado oscuro" de la telomerasa no siempre es tan oscuro. Los investigadores aprendieron que la telomerasa es hiperactiva en alrededor de 80 a 90% de los cánceres malignos en el humano. Con niveles que aumentan de diez a cientos de veces más que en células normales. Este descubrimiento resultó ser un arma potente en nuestra lucha contra la enfermedad. Si el cáncer necesita telomerasa para crecer sin detenerse, tal vez podamos curarlo apagando la telomerasa sólo en las células cancerígenas. Los investigadores ya trabajan en esta idea.

La clave está en regular bien la acción de telómeros y telomerasa, en las células correctas y en el momento justo, porque sólo eso mantendrá a los telómeros y a nosotros saludables. **El cuerpo sabe hacer esto y le podemos ayudar con un estilo de vida lleno de estrategias de renovación.**

PUEDES INFLUIR EN TUS TELÓMEROS Y TELOMERASA

Para el cambio de milenio, los científicos ya estaban acostumbrados a pensar en los telómeros y en la telomerasa como bases de la renovación celular. Pero los síndromes teloméricos, empezando con el sorprendente descubrimiento de que disminuir la telomerasa a la mitad podía tener efectos tan drásticos, puso a todos a pensar sólo en términos de *genes*. Ellos determinan si nuestros telómeros son cortos o largos, y si tenemos suficiente telomerasa para renovar los telómeros desgastados.

Eso fue cuando yo (Elissa) comencé con una beca de investigación posdoctoral en salud psicológica en la Universidad de California, en San Francisco (a lo largo del libro sólo mencionaremos sus siglas: UCSF). Susan Folkman, la ahora retirada directora del Centro Osher de Medicina Integral y pionera en el estudio de estrés y estrategias de afrontamiento, me invitó a unirme a su equipo. Entrevistaban madres de hijos con enfermedades crónicas, un grupo bajo una tremenda presión psicológica.

Sentí una profunda simpatía por estas solidarias madres que se veían más cansadas y viejas de lo que eran en realidad. Para ese entonces, Liz se había mudado al campus de San Francisco de la Universidad de California, y yo estaba al tanto de su trabajo sobre envejecimiento biológico. Me acerqué a Liz y le platiqué de las madres que estábamos estudiando. Si pudiera juntar los fondos, ¿sería posible hacer pruebas en los telómeros y en la telomerasa de estas madres? ¿Valía la pena investigar si el estrés podía acortar los telómeros y provocar envejecimiento celular prematuro?

Como muchos otros biólogos moleculares del momento, yo (Liz) estaba curioseando desde la cima de una montaña en particular. Pensaba en el mantenimiento telomérico en términos de las moléculas celulares especificadas por los genes que controlan los telómeros. Cuando Elissa me pidió estudiar a las madres, fue como si de repente viera a los telómeros desde un punto de vista totalmente nuevo, desde otra montaña. Respondí como madre y como científica. "Necesitamos otros diez años para entender mejor la genética de los telómeros", reflexioné. Tenía dudas, pero también imaginaba el tremendo estrés bajo el que estaban esas mujeres. Pensé en la forma en que describimos gente exhausta y estresada: *agobiada*. Las madres de niños con enfermedades crónicas son mujeres desgastadas. ¿Era posible que sus telómeros también estuvieran desgastados? "Sí —acepté—. Hagamos este estudio, esperemos encontrar un científico en mi laboratorio que haga las mediciones." Mi compañera posdoctoral, Jue Lin, levantó la mano. Perfeccionó una forma para medir la telomerasa de manera sensible y cuidadosa en células humanas saludables... y empezó el trabajo.

Seleccionamos un grupo de madres de niños con una enfermedad crónica. Un sujeto de investigación que tuviera otro "problema" externo podría afectar los resultados, así que retiramos del estudio a cualquier madre con algún problema de salud. Usamos un proceso similar para seleccionar un grupo de control de madres cuyos hijos fueran saludables. Este proceso llevó varios años de cuidadosa selección y evaluación.

Tomamos una muestra de sangre de cada mujer y medimos los telómeros en los leucocitos. Conseguimos la ayuda de Richard Cawthon de la Universidad de Utah, quien había ideado una forma nueva y más fácil de medir la longitud telomérica en los leucocitos (aplicando un método llamado reacción en cadena de la polimerasa).

Un día, en 2004, salieron los resultados de la evaluación. Yo (Elissa) estaba sentada en mi oficina mientras el análisis numérico salía de la impresora. Miré la impresora y me quedé sin aliento por la sorpresa. Había un patrón en la información, el declive exacto que pensamos que podría existir... estaba ahí, en las páginas. Mostraba que entre más estrés tuvieras, tus telómeros eran más cortos y tus niveles de telomerasa más bajos.

De inmediato tomé el teléfono y llamé a Liz: "Ya están los resultados y lo que descubrimos es más sorprendente de lo que pensamos".

Nos habíamos hecho la pregunta: *¿La forma en que vivimos puede cambiar nuestros telómeros y telomerasa?* Ahora teníamos una respuesta.

Sí.

Sí, las madres que se percibían bajo un gran estrés eran las que tenían los niveles de telomerasa más bajos.

Sí, las madres que se percibían bajo un gran estrés eran las que tenían los telómeros más cortos.

Sí, las madres que habían cuidado a sus hijos por más tiempo tenían telómeros más cortos.

Este triple *sí* significaba que nuestros resultados no eran sólo una coincidencia o una irregularidad estadística. **Significaba que nuestras experiencias de vida, y la manera en que respondemos ante ellas, pueden cambiar nuestra longitud telomérica. En otras palabras, es posible cambiar la forma en que envejecemos al nivel celular más elemental.**

¿El envejecimiento se puede acelerar, desacelerar o revertir? Éste ha sido un debate médico desde hace siglos. Todo lo que aprendimos des-

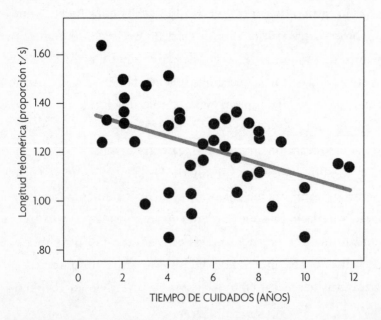

Figura 13: **Longitud telomérica y estrés crónico.** Entre más años han pasado desde el diagnóstico del niño (por lo tanto más años de estrés crónico), más cortos son los telómeros.[2]

de el primer estudio de las madres es nuevo. Entendimos que con nuestras acciones podemos evitar que los telómeros (y por lo tanto nuestras células) envejezcan de manera prematura. Incluso tal vez seamos capaces de revertir de forma parcial el proceso de envejecimiento celular causado por el desgaste y rompimiento de los telómeros. Con el paso de los años, los resultados de nuestro estudio inicial se han mantenido. Además, muchos trabajos adicionales sobre los que leerás han llevado este primer descubrimiento más allá, mostrando que diferentes factores en la vida afectan nuestros telómeros.

En el resto del libro te hablaremos sobre cómo incrementar la telomerasa y proteger tus telómeros. Nuestras recomendaciones están basadas en estudios, algunos miden los telómeros, otros la actividad de la telomerasa y otros ambos. Te nos puedes unir en los viajes de exploración que hemos seguido desde aquella primera cima de la montaña. Usa esta investigación como una Estrella del Norte para ayudarte a cambiar la forma en que usas tu mente, cuidas tu cuerpo e interactúas con tu comunidad, para proteger tus telómeros y disfrutar un largo periodo de vida saludable.

LABORATORIO DE RENOVACIÓN

UNA GUÍA

La vida está llena de pequeños experimentos de los que podemos aprender. En este libro encontrarás un Laboratorio de renovación al final de cada capítulo. Ahí, si quieres, te conviertes en el investigador. Tu mente, tu cuerpo y tu vida se vuelven tu laboratorio personal. En ellos puedes probar nuestras aplicaciones prácticas de ciencia de los telómeros o ciencia del comportamiento y aprender nuevas formas de cambiar tu vida diaria para mejorar tu salud celular. En la mayoría de los casos, el Laboratorio de renovación se ha asociado de manera directa con una mayor longitud telomérica y, en todos los casos, con una mejor salud física y mental. (Encontrarás los estudios correspondientes en la sección de Notas que empieza en la página 361.)

Cuando decimos "laboratorio", en verdad nos referimos a eso. Son experimentos, no mandamientos escritos en piedra. Lo que mejor funciona para ti depende de tu mente y de tu cuerpo, tus preferencias y la etapa de tu vida. Así que dales una oportunidad, tal vez sólo una o dos a la vez. Si encuentras una que te funcione, concéntrate en ella por un tiempo, hasta que se convierta en un hábito. Si practicas cualquiera de estas recomendaciones de manera regular, mejorará tu salud celular y tu bienestar general. Los estudios han demostrado que los cambios en el estilo de vida tienen efectos en el mantenimiento telomérico (mayor cantidad de telomerasa o longitud telomérica) de tres semanas a cuatro meses. Recuerda, como dijo Ralph Waldo Emerson: "No seas muy tímido ni quisquilloso sobre tus acciones. Toda la vida es un experimento. Mientras más experimentos hagas, mejor".

PARTE II

TUS CÉLULAS ESCUCHAN TUS PENSAMIENTOS

Descubre tu estilo de respuesta al estrés

La segunda parte, "Tus células escuchan tus pensamientos", ofrece una percepción de cómo experimentas el estrés y cómo puedes cambiar esa percepción con el fin de que sea más saludable para tus telómeros y obtengas más beneficios en tu vida diaria. Primero, te presentamos una prueba rápida que evaluará tus fuentes subyacentes de reacción y resistencia al estrés, lo cual se asocia en parte a la longitud telomérica.

Piensa en una situación que te moleste mucho y que esté ocurriendo en tu vida (si no tienes ninguna en la actualidad, piensa en el problema más reciente). Circula el número de la respuesta más adecuada para ti.		
1. Cuando piensas en dicha situación ¿qué sentimientos prevalecen: esperanza y confianza, o temor y ansiedad?	0 1 2 3 4 Confianza, Balanceado Temor, esperanza entre los dos ansiedad extremos	
2. ¿Sientes que tienes lo que necesitas para enfrentar y superar la situación de manera efectiva?	4 3 2 1 0 para nada algo mucho	
3. ¿Te descubres pensando en esa situación de manera repetitiva?	0 1 2 3 4 para nada algo mucho	

4. ¿Evitas pensar en la situación o tratas de no expresar tus emociones negativas?	0 1 2 3 4 para nada algo mucho
5. ¿Esa situación te hace sentir mal?	0 1 2 3 4 para nada algo mucho
6. ¿Piensas en esa situación de manera positiva? Es decir, ¿buscas algo bueno que pueda resultar de ella o te dices cosas que se sienten útiles o reconfortantes (por ejemplo, que estás haciendo tu mayor esfuerzo)?	4 3 2 1 0 para nada algo mucho
PUNTAJE TOTAL: Suma los números, nota que las preguntas 2 y 6 son respuestas positivas, por lo que la escala está invertida.	

La intención de este test informal (no es una medida de investigación válida) es que estés consciente de tus tendencias a responder en cierta forma al estrés crónico. No es una escala de diagnóstico. También debes saber que si estás lidiando con una situación difícil, tu puntaje de respuesta cambiará y será más alto. No es una medida pura de estilo de respuesta, porque nuestras situaciones y respuestas se mezclan un poco de manera inevitable.

Puntaje total de 11 o más bajo: Tu estilo de estrés tiende a ser saludable. En lugar de sentirte amenazado por el estrés, tiendes a sentirte retado por él, y limitas el grado en que la situación salpica el resto de tu vida. Te recuperas rápido después de un evento. Esta resistencia al estrés es una buena noticia para tus telómeros.

Puntaje total de 12 o más: Eres como la mayoría de nosotros. Cuando estás en una situación estresante, el poder de esa amenaza se magnifica por tus hábitos de pensamiento. Esos hábitos se asocian, ya sea de manera directa o indirecta, con telómeros cortos. Te mostraremos cómo cambiar esos hábitos o suavizar sus efectos.

■   ■   ■

A continuación te presentamos una visión más detallada de los hábitos mentales asociados con cada pregunta:

Preguntas 1 y 2: Estas preguntas miden qué tan amenazado te sientes por el estrés. Mucho miedo combinado con pocas estrategias de afrontamiento resultan en una fuerte respuesta hormonal e inflamatoria al estrés. El **estrés amenazante** involucra un conjunto de respuestas mentales y fisiológicas que, con el tiempo, pueden dañar tus telómeros. Por fortuna, hay formas de convertir este estrés en un sentimiento de reto, que es más saludable y productivo.

Pregunta 3: Este punto evalúa tu nivel de **rumiación de pensamientos.** La rumiación es un círculo de pensamientos repetitivos e improductivos sobre algo que te molesta. Si no estás seguro de qué tan seguido rumias, ahora puedes empezar a notarlo. La mayoría de los desencadenantes del estrés tienen una vida corta, pero nosotros, los humanos, tenemos la extraordinaria habilidad de darles una vida larga y brillante, dejando que ocupen espacio en nuestra mente mucho tiempo después de que el evento pasó. La rumiación de pensamientos, también conocida como melancolía, puede llevar a un estado más grave conocido como rumiación depresiva, que incluye pensamientos negativos sobre uno mismo y sobre el futuro. Esos pensamientos pueden ser tóxicos.

Pregunta 4: Ésta es sobre la **evasión y supresión emocional.** ¿Evitas pensar en las situaciones estresantes o compartir sentimientos sobre ellas? ¿O es tanta la carga emocional que pensar en ella te revuelve el estómago? Es natural tratar de alejar los sentimientos difíciles, y aunque esta estrategia puede funcionar a corto plazo, no suele ayudar cuando es una situación crónica.

Pregunta 5: Esta pregunta se refiere a la "**amenaza al ego**". ¿Sientes que tu orgullo e identidad personal se pueden dañar si la situación estresante no sale bien? ¿El estrés desencadena pensamientos negativos sobre ti mismo, al punto de que te sientes sin valor? Es normal tener sentimientos de autocrítica a veces, pero cuando son frecuentes, llevan al cuerpo a un estado muy sensible y reactivo caracterizado por altos niveles de cortisol, la hormona del estrés.

Pregunta 6: Esta pregunta es para saber si eres capaz de comprometerte a una **revaluación positiva**, es decir, la habilidad de repensar situaciones estresantes con una luz positiva. La revaluación positiva te permite convertir una situación negativa en algo para tu beneficio o por lo menos mejorar un poco la situación. Esta pregunta también mide si tiendes a ofrecerte algo de **autocompasión** saludable.

Si la evaluación revela que batallas con tus respuestas al estrés, anímate. No siempre es posible cambiar tu respuesta automática, pero la mayoría de nosotros puede aprender a transformar las respuestas a *nuestras respuestas*. Y ése es el ingrediente secreto de la **resistencia al estrés**. Ahora vamos a trabajar en entender cómo el estrés afecta tus telómeros y células, y cómo hacer cambios que te ayudarán a protegerlos.

4

Aclaración: cómo el estrés afecta tus células

Exploramos la conexión estrés-telómero, explicamos el estrés tóxico y el estrés típico, y mostramos cómo el estrés y los telómeros cortos afectan al sistema inmune. La gente que responde al estrés sintiéndose amenazada en exceso tiene telómeros más cortos que quienes enfrentan el estrés con un sentimiento de reto estimulante. Aquí aprenderás cómo dejar las respuestas dañinas al estrés y cambiarlas por respuestas útiles.

Hace casi quince años mi esposo y yo (Elissa) manejábamos a través del país. Acabábamos de terminar el posgrado en Yale y teníamos una beca de posgrado en el Área de la Bahía. San Francisco es una ciudad cara, por lo que habíamos acordado vivir con mi hermana y su familia. Esperábamos conocer a nuestro nuevo sobrino cuando llegáramos, se suponía que nacería en cualquier momento. De hecho, estaba muy atrasado. Llamé cada día para obtener noticias, pero tuve problemas para contactar a alguien de la familia.

Casi a medio camino del viaje, justo después de pasar Wall Drug Store en Dakota del Sur, mi celular por fin sonó. Se escuchaban voces llenas de llanto del otro lado. El bebé había nacido, pero algo había salido muy mal durante el parto inducido. El pequeño estaba en terapia intensiva y lo alimentaban a través de un tubo gástrico en su estómago. Era hermoso y saludable, pero una imagen de resonancia magnética mostraba que su cerebro estaba muy dañado. Estaba paralizado, ciego y tenía convulsiones.

Con el tiempo, después de varios meses, el bebé dejó la sala de cuidados intensivos y fue a casa. Nos unimos a la familia para ayudar a cuidar a este pequeño con necesidades extraordinarias. Nos familiarizamos con las demandas y los dolores que vienen con una vida de cuidados. Estábamos acostumbrados a la presión y al trabajo duro, pero esto no tenía nada en común con el tipo de estrés que habíamos conocido. Ahora había nuevos sentimientos de una vigilancia constante, urgencias intermitentes, preocupación por el futuro, y sobre todo, un gran pesar en el corazón. Una de las partes más difíciles era ver y sentir el dolor que sufrían mi hermana y mi cuñado todos los días. Y encima de todo el sufrimiento emocional había, de repente, una nueva, inesperada y demandante vida de atención médica.

Cuidar a un enfermo es una de las cosas más estresantes que una persona puede experimentar. Son tareas emocionales y físicas. Una de las razones por la que los cuidadores se desgastan tanto es porque no llegan a casa de sus "trabajos" y se recuperan. De noche, cuando todos necesitamos descansar y refrescar el cuerpo y la mente, ellos están de guardia. Los pueden despertar en repetidas ocasiones para ayudar a alguien con necesidades. Rara vez tienen tiempo para preocuparse por ellos. Pierden sus citas médicas así como oportunidades de ejercitarse y de salir con amigos. El cuidado de enfermos es un rol honorable lleno de amor, lealtad y responsabilidad. Pero la sociedad no reconoce su valor. Sólo en Estados Unidos, los cuidadores familiares desempeñan un trabajo no pagado estimado en 375 mil millones de dólares cada año.[1]

Muchas veces estas personas se sienten menospreciadas y se aíslan. Investigadores de la salud las identifican como uno de los grupos con mayor estrés crónico. Es por esto que a menudo pedimos cuidadores como voluntarios para estudios de estrés. Sus experiencias pueden decirnos mucho sobre cómo los telómeros reaccionan al estrés grave. En este capítulo aprenderás lo que nuestros grupos de cuidadores nos han enseñado: que el estrés crónico a largo plazo puede erosionar los telómeros. Por fortuna para todos los que no podemos escapar del estrés crónico (y para todos los que obtuvimos más de 12 en el test de la página 73), también hemos aprendido que podemos proteger nuestros telómeros de los peores daños del estrés.

"COMO SI HUBIERA UN SECUESTRADOR ESPERÁNDOME": CÓMO EL ESTRÉS LASTIMA TUS CÉLULAS

En nuestro primer estudio juntas vimos a las cuidadoras más estresadas de todas, madres que cuidaban hijos con una enfermedad crónica. Éste es el estudio del que ya te hablamos. Es el que reveló primero la relación entre estrés y telómeros cortos. Ahora queremos mostrarte de cerca la extensión del daño. Más de diez años después todavía nos da de qué hablar.

Aprendimos que los años como cuidador tienen efectos profundos, agotando los telómeros de las mujeres. Mientras más tiempo haya pasado una madre cuidando a su hijo, más cortos sus telómeros. Esto se mantuvo como una verdad incluso después de considerar otros factores que podían afectar a los telómeros, por ejemplo la edad de las madres y su índice de masa corporal (IMC), que se relacionan por sí solos con el acortamiento telomérico.

Había más. Mientras más estresadas se sentían las madres, más cortos eran sus telómeros. Esto era cierto no sólo para las que cuidaban a sus niños enfermos, también para *todos* en el estudio, incluido el grupo de control de mujeres que tenían hijos saludables. Las madres con altos niveles de estrés presentaron la mitad de telomerasa que aquellas con niveles más bajos, por lo que su capacidad de proteger sus telómeros era más baja.

La gente experimenta el estrés de muchas maneras diferentes: "Como 20 kilos en mi pecho que no me dejan respirar bien", "como un nudo en la garganta", "como un vacío en el estómago", "mi corazón late como si hubiera un secuestrador esperándome". Estas metáforas se basan en el cuerpo, porque el estrés está tan presente en el cuerpo como en la mente. Cuando el sistema de respuesta contra el estrés está en alerta, el cuerpo produce más hormonas de estrés, cortisol y epinefrina. El corazón late más rápido y la presión arterial aumenta. El nervio vago, que ayuda a modular la reacción fisiológica al estrés, frena su actividad. Ésa es la razón por la que es más difícil respirar, mantenerse bajo control y pensar que el mundo es un lugar seguro. Cuando sufres de estrés crónico, estas respuestas están bajo una alerta constante, manteniéndote en un estado fisiológico de vigilancia.

En nuestras cuidadoras, muchos aspectos de la respuesta fisiológica al estrés, incluyendo la baja actividad del nervio vago, y mayores niveles de hormonas de estrés mientras duermen, se asociaron con telómeros más cortos o menos telomerasa.[2] Estas respuestas al estrés parecen acelerar el proceso biológico de envejecimiento. Descubrimos una nueva razón por la que gente estresada luce demacrada y se enferma: está desgastando sus telómeros.

Telómeros cortos y estrés: ¿causa o efecto?

Cuando un estudio científico sugiere una relación causa y efecto, debes preguntarte si la relación va en la dirección en la que crees que va. Por ejemplo, la gente solía creer que las fiebres provocaban enfermedad. Ahora sabemos que la relación es al revés: la enfermedad provoca fiebre.

Cuando el resultado de nuestro primer estudio llegó, fuimos cuidadosas al preguntarnos *por qué* había telómeros cortos en gente con más estrés. ¿El estrés en realidad lleva a tener telómeros cortos? ¿O los telómeros cortos pueden de alguna manera predisponer a una persona a sentirse más estresada? Nuestras madres cuidadoras nos dieron la primera información convincente sobre esta pregunta. La relación entre años de cuidar niños enfermos y la longitud telomérica es un fuerte indicador de que la exposición al estrés sucede con el tiempo, ocasionando que los telómeros se acorten. Una longitud corta en los telómeros (después de corregir la edad) no determinaba cuántos años había pasado una madre cuidando a su hijo. Por lo que tenía que ser al revés, que los años de cuidados eran la causa de telómeros cortos. También examinamos si una edad mayor del niño estaba relacionada con telómeros cortos. Si los años de difíciles cuidados estaban desgastando los telómeros más que los años de crianza en el grupo de control de madres, veríamos la relación entre la edad del niño y los telómeros de las madres cuidadoras pero no en el grupo de control. En efecto, esto fue lo que encontramos. Ahora hay estudios en animales que muestran que inducir el estrés puede ocasionar un acortamiento telomérico.

La historia de la depresión es más complicada. Los descubrimientos de arriba no fueron suficientes para descartar la posibilidad de que el envejecimiento celular causara depresión. En los humanos, la depresión se transmite por la familia. Las hijas de madres deprimidas son más propensas a este trastorno, además, incluso antes de que la enfermedad se desarrolle, estas chicas tienen telómeros más cortos en la sangre.[3] También, mientras las jóvenes sean más reactivas al estrés, más cortos son sus telómeros. Así que la flecha apunta en ambas direcciones: los telómeros cortos pueden producir depresión, y la depresión puede acelerar el acortamiento telomérico.

¿CUÁNTO ESTRÉS ES DEMASIADO?

El estrés es inevitable. ¿Cuánto podemos aguantar antes de que nuestros telómeros se dañen? Una lección consistente de las décadas pasadas de estudio (y que nos recuerda lo que nos enseñaron las madres cuidadoras) es que el estrés y los telómeros tienen una relación dosis-respuesta. Si tomas alcohol, estás familiarizado con la dosis y la respuesta. Una copa ocasional de vino en la cena no es dañina para tu salud, de hecho quizá sea benéfica, siempre y cuando no tomes y manejes. Pero si bebes varias copas de vino o de whisky, noche tras noche, la historia cambia. Conforme absorbes más y más "dosis" de alcohol, sus efectos venenosos toman el control, dañando tu hígado, corazón y sistema digestivo, poniéndote en riesgo de desarrollar cáncer y graves problemas de salud. Mientras más bebes, más daño te haces.

El estrés y los telómeros tienen una relación similar. Una pequeña dosis de estrés no pone en riesgo tus telómeros. De hecho, los estresores manejables y a corto plazo tienden a ser buenos, porque estimulan tus músculos para desarrollar estrategias de afrontamiento, habilidades y seguridad que te permiten manejar los retos. De manera fisiológica, el estrés a corto plazo puede estimular la salud de tus células (un fenómeno llamado hormesis o fortalecimiento). Por lo general, los altibajos de la vida diaria no afectan tus telómeros. Pero una dosis alta de estrés crónico que te afecta por años y años... causa estragos terribles.

Ahora tenemos evidencia que relaciona tipos particulares de estrés con telómeros cortos. Esto incluye cuidados médicos a largo plazo para un miembro de la familia y el agotamiento por estrés laboral. Como puedes imaginar, traumas más graves, tanto recientes como de la infancia, se asocian también con daño en los telómeros. Estos traumas incluyen violaciones, abusos, violencia doméstica y *bullying* prolongado.[4]

Claro, no son las situaciones en sí lo que produce telómeros cortos, sino la respuesta al estrés que siente el individuo cuando se encuentra en estas situaciones. Incluso bajo circunstancias estresantes, la dosis importa. Una crisis de un mes en el trabajo puede ser agobiante, pero no hay razón para pensar que tus telómeros sufrirán daños. Son más fuertes que eso, de otra manera, todos nos estaríamos desmoronando. Un análisis reciente demostró que hay una relación entre estrés a corto plazo y telómeros más cortos, pero el efecto es tan pequeño que no pensamos que tenga consecuencias significativas en una persona.[5] Incluso si el estrés a corto plazo acorta tus telómeros, es probable que el efecto sea temporal, ya que los telómeros recuperan con rapidez sus pares de bases. Pero cuando el estrés es una característica duradera y definida de tu vida, puede actuar como una gotera de veneno. Mientras más dure, más se acortan tus telómeros. Es de vital importancia salir de situaciones tóxicas a largo plazo.

Por fortuna para muchos que vivimos con situaciones estresantes que no podemos cambiar, ésa no es la historia completa. **Nuestros estudios**

han demostrado que estar bajo estrés crónico no necesariamente lleva a daño de telómeros. Algunas de las cuidadoras que estudiamos estaban bajo enormes responsabilidades sin perder su longitud telomérica. Esta resistencia al estrés son casos aparte pero nos han ayudado a entender que no tenemos que escapar de situaciones difíciles para proteger nuestros telómeros. Tan asombroso como suena, puedes aprender a usar el estrés como una fuente positiva de combustible y como un escudo que ayuda a proteger tus telómeros.

NO AMENACES A TUS TELÓMEROS, RÉTALOS

Cuando revisamos la información de nuestro primer estudio de madres cuidadoras de niños enfermos, nos dimos cuenta de que teníamos un misterio en las manos. Algunas de las mujeres del grupo reportaron menos estrés y tenían telómeros más largos. Nos preguntamos: ¿por qué sienten menos estrés? Después de todo, cuidan a sus hijos el mismo tiempo que las otras. Tienen un número parejo de responsabilidades diarias y pasan horas similares al día cumpliendo con ellas (citas, alimentar, administrar inyecciones, otros tratamientos, manejar berrinches, cambiar pañales y bañar a niños discapacitados).

Para entender qué protegía los telómeros de estas madres, queríamos ver la respuesta al estrés en tiempo real ante nuestros ojos. Decidimos llevar más mujeres al laboratorio y estresarlas. A las voluntarias de la investigación se les decía algo así: "Vas a realizar algunas tareas frente a dos evaluadores. Queremos que te esfuerces por hacerlo lo mejor que puedas. Prepararás y expondrás un discurso de cinco minutos, también realizarás algunos cálculos mentales. Puedes tomar notas para tu discurso, pero todo lo matemático tendrás que hacerlo en tu cabeza". ¿Suena fácil? No, y menos frente a una audiencia.

Una por una, las voluntarias son llevadas al cuarto de pruebas. Cada una se para en medio de la habitación, frente a dos investigadores con cara seria sentados en un escritorio. No sonríen, no asienten con la cabeza, no alientan. Tienen una expresión neutral, ni positiva ni negativa, pero la mayoría de nosotros estamos acostumbrados a ver a los demás sonriéndonos, asintiendo mientras hablamos o, al menos, haciendo un esfuerzo por parecer agradables. Una cara seria puede parecer estricta o en desacuerdo cuando la comparamos con nuestras interacciones.

Los investigadores explicaron la tarea, decían algo así: "Por favor tome el número 4923 y réstele 17 en voz alta. Luego reste otros 17 a su respuesta y continúe así tantas veces como le sea posible en los siguientes cinco minutos. Es importante que realice esta tarea rápido y bien. La juzgaremos en varios aspectos de su desempeño. El reloj empieza ahora".

Mientras cada voluntaria empezaba la tarea matemática, los investigadores la miraban, con los lápices posicionados para escribir sus respuestas. Si ella titubeaba (y casi todas titubearon), los investigadores volteaban a verse y murmuraban.

Luego la voluntaria pasaba a su discurso de cinco minutos, con los mismos investigadores evaluándola y comportándose de manera similar. Si terminaba antes de los cinco minutos, los investigadores señalaban el reloj y decían: "¡Continúe por favor!" Mientras ella hablaba, se miraban el uno al otro, fruncían el ceño y agitaban sus cabezas.

Este test de estresores en laboratorio, desarrollado por Clemens Kirschbaum y Dirk Hellhammer, es básico en la investigación psicológica. Su punto no es medir las habilidades matemáticas u orales, más bien está diseñado para inducir estrés. ¿Qué lo hace tan estresante? Matemáticas mentales y discursos públicos improvisados son difíciles de ejecutar bien. Pero el elemento más angustiante es el estrés social evaluativo. Es probable que cualquiera que intente realizar una tarea frente a una audiencia sentirá mayor estrés sobre su desempeño. Cuando esa audiencia parece sentenciosa, el estrés se intensifica. Aunque la sobrevivencia física de nuestras voluntarias no estaba en riesgo, y estaban a salvo en un laboratorio universitario limpio y bien iluminado, esta prueba provocó una respuesta de estado avanzado de estrés.

En este protocolo pusimos a madres que cuidan niños enfermos y otras que no. Evaluamos sus pensamientos en dos ocasiones diferentes frente a los estresores en el laboratorio: justo después de haber terminado ambas tareas. Encontramos que aunque casi todas las mujeres sentían *algo* de estrés, no todas tenían la *misma* respuesta a éste. Y sólo un tipo de respuesta va de la mano con telómeros poco saludables.[6]

La respuesta a la amenaza: ansiedad, vergüenza... y envejecimiento

Algunas de las mujeres tenían lo que se conoce como respuesta de amenaza a los estresores en el laboratorio. Ésta es una vieja respuesta evolutiva, un tipo de interruptor que se acciona en caso de emergencia. Se diseñó para dispararse cuando enfrentamos a un depredador que nos puede comer. La respuesta prepara nuestro cuerpo y mente para el trauma de ser atacados. Como podrás adivinar, si continúa sucediendo sin descanso, no es la respuesta asociada con la salud de los telómeros.

Si ya sospechas que tienes una respuesta al estrés exagerada, no te preocupes. En un momento te mostraremos algunas maneras comprobadas en el laboratorio para convertir una respuesta de amenaza habitual en una más saludable para tus telómeros. Pero primero es importante saber cómo se ve y se siente una respuesta de este tipo. De manera física, la respuesta ocasiona que tus vasos sanguíneos se contraigan para que sangres menos si resultas herido, pero también fluye menos sangre a tu cerebro. Tus glándulas suprarrenales liberan cortisol, que te da glucosa energética. Tu nervio vago, que establece una línea directa del cerebro a tus vísceras y por lo común ayuda a sentirte calmado y seguro, frena su actividad. Como resultado, tu ritmo cardiaco se acelera y tu presión arterial aumenta. Puedes desmayarte o incluso liberar la vejiga. Una ramificación del nervio vago inerva los músculos de expresión facial, y cuando ese nervio no está activo, se vuelve más difícil para una persona interpretar tu expresión facial de manera adecuada. Si otros tienen una expresión ambigua similar, una que deja mucho espacio para interpretar, puedes verlos como hostiles. Tiendes a congelarte, eres incapaz de correr o pelear, y tus manos y pies se enfrían, haciendo que el movimiento sea más difícil.

Una respuesta a la amenaza en toda su intensidad libera algunas reacciones físicas incómodas, pero también psicológicas. Como podrías esperar, la respuesta a la amenaza se asocia con el miedo y la ansiedad; además de vergüenza, si estás preocupado por fallar frente a otros. Las personas con una respuesta habitual fuerte tienden a sufrir con preocupación anticipada, imaginan un mal resultado a un evento que todavía no sucede. Eso les sucedió a muchas de las madres en el laboratorio. Sintieron grandes niveles de amenaza, no sólo cuando habían terminado la tarea sino *antes* de que empezara. Este grupo se llenó de temor y ansiedad cuando escucharon la vaga información sobre dar un discurso y hacer cuentas mentales. Anticiparon un mal resultado, sintieron que fracasarían… y vergüenza.

Como grupo, tenían una respuesta fuerte de amenaza. El estrés crónico de estar cuidando a alguien las hizo más sensibles a un estresor de laboratorio. Las que tenían la respuesta más fuerte también presentaron los telómeros más cortos. Las mujeres del grupo de control fueron menos propensas a una respuesta exagerada, pero aquellas que la tuvieron también presentaron telómeros más cortos. Lo más importante fue la presencia de una respuesta muy anticipada de amenaza, lo que significa que se sienten amenazadas sólo por pensar en el estrés del laboratorio antes de que siquiera pasara.[7] Aquí había información vital sobre cómo el estrés se mete en tus células. **No es sólo por experimentar un evento estresante, también es por sentirse amenazado por él, incluso antes de que ocurra.**

Emocionado y enérgico: la respuesta de reto

Sentirse amenazado no es la única forma de responder al estrés. También se puede sentir un tipo de reto. La gente con una respuesta de reto se siente ansiosa y nerviosa durante el test estresor en el laboratorio, pero también emocionada y enérgica. Tiene una mentalidad de "¡Échalo!"

Nuestra colega, Wendy Mendes, una psicóloga de la salud en la UCSF, ha pasado cerca de una década examinando las respuestas del cuerpo a diferentes tipos de estresores en el laboratorio, y ha identificado las diferencias que ocurren en el cerebro, cuerpo y comportamiento durante el "estrés positivo" comparado con el "estrés negativo". Mientras la respuesta de amenaza te prepara para apagarte y tolerar el dolor, la respuesta de reto te ayuda a reunir tus recursos. Tu ritmo cardiaco se incrementa y tu sangre se oxigena más, estos efectos positivos permiten que fluya más sangre a donde se necesita, en especial al cerebro y el corazón. (Es lo contrario a lo que sucede cuando te sientes amenazado. Después, los vasos sanguíneos se contraen.) Durante la respuesta de reto, tus glándulas suprarrenales te dan una buena inyección de cortisol para incrementar tu energía, pero tu cerebro apaga el suministro de cortisol de manera rápida y firme cuando el evento estresante terminó. Es un tipo de estrés robusto y saludable, similar al tipo que sobrellevas cuando te ejercitas. La respuesta de reto se asocia con un mejor desempeño, buena toma de decisiones, menos envejecimiento cerebral y hasta reducción de riesgo de desarrollar demencia.[8] Los atletas que tienen una respuesta de reto ganan más seguido. Un estudio sobre atletas olímpicos demostró que estos exitosos individuos tienen la costumbre de ver los problemas de su vida como retos a superar.[9]

La respuesta de reto crea las condiciones fisiológicas y psicológicas para que puedas dedicarte de lleno, desempeñarte lo mejor posible y ganar. La respuesta de amenaza se caracteriza por la rendición y derrota, mientras te desplomas en tu silla o te congelas, tu cuerpo se prepara para ser herido y para la vergüenza porque esperas un mal resultado. Una respuesta habitual de este tipo puede, con el tiempo, trabajar en tus células y acortar tus telómeros. Pero una respuesta de reto predominante puede ayudar a proteger tus telómeros de los peores efectos del estrés crónico.

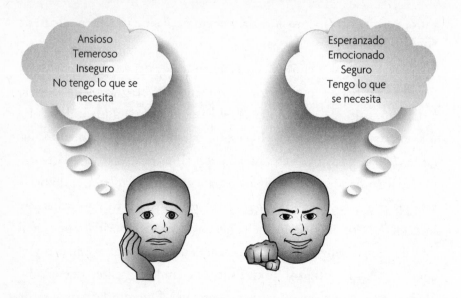

Figura 14: Respuesta de amenaza contra respuesta de reto. La gente tiende a presentar muchos pensamientos y sentimientos cuando enfrenta situaciones estresantes. Aquí hay dos tipos de respuestas: una se caracteriza por sentimientos de amenaza, miedo a perder o la posibilidad de sentir vergüenza. La otra se caracteriza por sentirse retado y seguro sobre conseguir un resultado positivo.

Por lo general la gente no muestra respuestas que son *sólo* amenaza o *sólo* reto. La mayoría experimenta algo de ambas. En un estudio, encontramos que su proporción era lo más importante para la salud de los telómeros. Los voluntarios que se sintieron más amenazados que retados tenían telómeros más cortos. Los que vieron las tareas estresantes más como un reto que como amenaza tenían telómeros más largos.[10]

¿Esto qué significa para ti? Significa que hay razones para tener esperanza. No pretendemos trivializar o menospreciar el potencial que cada situación dura, difícil o intrincada tiene para dañar tus telómeros. Pero cuando no puedes controlar los eventos difíciles o estresantes de tu vida, todavía es posible ayudar a proteger tus telómeros si cambias la forma en que ves esos eventos.

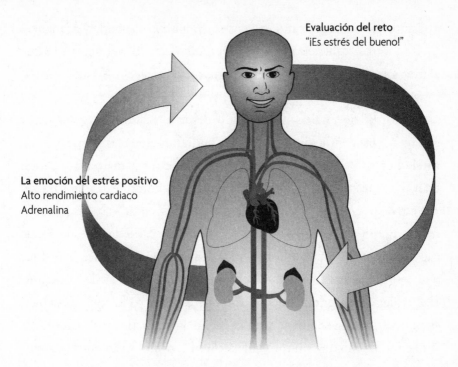

Evaluación del reto
"¡Es estrés del bueno!"

La emoción del estrés positivo
Alto rendimiento cardiaco
Adrenalina

Figura 15. El estrés positivo (estrés de reto) te da energía. Nuestro cuerpo reacciona automáticamente, en segundos, ante un suceso estresante, pero también hacia nuestros pensamientos sobre el mismo. Cuando comenzamos a notar la respuesta del estrés debido a la tensión muscular, la aceleración del ritmo cardiaco y la respiración, podemos calificarlo diciendo: "¡Es estrés del bueno, me da energía para desempeñarme mejor!" Esto nos ayudará a programar la respuesta de nuestro cuerpo para darnos más energía, dilatar más los vasos sanguíneos y bombear más sangre al cerebro.

¿POR QUÉ ALGUNAS PERSONAS SE SIENTEN MÁS AMENAZADAS QUE OTRAS?

Reflexiona en los incidentes difíciles de tu vida. Pregúntate: ¿Tiendes a responder sintiéndote amenazado o retado? ¿Sientes que habrá problemas o anticipas una amenaza por eventos que todavía no pasan y que pueden no pasar? Cuando estás estresado, ¿te sientes listo para la acción o te escondes?

Si tiendes a sentir más una respuesta de amenaza, no desperdicies tu tiempo sintiéndote mal por eso. Algunos estamos programados para ser más reactivos al estrés. Ha sido crítico para la supervivencia humana que ante los cambios de nuestro entorno algunos respondan de manera fuerte y otros sean más sensibles. Después de todo, alguien tiene que alertar a la tribu de los peligros y llamar a los más entusiastas a tomar riesgos temerarios.

Incluso si no estabas programado desde el nacimiento para sentir amenazas, las condiciones en tu vida pudieron alterar tu respuesta natural. Los adolescentes que estuvieron expuestos a maltratos cuando eran niños responden a tareas estresantes con flujos de sangre característicos de una respuesta de amenaza, experimentando vasoconstricción en vez de un fuerte flujo de sangre.[11] Por otro lado, las personas que experimentan adversidades moderadas en la infancia tienden a mostrar más respuesta de reto que quienes tuvieron una niñez fácil. Y hay mucha evidencia de que pequeñas dosis de estrés a veces son saludables, siempre y cuando se cuente con los recursos necesarios para afrontar la situación. Como describimos antes, el estrés prolongado puede desgastar las fuentes emocionales, haciendo que la gente sea más propensa a sentirse amenazada.[12]

Ya sea por nacimiento o por circunstancias en tu vida, quizá tengas una fuerte respuesta de amenaza. La pregunta es: ¿Puedes aprender a sentir un reto en su lugar? Investigaciones dicen que la respuesta es *sí*.

DESARROLLAR UNA RESPUESTA DE RETO

¿Qué pasa cuando surge una emoción? Los científicos creían que era un proceso lineal: experimentamos eventos en el mundo, nuestro sistema límbico reacciona con una emoción (ira, miedo, etc.), lo que ocasiona que el cuerpo responda con mayor ritmo cardiaco o manos sudorosas. Pero es más complicado que eso. El cerebro está programado para *predecir cosas con anticipación*, no sólo *reaccionar después de que las cosas sucedan*.[13] El cerebro usa recuerdos de experiencias pasadas para anticipar de manera continua lo que va a suceder y después corrige esas predicciones (con la información entrante del mundo exterior y de todas las señales dentro de nuestro cuerpo). *Después* crea una emoción para cuadrar todo esto. En pocos segundos, juntamos toda la información, sin darnos cuenta, y sentimos una emoción.

Si nuestra "base de datos" de experiencias pasadas tiene mucha vergüenza adentro, es más probable que esperemos vergüenza de nuevo. Por ejemplo, si te sientes agitado y nervioso, tal vez por el café de la mañana, y si ves dos personas que podrían estar hablando de ti, tu mente genera con rapidez las emociones de vergüenza o amenaza. Las emociones no son reacciones puras al mundo, son nuestras propias construcciones fabricadas del mundo.[14]

Conocer cómo se crean las emociones es muy poderoso. Una vez que lo sabes, tienes más opciones sobre lo que experimentas. En lugar de sentir las respuestas al estrés de tu cuerpo y verlas como dañinas (algo común en la base de datos de tu cerebro), pensarás en la agitación de tu cuerpo como una fuente de combustible que ayudará a tu cerebro a trabajar más rápido y con eficiencia. Y si practicas esto lo suficiente, con el tiempo tu cerebro predecirá los sentimientos y la agitación como algo útil. Incluso si eres una de esas personas cuyo cerebro está programado para sentir una amenaza, es posible percibir la respuesta instintiva inmediata de sobrevivencia, y después corregir la historia. Puedes elegir sentirte retado.

Al doctor Jim Afremow, psicólogo del deporte, quien da consulta a atletas profesionales y olímpicos, se le acercó una vez una velocista que estaba batallando con su tiempo de los cien metros. Ella ya había diagnosticado la razón por la que no estaba corriendo tan bien como quería. "Es el estrés —dijo—. Antes de cada carrera, mi pulso se acelera. Mi corazón está a punto de salirse del pecho. ¡Tiene que ayudarme a pararlo!"

Afremow se rio. "¿En realidad quieres detener tu corazón?" La peor cosa que pueden hacer los atletas, dice, es intentar deshacerse de su estrés. "Necesitan pensar en el estrés como algo que les ayuda a estar listos para desempeñarse. Deben decir: '¡Sí, necesito esto!' En vez de intentar desaparecer las mariposas de su estómago, tienen que alinearlas y hacer que vuelen en formación." En otras palabras, necesitan hacer que el estrés trabaje para ellos.

La velocista tomó el consejo de Afremow. Al ver sus respuestas físicas como herramientas que la ayudarían a levantarse ante el reto de una carrera, fue capaz de cortar milisegundos de su tiempo (gran cosa para un velocista de cien metros) y establecer un récord personal.

Suena muy simple, pero la investigación científica respalda este eficiente método de convertir la amenaza en un reto. Cuando se les pide a voluntarios de una prueba que interpreten la agitación de su cuerpo como algo que los ayudará a tener éxito, presentan mejores respuestas de reto. Un estudio mostró que estudiantes alentados previamente para ver el estrés de esta forma obtuvieron mayores puntajes en su prueba GRE.[15] Y cuando los investigadores exponen a personas a estresores de laboratorio, a quienes se les pide que piensen en el estrés como algo útil son capaces de mantener su equilibrio social. En vez de ver para otro lado, jugar con su cabello o moverse de manera inquieta (todas señales de sentirse amenazado de alguna forma), los participantes retadores hacen contacto visual directo. Sus hombros están relajados y su cuerpo se mueve con fluidez. Sienten menos vergüenza y ansiedad.[16] Todos estos beneficios suceden sólo porque les pidieron que pensaran en su estrés como algo positivo.

Una respuesta de reto no te hace menos estresado. Tu sistema nervioso simpático todavía está muy excitado, pero es una excitación positiva, que te pone en un estado más poderoso y concentrado. Para canalizar tu estrés con el fin de que te dé más energía para un evento o una actuación, piensa: "¡Estoy emocionado!" O "mi corazón se está acelerando y mi estómago está lleno de mariposas. *Fantástico*, ésas son las señales de una respuesta al estrés buena y fuerte". Claro, si estás bajo un estrés emocional como el de las madres que cuidaban a sus hijos, este lenguaje puede parecer muy superficial. En lugar de eso, habla contigo de manera suave. Puedes decir: "Mis respuestas corporales están tratando de ayudarme. Están diseñadas para auxiliarme a concentrarme en lo que tengo que hacer. Son una señal de que me interesan". La respuesta de reto no es una falsa alegría ni una actitud de caray-estoy-muy-feliz-de-que-me-sucedan-cosas-estresantes. Es saber que aunque los tiempos puedan ser difíciles, es posible modelar el estrés para tus propósitos.

Para las personas que se sienten adictas al "estrés positivo", el éxito está en una emoción constante (por ejemplo, trabajar en una compañía nueva y nunca tener un descanso) y saber que incluso el buen estrés se puede superar. Es saludable tener momentos en que tu sistema cardiovascular se moviliza y tu psique está preparada para la acción. Pero nuestro cuerpo y mente no están hechos para sostener este tipo de gran estimulación de manera constante. Ser capaz de relajarse, aunque ha sido sobrevalorado como una sola fuente para manejar el estrés, todavía es necesario. Te recomendamos que con regularidad realices una actividad que te brinde una mayor restauración. Hay evidencia de gran calidad que afirma que la meditación, el canto y otras técnicas de atención plena pueden reducir el estrés, estimulan la telomerasa, y tal vez también ayuden a tus telómeros a crecer. Revisa la página 161 para aprender más sobre estas estrategias para proteger las células.

Incluso en situaciones de estrés crónico como el cuidado de enfermos, el estrés no es un monolito o una sábana de oscuridad imposible de levantar. El estrés y los eventos estresantes no viven en cada pequeño momento, aunque sí pueden pasar de visita. Hay algo de libertad en cada coyuntura, porque podemos tener una opción sobre cómo la afrontamos. No es posible reescribir el pasado ni dictar qué sucederá en el futuro, pero se puede escoger dónde colocar nuestra atención en el momento. Y aunque no siempre tenemos la opción de elegir nuestra reacción inmediata, es posible modelar nuestras respuestas subsecuentes.

Algunos estudios inteligentes han demostrado que anticipar un suceso estresante tiene casi el mismo efecto en el cerebro y en el cuerpo que experimentarlo.[17] Cuando te preocupas por eventos que todavía no suceden, permites que el estrés traspase fronteras de tiempo igual que un río al desbordarse sobre sus orillas, inundando los minutos, horas y días que de otro modo podrían ser más placenteros. Casi siempre es posible encontrar algo por lo cual preocuparse y por eso se mantiene activa la respuesta al estrés de manera constante. Cuando anticipas un mal resultado antes de que el evento haya siquiera empezado, incrementas tus dosis de estrés amenazante, y eso es lo último que necesitas. Lo importante no es evitar pensar cosas estresantes, sino la forma en que lo hacemos.

> ## *Nuestros amigos emplumados: pájaros estresados, telómeros estresados*
>
> ¿La relación estrés-telómero es en verdad causal? Para probar esto, los investigadores experimentaron en polluelos de cormorán salvaje europeo. Al darles agua con cortisol (la hormona del estrés) o encerrarlos, desarrollaron telómeros más cortos en comparación con los del grupo de control.[18] No es bueno porque en estas especies ¡los telómeros cortos en edades tempranas predicen una muerte prematura! Cuando los pericos se domestican aislados y no pueden tener una interacción social normal entre ellos desarrollan una corta longitud telomérica.[19] Sabemos que los humanos son sensibles a su entorno social y parece que las aves también.

UN CAMINO CORTO HACIA UN PERIODO LARGO DE ENFERMEDAD: ESTRÉS, ENVEJECIMIENTO DE CÉLULAS INMUNES E INFLAMACIÓN

Nunca falla. Justo después de llegar a una fecha límite, o mientras abordas un avión rumbo a unas vacaciones en la playa, te llega la madre de todas las gripas: estornudos, escurrimiento nasal, dolor de garganta, cansancio. ¿Coincidencia? No es probable. Mientras tu cuerpo está peleando de forma activa contra el estrés, tu sistema inmune puede reforzarse por un tiempo. Pero ese efecto no dura para siempre. El estrés crónico suprime aspectos del sistema inmune, dejándonos más vulnerables a infecciones, provocando menos anticuerpos en respuesta a la vacunación y haciendo que nuestras heridas sanen de manera más lenta.[20]

Hay una desagradable relación entre el estrés, supresión inmune y telómeros. Por años, los científicos no estaban seguros de cómo el estrés, que vive en la mente, podía dañar el sistema inmune. Ahora tenemos una parte importante de la respuesta: los telómeros. Personas con estrés crónico tienen telómeros más cortos y éstos pueden llevar a un envejecimiento celular prematuro, lo que implica peores funciones inmunes.

Telómeros más cortos, sistema inmune más débil

Algunas células inmunes son como los equipos SWAT que pelean contra infecciones virales. A estas células se les conoce como células-T, porque se almacenan en la glándula timo, que se encuentra en el pecho bajo el esternón. Cuando las células-T maduran, dejan el timo y circulan de manera continua a través del cuerpo. Cada célula-T tiene un receptor único en su superficie que actúa como el reflector de búsqueda en un helicóptero policiaco, barriendo el cuerpo buscando "criminales", células infectadas o cancerígenas. De interés particular para el envejecimiento es el tipo de célula-T llamada CD8.

Pero para la célula-T no es suficiente sólo descubrir una célula maligna. Con el fin de completar el trabajo, la célula-T debe recibir una segunda señal de una proteína superficial llamada CD28. Cuando la célula-T mata su objetivo, la célula desarrolla "memoria", por lo que si el mismo virus infecta el cuerpo de nuevo en el futuro, la célula-T se puede multiplicar en miles y miles de células justo como ella. Juntas pueden montar una rápida y eficiente respuesta contra el virus específico. Ésta es la base de las vacunas. La vacuna es una pieza de una proteína viral o un virus muerto. La inmunidad dura años porque las células-T que respondieron a la vacuna inicial permanecen en el cuerpo por un largo periodo (a veces de por vida) y están disponibles para pelear contra una infección si el virus encuentra el camino de vuelta al cuerpo.

Tenemos un enorme repertorio de células-T, cada una con la capacidad de reconocer un solo antígeno o virus. Como tenemos tal variedad, cuando nos infectamos con un virus en particular, las pocas células-T que tienen el receptor correcto para el intruso crean mucha descendencia para combatir la infección. Durante este proceso masivo de división celular la telomerasa se incrementa en niveles altos. Pero ésta no puede mantener el ritmo de acortamiento telomérico y con el tiempo su respuesta se debilita como un susurro, y los telómeros en esas células-T continúan acortándose. Así que pagan por esas heroicas respuestas. Cuando los telómeros de una célula-T se reducen, la célula envejece y pierde la proteína superficial CD28 necesaria para montar una buena respuesta inmune. El cuerpo se convierte en una ciudad que perdió el presupuesto para helicópteros policiacos y proyectores de búsqueda. La ciudad se ve normal desde afuera, pero permanece vulnerable a una infestación criminal. Los antígenos como bacterias, virus o células cancerígenas no están fuera del cuerpo. Ésa es una razón por la que gente con células envejecidas, incluidas las células estresadas, es tan vulnerable ante las enfermedades, y por qué le es difícil aguantar enfermedades como una gripa o neumonía. En parte también es la razón para que el VIH progrese y se convierta en sida.[21]

Cuando los telómeros en estas envejecidas células-T están muy cortos, incluso gente joven es más vulnerable. Sheldon Cohen, psicólogo en la Universidad Carnegie Mellon, pidió a voluntarios jóvenes y saludables aislarse en hoteles para poder estudiar los efectos de darles una dosis del virus que causa el resfriado común. Primero midió sus telómeros. Las personas con telómeros cortos en sus células inmunes, y en especial en sus casi senescentes células CD8, se enfermaron más rápido, con síntomas más graves (los cuales se midieron pesando los pañuelos que usaron).[22]

¿Qué tiene que ver el estrés con todo esto?

Nuestras células-T CD8 (las guerreras del sistema inmune) parecen ser, en especial, vulnerables al estrés. En otro de nuestros estudios de cuidadoras familiares tomamos muestras de sangre de madres con hijos autistas. Encontramos que tenían menos telomerasa en sus células CD8 y que habían perdido la crítica CD28, sugiriendo que estarían en peligro de desarrollar telómeros muy cortos con el paso de los años. Rita Effros, una inmunóloga de la Universidad de California, en Los Ángeles (a lo largo del libro sólo mencionaremos sus siglas: UCLA), y pionera en el entendimiento del envejecimiento de las células inmunes, creó "un plato de estrés". Demostró que exponer células inmunes a la hormona del estrés, cortisol, disminuye los niveles de telomerasa.[23] Una razón convincente para aprender cómo responder al estrés de manera saludable.

Telómeros más cortos, más inflamación

Por desgracia, las noticias empeoran. Cuando los telómeros de células CD8 envejecidas se desgastan, las células envían citoquinas proinflamatorias, las proteínas moleculares que crean inflamación sistemática. Conforme los telómeros continúan acortándose y las CD8 se vuelven senescentes, se niegan a morir y con el tiempo se acumulan en la sangre. (Por lo general las células-T CD8 mueren de forma gradual en un tipo natural de muerte celular llamada apoptosis. Ésta se deshace de células inmunes viejas o dañadas para que no agobien el cuerpo o se desarrollen cánceres de sangre como la leucemia.) Las células-T senescentes son las manzanas podridas del barril, con sus efectos negativos esparciéndose hacia afuera. Bombean sustancias inflamatorias cada año como una pequeña gotera. Si tienes demasiadas de estas células envejecidas en tu torrente sanguíneo, estás en riesgo de enfermedades desenfrenadas *y* de todas las patologías de la inflamación. Tu corazón, articulaciones, huesos, nervios, incluso tus encías se pueden enfermar. Cuando el estrés envejece tus células CD8, tú también envejeces, sin importar tu edad cronológica.

Experimentar dolor y estrés es inevitable. Es parte de estar vivo, de amar y preocuparse por las personas, angustiarse por los problemas y tomar riesgos. Usa la respuesta de reto para proteger tus células mientras te comprometes por completo con la vida. El Laboratorio de renovación al final de este capítulo ofrece técnicas específicas que te ayudarán a cultivar esta respuesta. Pero la respuesta de reto no es la única herramienta en tu caja. Para aprender cómo aliviar el estrés de manera positiva para tus telómeros, revisa las "Técnicas para reducir el estrés que mejoran el mantenimiento telomérico" al final de la parte II. Y si el estrés tiende a llevarte a patrones de pensamiento destructivos como suprimir pensamientos dolorosos, rumiarlos de manera excesiva o anticipar respuestas negativas de otras personas, ve al siguiente capítulo. Te ayudaremos a proteger tus telómeros de este pensamiento dañino.

CONSEJOS PARA TUS TELÓMEROS

- Tus telómeros no sufren por las cosas pequeñas. Pero hay que tener cuidado del estrés tóxico (el estrés grave que dura años) porque puede disminuir la telomerasa y acortar los telómeros.
- Los telómeros cortos crean funciones inmunes lentas y te hacen vulnerable incluso al resfriado común.
- Los telómeros cortos promueven la inflamación (en particular en las células-T CD8) y la baja disminución de inflamación lleva a la degradación de nuestros tejidos y a enfermedades del envejecimiento.
- No podemos deshacernos del estrés, pero abordar eventos estresantes con una mentalidad de reto ayuda a promover su resistencia en cuerpo y mente.

REDUCE EL ESTRÉS QUE "AMENAZA AL EGO"

Si piensas que un aspecto importante de tu identidad está en riesgo, es probable que sientas una fuerte respuesta de amenaza. Es la razón por la que un examen final puede ser tan estresante si tu identidad principal es la de ser un "buen estudiante", o una competencia deportiva tiende a ser terrorífica si te identificas en gran medida como un atleta. Si no lo haces bien, no sólo obtienes una mala calificación o pierdes. La experiencia se lleva un poco de tu autoestima. Un reto a tu identidad guía al estrés amenazante, lo que puede provocar un mal desempeño y en consecuencia dañar tu identidad. Es un círculo vicioso, uno que tiene efectos negativos en tus telómeros. Rompe el círculo recordándote que tu identidad es amplia y profunda.

Instrucciones para apaciguar la amenaza al ego: Piensa en una situación estresante. Ahora, en tu mente o en un pedazo de papel, haz una lista de las cosas que valoras (lo mejor es escoger cosas que no estén relacionadas con la situación estresante). Por ejemplo, piensa en ciertos roles sociales que son importantes para ti (ser padre, un buen trabajador, miembro de la comunidad, etc.) o valores en particular que crees que son importantes (como tus creencias religiosas, servicio comunitario). A continuación, piensa en un momento específico de tu vida en el que uno de estos roles o valores fue sobresaliente para ti.

Hay muchos estudios que documentan este efecto, por lo general en estas investigaciones se les pide a los voluntarios escribir sobre sus valores personales durante diez minutos. Esta pequeña manipulación (llamada afirmación de valores) reduce la respuesta al estrés en el laboratorio, y en la vida real, y ayuda a la gente a involucrarse en tareas estresantes con una mentalidad de reto.[24] Identificar valores se traduce en un mejor desempeño y puntajes más altos en pruebas científicas.[25] Activa un área en el cerebro que ayuda a detener reacciones ante el estrés.[26]

La próxima vez que una amenaza se acerque, haz una pausa y una lista de lo que es más importante para ti. Una madre que conocemos respira y recuerda que una de sus prioridades principales es ayudar a su hijo autista, quien parece absorber su tensión y la protege de importarle lo que piensen los demás. Cuando el niño tiene un colapso en un espacio público, ignora las miradas sentenciosas de otras personas y sólo hace lo que su hijo necesita. "Es como si estuviera en una burbuja protectora —dice—. Es mucho menos estresante ahí." Cuando ves qué tan amplios son tus valores, validas tu autoestima, por lo que hay menos de tu identidad en juego en el resultado de un solo evento.

DISTANCIA

Crea algo de espacio entre tu ser pensante y tu ser sensible. Los investigadores Ozlem Ayduk, Ethan Kross y sus colegas realizaron varios estudios de laboratorio para manipular las respuestas emocionales al estrés, para ver qué las disparan y qué permite a las emociones disiparse con rapidez. Descubrieron que al distanciar tus pensamientos de tus emociones puedes convertir una respuesta de amenaza en un sentimiento positivo de reto. Abajo están los métodos que Ayduk y Kross identificaron para crear distancia:

Distanciamiento lingüístico. Piensa en una tarea estresante que se aproxime usando la tercera persona, por ejemplo: "¿Qué está poniendo nerviosa a Liz?" Pensar en tercera persona "te pone en la audiencia", por lo que hablar te hace una mosca en la pared. No te sientes tan atrapado en el drama. Además, los investigadores mostraron que referencias frecuentes a uno mismo ("yo", "mi", "mío") son señales de estar concentrado en uno mismo y se relaciona con emociones más negativas. Ayduk y Kross descubrieron que pensar en tercera persona y no usar "yo" lleva a las personas a sentirse menos amenazadas, ansiosas y avergonzadas, y a no rumiar tanto los pensamientos. Se desempeñan mejor en tareas estresantes y los evaluadores los ven más confiados.[27]

Distanciamiento temporal. Piensa en el futuro inmediato y tendrás una mayor respuesta emocional que si tomas una perspectiva a largo plazo. La próxima vez que estés en medio de algo estresante, pregúntate: *¿En diez años este evento todavía tendrá un impacto en mí?* En estudios, la gente que planteó esta pregunta tuvo más pensamientos de reto. Reconocer que un suceso no es permanente te ayuda a superarlo con más rapidez.

Distanciamiento visual. El distanciamiento es un truco que puedes usar con la respuesta de amenaza después del hecho. Si has experimentado un evento estresante por el que todavía te sientes conmocionado, el distanciamiento visual te ayuda a procesarlo de manera emocional, lo que a su vez te permitirá hacerlo a un lado. En vez de revivir el suceso, que puede inducir las mismas emociones que sentiste en esos momentos, *retrocede y velo desde lejos, como si ocurriera en una película.* De esa forma no experimentarás el acontecimiento en tu cerebro emocional. Más bien lo verás con mayor espacio y claridad. El distanciamiento les quita poder a los recuerdos negativos. Esta técnica también se conoce como difusión cognitiva y está demostrado que reduce de inmediato la respuesta neuronal del cerebro ante el estrés,[28] quizá porque activa áreas del cerebro más reflexivas y analíticas en vez de las emocionales. Aquí hay una versión modificada del texto que Ayduk y Kross usaron para ayudar a los voluntarios de su investigación a crear distanciamiento (nosotras combinamos distanciamiento visual, lingüístico y temporal):[29]

Instrucciones para el distanciamiento: Cierra los ojos. Regresa al tiempo y espacio de la experiencia emocional y ve la escena con los ojos de tu mente. Aléjate de la situación a un punto donde puedas ver el evento desarrollándose desde cierta distancia y a ti mismo dentro de él, el tú distante. Ahora observa la experiencia desarrollándose como si le estuviera sucediendo al tú distante otra vez. Mientras continúes observando la situación, intenta entender los sentimientos del tú distante. ¿Por qué tiene esos sentimientos? ¿Cuáles son las causas o las razones? Pregúntate: ¿Esta situación me afectará en diez años?

Si sufres de estrés retrospectivo, si sientes muchas emociones negativas y vergüenza después de que un evento terminó, la estrategia de distanciamiento visual puede ser muy útil. También tienes la opción de intentar esta técnica cuando estás en el momento estresante. Al alejarte de manera mental del cuerpo, es posible evitar la sensación de amenaza inminente y ataque.

5

Cuida tus telómeros: pensamiento negativo y resistente

Somos muy inconscientes del parloteo que existe en nuestra mente y la manera en que nos afecta. Algunos patrones de pensamiento parecen ser dañinos para los telómeros. Éstos incluyen supresión y rumiación de pensamientos, así como el pensamiento negativo que caracteriza la hostilidad y el pesimismo. No podemos cambiar por completo nuestras respuestas automáticas (algunos nacimos rumiadores o pesimistas), pero podemos aprender cómo protegernos de estos patrones automáticos, incluso encontrar humor en ellos. Aquí te invitamos a volverte más consciente de tus hábitos mentales. Aprender sobre tu estilo de pensamiento puede sorprenderte y hacerte sentir poderoso. Para ver cuáles son tus tendencias, realiza la evaluación de personalidad al final de este capítulo (página 133).

Un día hace varios años, Redford Williams llegó a casa después de un día difícil en la oficina y se dirigió a la cocina. Se detuvo. Había un montón de catálogos sobre la cubierta. Su esposa, Virginia, había prometido quitarlos un día antes, y a pesar de estar parada en la estufa, mezclando con suavidad una olla, los catálogos seguían exactamente donde los había dejado.

Redford explotó: "¡Quita los malditos catálogos de la cubierta!", ordenó. Fue lo primero que dijo desde que cruzó la puerta.

¿Qué estaba pensando? Es una pregunta natural que surge ante una hostilidad tan desconcertante y exagerada como ésta. Como Redford Williams ahora es un reconocido profesor de psicología y neurociencia en la Universidad Duke y un experto en manejo del enojo, puede darnos algunas respuestas. "Pensaba que estaba exhausto, sorprendido y enojado. Pensaba que Virginia era una floja y no había cumplido su promesa a propósito —dijo—. Ponía en duda sus motivos." Después descubrió que Virginia no había movido los catálogos porque estuvo ocupada cocinándole una comida que sería buena para su corazón.

Los científicos están aprendiendo que ciertos patrones de pensamiento son nocivos para los telómeros. La hostilidad cínica, caracterizada por los pensamientos de enojo y sospecha que engancharon a Williams cuando vio la cocina poco menos que impecable, está ligada a telómeros más cortos. También el pesimismo. Otros patrones de pensamiento, incluyendo la mente errante, rumiación y supresión de pensamientos también pueden conducir a un daño.

Por desgracia, estos patrones de pensamiento pueden ser automáticos y difíciles de cambiar. Algunos nacemos hostiles o pesimistas, otros hemos rumiado nuestros problemas casi desde que empezamos a hablar. Aquí describiremos cada uno de estos patrones automáticos. También descubrirás que es posible reírte de tus pensamientos negativos y evitar que te lastimen tanto.

HOSTILIDAD CÍNICA

En la década de 1970 el exitoso libro *Type A Behavior and your Heart* hizo que el término *personalidad tipo A* se volviera familiar. Ese libro afirmaba que el comportamiento tipo A (caracterizado por impaciencia excesiva, énfasis en los logros personales y hostilidad hacia otros) era un factor para enfermedades cardiacas.[1] Todavía vemos que la idea del tipo A permanece en evaluaciones en internet y conversaciones casuales ("Ay, odio esperar en las filas largas, soy tan tipo A"). En la actualidad, investigaciones subsecuentes demostraron que ser una persona de reflejos rápidos no necesariamente es dañino para tu salud. Lo peligroso es el componente hostil del tipo A.

La hostilidad cínica se define por un estilo emocional de fácil enojo y pensamientos frecuentes de que las otras personas no son confiables. Alguien con hostilidad cínica no sólo dice: "Odio estar parado en las largas filas de la tienda". Más bien piensa: "¡Los otros compradores a propósito se apuraron para ganarme el lugar que me tocaba en la fila!" Y se pone furioso o hace una mueca o comentario molesto a la persona desprevenida parada frente a él. La gente que saca los puntajes más altos al medir la hostilidad cínica muchas veces sale adelante de forma pasiva comiendo, bebiendo y fumando más. Presentan una mayor tendencia a enfermedades cardiovasculares, metabólicas[2] y seguido mueren a edades más jóvenes.[3]

También tienen telómeros más cortos. En un estudio de funcionarios británicos, los hombres que salieron altos en las mediciones de hostilidad cínica tuvieron telómeros más cortos que aquellos con niveles más bajos. Los hombres más hostiles fueron 30% más propensos a tener una combinación de telómeros cortos y telomerasa alta (un perfil preocupante porque parece reflejar intentos fallidos de la enzima para proteger a los telómeros cuando son muy cortos).[4]

Los que tuvieron este vulnerable perfil de envejecimiento celular presentaban lo opuesto a una respuesta saludable ante el estrés. De manera ideal, tu cuerpo responde con un aumento de cortisol y presión arterial, seguido de una rápida recuperación a los niveles normales. Te preparas para enfrentar cualquier reto y luego te repones. Cuando expusieron a estos hombres al estrés, su presión arterial diastólica y sus niveles de cortisol no aumentaron, señal de que su respuesta estaba dañada por el uso excesivo. Su presión arterial sistólica se incrementó, pero en vez de regresar a sus niveles normales después de que el evento estresante terminó, se quedaron elevados durante mucho tiempo. También presentaron pocos recursos que por lo general defienden a la gente del estrés. Por ejemplo, pocas conexiones sociales y menos optimismo (además de mayor hostilidad).[5] En términos de salud física y psicosocial, eran muy vulnerables a un periodo de enfermedad prematuro. Las mujeres tienden a una menor hostilidad, y esto se relaciona menos con las enfermedades cardiacas, pero hay otras causas psicológicas que afectan la salud de las mujeres, como la depresión.[6]

PESIMISMO

Uno de los trabajos principales del cerebro es predecir el futuro. De manera constante, el cerebro escanea el entorno y lo compara con las experiencias pasadas, buscando amenazas inminentes. Algunas personas tienen cerebros que son más rápidos para localizar el peligro. Incluso en una situación ambigua o neutra, esta gente piensa: "Aquí va a pasar algo malo". Son los primeros en prepararse para el peor de los casos, y los primeros en esperar un mal resultado. En otras palabras, son pesimistas.

Yo (Elissa) recuerdo esto cuando salgo a hacer senderismo con mi amiga Jamie. Veo los caminos sin huellas como una aventura, ella como la posibilidad de encontrar plantas de roble venenoso. Si vemos una casa en el bosque o en medio de la nada, siento placer y expectación. ¡Tal vez nos inviten un té! Al menos, tendremos una sonrisa y un saludo si alguien se para en el porche. Pero Jamie tiene un conjunto de pensamientos diferentes. Está segura de que si alguien sale y da un paso sobre el pórtico, será con el ceño fruncido, palabras bruscas y quizá hasta un rifle. Mi amiga tiene un estilo de pensamiento más pesimista.

Cuando nuestro equipo de investigación realizó un estudio sobre el pesimismo y la longitud telomérica, descubrimos que la gente que marcó muchas características de pesimismo tenía telómeros más cortos.[7] Fue un estudio pequeño, alrededor de treinta y cinco mujeres, pero se han encontrado resultados similares en otros estudios, incluyendo uno de más de mil hombres.[8] Esto coincide con un gran cúmulo de evidencia que pone al pesimismo como un factor de riesgo para una mala salud. Cuando los pesimistas desarrollan una de las enfermedades del envejecimiento, como cáncer o padecimientos cardiacos, la patología tiende a desarrollarse más rápido. Y al igual que la gente cínicamente hostil (y las personas con telómeros cortos en general), suele morir más rápido.

Ya sabemos que la gente que se siente amenazada por el estrés suele presentar telómeros más cortos que la que se siente retada por él. Los pesimistas, por definición, se sienten más amenazados en las situaciones estresantes. Son más propensos a pensar que no lo harán bien, que no podrán manejar el problema y que el conflicto se quedará para siempre. Por lo general, no lo toman como un reto.

Aunque algunas personas nacen con estas características, algunos tipos de pesimismo son forjados de manera temprana por entornos donde los niños aprenden a esperar carencias, violencia o sufrimiento. En estas situaciones, se puede ver el pesimismo como una adaptación saludable, una protección contra el dolor de repetidas decepciones.

MENTE ERRANTE

Mientras te sientas sosteniendo este libro o tu lector electrónico en las manos ¿piensas en lo que estás leyendo? Si piensas en algo más ¿esos pensamientos son placenteros, desagradables o neutrales? Y ¿qué tan feliz te sientes en este momento?

Los psicólogos de Harvard Matthew Killingsworth y Daniel Gilbert usan una aplicación de iPhone para "rastrear tu felicidad" y les preguntan a miles de personas interrogantes como las anteriores. Durante el día, de manera aleatoria, la aplicación invita a que la gente responda preguntas similares sobre lo que están haciendo, lo que su mente está pensando y lo felices que son.

Conforme obtuvieron información, Killingsworth y Gilbert descubrieron que pasamos más de la mitad del día pensando en algo diferente a lo que estamos haciendo. Esto aplica para casi cualquier acción. Tener sexo, una conversación o ejercitarse son las actividades que producen menos distracción mental, pero incluso éstas tienen un 30% de índice de mente errante. "La mente humana es errante", concluyeron. Con énfasis en "humana" porque somos los únicos animales que poseen la habilidad de pensar en algo que no está ocurriendo en el momento.[9] Este poder del lenguaje nos permite planear, reflexionar y soñar… pero es un poder que conlleva un precio.

El estudio de mente errante con la aplicación de Iphone mostró que la gente es más feliz cuando está involucrada en lo que está haciendo (y menos cuando está pensando en otra cosa). Killingsworth y Gilbert notaron que "una mente errante es una mente infeliz". En particular, la mente errante *negativa* (tener pensamientos negativos o desear ser alguien más) era propensa a la infelicidad en los siguientes momentos, lo cual no es ninguna sorpresa. (Para evaluar qué tan seguido se distrae tu mente, descarga la aplicación en <www.trackyourhappiness.org>.)

Junto con nuestra colega Eli Puterman, estudiamos cerca de 250 mujeres saludables, con bajos niveles de estrés, entre 55 y 65 años de edad. Les hicimos dos preguntas para evaluar su presencia en el momento y su mente errante negativa:

En la última semana ¿qué tan seguido has tenido momentos en los que te sientes totalmente concentrada o involucrada en lo que estás haciendo en el momento?

En la última semana ¿qué tan seguido has tenido momentos en los que sientes que no quieres estar en donde estás o hacer lo que estás haciendo?

Luego medimos los telómeros de las mujeres. Las mujeres con los niveles más altos de mente errante autorreportada (lo que definimos como una baja concentración en el presente aunado a querer ser alguien más) presentaron telómeros más cortos (alrededor de doscientos pares de bases).[10] Esto sin importar qué tanto estrés tenían en su vida. Por eso es un buen hábito notar si piensas en querer ser alguien más. Este pensamiento revela un conflicto interno que crea infelicidad. El pensamiento errante negativo es la antítesis de un estado de atención plena. Como dijo Jon Kabat-Zinn, fundador del programa para reducir el estrés Reducción del Estrés Basado en la Atención Plena (REBAP): "Cuando dejamos de querer que algo más pase en este momento, damos un profundo paso hacia encontrar lo que está aquí y ahora".[11]

Dividir tu atención en múltiples tareas (*multitask*) es una fuente ligera de estrés dañino, incluso si no estás consciente de ello. De manera natural, nuestra mente divaga mucha parte del tiempo. Algunos tipos de mente errante pueden ser creativos, pero cuando son pensamientos negativos sobre el pasado eres más propenso a ser infeliz y quizá hasta experimentes niveles más altos de hormonas del estrés inactivas.[12] Cada vez se vuelve más evidente que la mente errante *negativa* es una fuente invisible de problemas.

UNITASKING (*CONCENTRARSE SÓLO EN UNA COSA*)

En estos días todos tenemos presión en nuestra atención limitada y tendemos al *multitask*, revisar el correo, usar el tiempo de manera eficiente. Pero la forma más eficiente de usar el tiempo es hacer una sola cosa y poner total atención en ella. Este *unitask*, a veces llamado "flujo", también es la manera más satisfactoria de pasar los momentos de nuestra vida. Nos permitimos estar concentrados y absortos. Cuando yo (Elissa) tengo un día de reuniones, puedo dividir mi atención fácil y frenéticamente entre la reunión, el teléfono, el correo y hasta pensamientos intrusivos sobre qué más tengo que hacer... o concentrarme por completo en quien se encuentra frente a mí. Esto último es un placer y la otra persona también tiene una experiencia diferente.

Y yo (Liz) sentía lo mismo cuando era investigadora científica activa y madre, mientras trabajaba en una posición administrativa como presidente de mi departamento en la UCSF. Cuando me absorbía en el laboratorio haciendo manipulaciones experimentales con moléculas y células en pequeños tubos de ensayo, horas de trabajo productivo volaban antes de que me diera cuenta de su paso. También, cualquier fin de semana en casa donde sólo pasara tiempo con la familia parecía terminar casi tan rápido como había empezado. Estos momentos se sentían muy diferentes a hacer malabares con muchos deberes laborales de tiempo limitado. Claro, a veces las agendas apretadas con multitareas no se pueden evitar, pero sin importar lo que estés haciendo, ya sea que te pongas en modo de "flujo" o hagas varias actividades una tras otra, trata de eliminar las otras distracciones y estar totalmente presente, al menos una parte del día.

RUMIACIÓN

La rumiación es el acto de pensar tus problemas una y otra vez. Es seductor. La sirena de la rumiación suena algo así: *Si reflexionas en esto otra vez, si piensas más sobre un problema sin resolver o por qué te pasa algo malo, tendrás una especie de descubrimiento cognitivo. ¡Resolverás el problema, encontrarás alivio!* Pero la rumiación sólo *parece* que resuelve el problema. Enredarte en esto es más bien como quedar atrapado en un remolino que te lanza a través de pensamientos negativos y autocríticos cada vez mayores. De hecho, cuando rumias eres menos efectivo para resolver problemas y te sientes mucho, mucho peor.

¿Cómo diferenciar la rumiación de la reflexión inofensiva? La reflexión es el análisis natural, curioso, introspectivo o filosófico de por qué las cosas suceden de cierta manera. La reflexión puede causarte algún malestar saludable, en especial si estás pensando en algo que te gustaría no haber hecho. Pero la rumiación se siente *horrible*. No puedes detenerte aunque lo intentes. Además no te lleva a una solución, sólo a más rumiación.

Si por alguna razón quisieras prolongar durante mucho tiempo los efectos negativos del estrés generado por un evento pasado, la rumiación es la forma efectiva de lograrlo. Cuando rumias, el estrés se queda en el cuerpo mucho tiempo después de que la razón para dicho estrés terminó, ¿cómo? En una forma prolongada de presión arterial alta, ritmo cardiaco elevado y altos niveles de cortisol. Tu nervio vago, el que te ayuda a sentir calma y mantiene estables tu corazón y sistema digestivo, deja de funcionar (y se queda así mucho tiempo después de que el estrés terminó). En uno de nuestros estudios más recientes examinamos las respuestas diarias al estrés en mujeres cuidadoras saludables. Entre más rumiaban un evento estresante pasado, más bajaba su telomerasa en las células CD8 avejentadas, los glóbulos blancos fundamentales que envían señales proinflamatorias cuando están dañadas. La gente que rumia experimenta mayor depresión y ansiedad,[13] lo que a su vez se asocia con telómeros más cortos.

SUPRESIÓN DE PENSAMIENTOS

El último patrón de pensamiento peligroso que describiremos es, de hecho, un tipo de antipensamiento. Es un proceso llamado supresión de pensamiento, el intento de alejar los pensamientos o sentimientos no deseados.

Un día Daniel Wegener, el fallecido psicólogo social de Harvard, estaba leyendo y de repente se encontró esta frase del grandioso escritor ruso Fiódor Dostoyevski: "Intenta esta tarea: no pienses en un oso polar y verás al maldito animal aparecer en tu mente cada minuto".[14]

Wegener, sintiendo que esta idea sonaba cierta, decidió probarla. A través de una serie de experimentos, Wegener identificó un fenómeno al que llamó error irónico, significa que entre más esfuerzos hagas por alejar un pensamiento, más fuerte llamará tu atención. Esto sucede porque suprimir un pensamiento es un trabajo duro para tu cerebro. De manera constante tiene que vigilar tu actividad mental para el tema prohibido: *¿Hay algún oso polar por aquí?* Tu psique no puede mantener este trabajo de monitoreo. Se fatiga. Trata de esconder al oso polar detrás de un témpano de hielo y aparecerá de nuevo, sacando su cabeza del agua y trayendo a unos cuantos amigos. Ahora tienes *más* pensamientos sobre osos polares que si no trataras de suprimirlos. El error irónico es una de las razones por las que los fumadores que están tratando de dejarlo todo el tiempo piensan en cigarros; también por eso los que están a dieta e intentan con desesperación no pensar en comida son torturados con imágenes de dulces frappuccinos.

El error irónico también daña los telómeros. Sabemos que el estrés crónico suele acortarlos, pero si tratamos de controlar nuestros pensamientos estresantes hundiendo los malos pensamientos en las aguas profundas de nuestro subconsciente... puede ser contraproducente. Las fuentes de un cerebro estresado de manera crónica ya están fijas (las llamamos carga cognitiva), lo que hace más difícil suprimir pensamientos de manera exitosa. En vez de menos estrés, tenemos *más*. Un ejemplo clásico del poder oscuro de la supresión proviene de la gente con trastorno de estrés postraumático (TEPT), quienes, de manera comprensible, no quieren recordar eventos que les han causado terribles sufrimientos. Pero sus horribles recuerdos se deslizan en su vida cotidiana de manera inesperada y desagradable o entran en sus sueños por las noches. Muchas veces se juzgan con dureza por dejar que esos pensamientos entren en su mente (por no ser fuertes como para evitarlos) y por tener una respuesta emocional ante ellos.

Tómate un momento para asimilar esta cadena: alejamos nuestros malos pensamientos, los cuales regresan de forma inevitable, entonces nos sentimos mal, *y luego* nos sentimos mal por sentirnos mal. Esta capa adicional de juicio negativo (la de sentirse mal por sentirse mal) es como una cobija gruesa que asfixia hasta la última pizca de energía que tenías disponible para salir adelante. Es una de las razones por las que la gente cae en un grave estado de depresión. En un estudio pequeño, mayor supresión de sentimientos y pensamientos negativos se asoció con telómeros más cortos.[15] Sólo la supresión quizá no sea suficiente para acortar los telómeros. Pero como verás en el siguiente capítulo, hay un cúmulo de evidencia mostrando que la depresión clínica sin tratar es extremadamente mala para los telómeros. En resumen: la supresión de pensamientos es un camino fácil para provocar estrés crónico y depresión, las cuales acortan tus telómeros.

Anatomía de un día estresado

En un estudio reciente, seguimos a mujeres que cuidan un hijo con trastorno del espectro autista (TEA). Queríamos entender la anatomía emocional de sus días. No es de sorprender que despertaran con más temor que el grupo de control de madres con niños típicos. Conforme el día avanzaba, veían sus eventos estresantes más amenazadores. Rumiaban más sobre las cosas estresantes que ya habían pasado. Además reportaron mayor nivel de mente errante negativa. Parece que el estrés crónico de una cuidadora crea un **síndrome de hiperreacción al estrés**, en el cual los eventos estresantes generan preocupación o reacciones exageradas, se rumian o se perciben de manera anticipada mucho más seguido.

Cuando observamos las células de estas madres, descubrimos que la telomerasa estaba más baja en sus células envejecidas CD8. Y para todas las mujeres del estudio, el pensamiento negativo se asoció con la telomerasa baja. Por el lado positivo, hubo muchas cuidadoras que despertaban con alegría, que tenían una respuesta de reto ante el estrés y que controlaron la rumiación (y todos estos hábitos se asociaron con una telomerasa más alta).

PENSAMIENTO RESISTENTE

Si sufres de cualquiera de los hábitos mentales que acabamos de describir (pesimismo, rumiación, mente errante negativa y el pensamiento que caracteriza a la hostilidad cínica) quizá desees hacer algunos cambios. Pero es poco probable que acabes con el pensamiento negativo sólo ordenándotelo. La gente que se regaña por la necesidad de cambiar sus pensamientos nos recuerda el episodio de *Seinfeld* donde Frank Costanza, en estado de agitación por la distribución de asientos en el carro de George, levanta las manos al aire y grita: "¡Dame serenidad! ¡Dame serenidad!" Frank explica que debe decir eso para calmarse cuando le sube la presión arterial. Por el espejo retrovisor, George mira fijamente a su padre, que tiene la cara roja y casi le sale espuma por la boca (lo opuesto a estar sereno) y le pregunta: "¿Se supone que debes *gritarlo?*"

Gritarte no funciona. Por un lado, los rasgos de personalidad como la hostilidad cínica y el pesimismo tienen un componente genético (ya vienen grabados). Y si tuviste muchos traumas en la niñez, quizá pienses de forma negativa con frecuencia. Éstos son hábitos para toda la vida y es posible que nunca desaparezcan por completo. Así que regañarte no sirve. Por fortuna puedes protegerte de los efectos de los patrones de pensamiento negativo utilizando el pensamiento resistente.

El pensamiento resistente se incluye en la nueva generación de terapias basadas en la aceptación y la atención plena. Estas terapias no tratan de alterar tus pensamientos, más bien te ayudan a cambiar tu relación con ellos. No necesitas creer en tus pensamientos negativos ni reaccionar ante ellos, tampoco sentirte mal porque pasaron por tu mente. Más adelante hay algunas sugerencias para responder a los patrones de pensamiento negativo de manera más resistente. Estas sugerencias te ayudarán a sentirte mejor. Creemos, basadas en los estudios clínicos preliminares que se han hecho hasta ahora, que mejorar la resistencia al estrés es bueno para la salud celular en general.

Pensamiento consciente: afloja el nudo de los patrones de pensamiento negativo

Los patrones de pensamiento negativo que hemos descrito aquí son automáticos, exagerados y controladores. Se hacen cargo de tu mente, como si ataran una venda para ojos alrededor de tu cerebro de manera que no puedes ver lo que en verdad está ocurriendo a tu alrededor. Cuando tus patrones de pensamiento negativo están a cargo, en verdad crees que tu esposa es floja, no te das cuenta de que trabajó mucho para asegurarte una cena saludable. Crees que un extraño saldrá de su casa con un rifle; no puedes notar lo exagerado que es este escenario. Pero si te vuelves más consciente de tus pensamientos, te quitas la venda. No detendrás los pensamientos, pero tendrás mayor claridad.

Las actividades que de manera directa promueven un mejor pensamiento consciente incluyen casi todos los tipos de meditación, en especial la de atención plena, junto con la mayoría de las formas de ejercicios que involucran la mente y el cuerpo. Incluso correr distancias largas, con sus pisadas repetitivas, ayuda con el pensamiento consciente y en el presente. Puedes notar el ritmo que generan tus pies al tocar el piso, percibir detalles de los árboles y las hojas que vas pasando, descubre los pensamientos que cruzan tu cabeza. Involucrarte de manera regular en cualquier tipo de práctica mente-cuerpo te permite estar menos concentrado en los pensamientos negativos sobre ti; así serás mejor para percibir lo que te rodea y a las otras personas. Y en momentos de reacción podrás darte cuenta de que estás experimentando pensamientos negativos… y se disolverán más rápido. El pensamiento consciente promueve resistencia ante el estrés.

Para concientizar tus pensamientos cierra los ojos, respira de forma relajada y concéntrate en la pantalla de cine de tu psique. Da un paso mental hacia atrás y observa tus pensamientos pasar, como si estuvieras viendo el tránsito en una calle muy concurrida. Para algunos de nosotros esa calle es como la autopista de Nueva Jersey durante una tormenta (resbalosa, llena y rápida). Está bien. Conforme te vuelvas más consciente de tus pensamientos, incluyendo los que te afligen, podrás aceptarlos, etiquetarlos, incluso reírte de ellos: "Ay, ya me estoy criticando otra vez. Lo hago tan seguido que hasta es divertido". En vez de empujar tus pensamientos bajo la superficie o dejarlos controlar tu comportamiento, permites que pasen de largo.

El pensamiento consciente puede reducir la rumiación.[16] Te ayuda con los pensamientos negativos automáticos porque pone distancia entre ellos y tus reacciones a ellos. Te das cuenta de que no tienes que seguir el argumento de tu cabeza porque, como lo notarás, no guía a ningún pensamiento productivo. Aparentemente tenemos alrededor de sesenta y cinco mil pensamientos al día. En realidad no tenemos el control de *generarlos*; aparecen sin importar lo que hagamos. Y esto incluye pensamientos que nunca invitaríamos. Pero cuando practicas el pensamiento consciente descubres que 90% de tus pensamientos son repeticiones de otros que aparecieron antes. Te sientes menos obligado a agarrarte de ellos y dejar que te lleven a donde quieran. Simplemente no vale la pena seguirlos. Con el tiempo aprendes a detectar tus propias rumiaciones o pensamientos problemáticos y decir: "Es sólo un pensamiento, ya se desvanecerá". Y esto es un secreto sobre la mente humana: no necesitamos creer en todo lo que nos dice. Como reza la sabia calcomanía en la defensa de algunos autos: "No creas todo lo que piensas". Lo único que podemos asegurar es que nuestros pensamientos cambian constantemente. El pensamiento consciente nos ayuda a percibir la verdad de esta afirmación.

Hace varios años, yo (Liz) fui a un retiro de meditación de atención plena con el fin de aprender y experimentar esta técnica porque algunos de mis estudios colaborativos en telómeros implicaban intervenciones de meditación. Pasé una semana con otros científicos y psicólogos interesados, en un lugar tranquilo del sur de California. Fuimos con Alan Wallace, un maestro experimentado en técnicas de meditación tibetanas. Me sorprendió aprender cuánto énfasis se le daba al entrenamiento de la mente para enfocar su atención. Descubrí que las técnicas de meditación de atención plena producen una mente tranquila, junto con sentimientos agradables y espontáneos como la gratitud.

Ahora, años después, todavía tengo la habilidad de concentrarme mejor en lo que sea. Para mantenerla vigente y activa, hago micromeditaciones en momentos que de otra manera me producirían aburrimiento, ansiedad o impaciencia, por ejemplo: cuando espero que despegue el avión o el transporte que me llevará a una reunión en San Francisco, mientras mi computadora está lista para trabajar o hasta el tiempo en que el microondas calienta una taza de té.

La próxima vez que notes que pensamientos no deseados están rondando tu cabeza, tal vez te gustaría intentar esto: *Cierra los ojos. Respira normal, pero pon atención en tu respiración. Cuando los pensamientos entren en tu mente, imagina que eres un simple testigo y velos alejarse con suavidad. Trata de no juzgarlos ni a ti por tenerlos. Trae tu atención de nuevo a tu respiración, concentrándote en su sensación natural al inhalar y exhalar.*

Con la práctica, los pensamientos que están zumbando en tu mente se asentarán y entrarás a un estado de mayor concentración. Imagina tu mente como una bola de cristal con nieve. Muchas veces la mente se encuentra en un estado inestable y la bola se llena de pensamientos por todos lados. Pero al hacer una pausa y realizar una minimeditación permites que se asienten, lo que te da mayor claridad mental. Ya no estarás a merced de seguirlos ni obedecerlos.

Claro, sería maravilloso que pudieras practicar por más tiempo o asistir a un retiro de atención plena para aprender esta nueva habilidad con mayor facilidad. Pero no dejes que lo perfecto sea enemigo de lo bueno. Pequeños periodos de atención plena también te ayudarán a desarrollar pensamiento consciente y reducir el poder de tus patrones de pensamiento negativo.

Entrenamiento de atención plena, propósito en la vida y telómeros más sanos

En uno de los estudios de meditación más dramáticos y comprensivos que se han hecho, meditadores experimentados fueron a un retiro en las Montañas Rocallosas de Colorado con el maestro budista Alan Wallace. Durante tres meses siguieron una práctica intensa con el fin de cultivar una concentración atencional relajada, vívida y estable. Los meditadores también se involucraron en prácticas diseñadas para fomentar ideales benéficos para ellos y los demás, como la compasión.[17] Además, contribuyeron en varios experimentos, incluyendo pruebas de sangre. El intrépido investigador Clifford Saron y sus colegas de la Universidad de California, en Davis, decidieron medir la telomerasa. Construyeron un laboratorio completo en la montaña, con una centrífuga refrigerada y un congelador de hielo seco para guardar las células de los meditadores a la temperatura necesaria (ochenta grados Celsius bajo cero). Esto significó transportar más de dos mil kilos de hielo seco a la montaña durante todo el proyecto.

Los resultados fueron lo que podrías esperar de tres meses de estar sentado en un hermoso lugar, escuchando a un maestro inspirador y meditando todos los días entre individuos con cosas en común. Después del retiro, los meditadores se sintieron mejor: menos ansiosos, más resistentes y empáticos. Tenían mayor concentración y podían inhibir mejor sus respuestas habituales.[18] Cinco meses después, los investigadores analizaron a los meditadores y estos efectos todavía eran bastante fuertes. Descubrieron que la habilidad aumentada para inhibir respuestas, obtenida en el retiro, predecía las mejoras a largo plazo en el bienestar emocional.[19] Un grupo de control de meditadores experimentados que esperaron en casa hasta que llegara su turno de subir a la montaña (pero que volaron al laboratorio del retiro) no experimentaron estos efectos hasta que fueron al retiro por sí mismos.

Los meditadores también mostraron un mayor sentimiento de propósito en la vida. Cuando es así, despiertas por la mañana con la sensación de tener una misión y es más fácil tomar decisiones y hacer planes. En un estudio guiado por el neurocientífico Richard Davidson de la Universidad de Wisconsin, expusieron a los voluntarios delante de unas imágenes perturbadoras, lo que por lo general incrementa la respuesta de sobresalto cuando escuchas un ruido fuerte. El parpadeo de sobresalto refleja una respuesta de defensa automática en el cerebro. La gente con mayor propósito en la vida tuvo una respuesta más resistente al estrés, menos reacción y se recuperó más rápido de su parpadeo de sobresalto.[20]

Tener un sentimiento fuerte de propósito en la vida también se relaciona con la reducción del riesgo de derrame cerebral y mejora el funcionamiento de las células inmunes.[21] El propósito en la vida incluso está ligado a menos grasa abdominal y baja sensibilidad a la insulina.[22] Además puede inspirarnos para cuidarnos mejor. La gente con un propósito más grande tiende a hacerse más exámenes de rutina para detectar enfermedades tempranas (como los de próstata o las mamografías), y cuando se enferman, permanecen pocos días en el hospital.[23] El escritor Leo Rosten dijo: "El propósito en la vida no es ser feliz, sino ser útil, ser productivo, y sobre todo que nuestra existencia importe, que el mundo se transforme por nuestro paso por él". Pero no tiene que ser una competencia entre ser feliz y ser productivo con propósito, ambos llegan juntos.

El propósito en la vida es lo que nos trae la felicidad eudemónica, el sentimiento saludable de que estamos involucrados en algo más grande que nosotros. La felicidad eudemónica no es la felicidad transitoria que experimentamos cuando comemos o compramos algo que queremos mucho; es el bienestar duradero. Un fuerte sentido de nuestros valores y propósito puede servir como un fundamento que nos ayude a sentir estabilidad a través de todos los eventos de la vida, esos acontecimientos perturbadores ya sean grandes o pequeños. En épocas difíciles podemos recordarlo una y otra vez. Incluso puede protegernos del estrés agobiante a un nivel inconsciente y automático. Con un fuerte sentimiento de propósito, las vicisitudes de la vida, incluyendo alegría y tristeza, se ajustan más fácil en un contexto significativo.

¿Y qué hay del envejecimiento celular? Saron había usado las muestras de sangre y el laboratorio para centrifugar, separar y guardar los glóbulos blancos para un análisis posterior. Liz y nuestro colega Jue Lin examinaron la actividad de la telomerasa de los meditadores. En aquel entonces no pensábamos que los telómeros podían cambiar tan rápido, así que no los medimos en los estudios que dieron seguimiento a la gente durante unos meses. Tonya Jacobs analizó con cuidado la telomerasa en relación con los cambios psicológicos autorreportados en el bienestar, como el propósito en la vida. En general, el grupo en el retiro tenía 30% más telomerasa que el grupo que había estado en lista de espera. Y entre más mejoraban en los puntajes de propósito en la vida, más alta era su telomerasa.[24] La meditación, si te interesa, es obviamente una forma importante de acentuar esta sensación. Hay innumerables formas de lograr un gran sentimiento de propósito en la vida y la que elijas dependerá de cuál es la más significativa para ti.

¿Un nuevo propósito durante el retiro? El Experience Corps

Imagina que llevas varios años retirado. Tienes tu rutina y sabes qué esperar de cada día. Entonces alguien se te acerca y te pide ser tutor de un niño en riesgo escolar de tu vecindario. ¿Qué dirías? ¿Cómo será para alguien que ya no está acostumbrado al trabajo diario y mucho menos a una escuela de bajos recursos para niños pequeños? ¿Qué pasa cuando la gente retirada se une a un programa de tutorías, trabajando quince horas a la semana como voluntaria?

El Experience Corps es un programa extraordinario que combina a hombres y mujeres jubilados como tutores para niños pequeños y de bajos recursos en escuelas públicas de las ciudades. Es una experiencia de voluntariado de alta intensidad y viene con su propio estrés. Un grupo de investigadores gerontológicos quería ver si este programa intergeneracional podía mejorar la salud para todos los involucrados, así que estuvieron examinando los beneficios del programa tanto en los niños como en los adultos. Los resultados fueron interesantes.

Primero veamos de cerca las experiencias de los voluntarios. Entrevistaron a muchos sobre el estrés y las recompensas que percibieron.

Lidiaron con los problemas de comportamiento de los niños y a veces no lograban la lección. Vieron de cerca los problemas personales de los pequeños, incluyendo el abandono de sus padres. No siempre se llevaron bien con los maestros. Sin embargo las recompensas fueron numerosas y en general los beneficios sobrepasaron los aspectos estresantes. Disfrutaron ayudar a los niños y verlos mejorar y desarrollar relaciones especiales.[25] Esto suena como una forma de ¡estrés positivo!

Para examinar los efectos en la salud, los investigadores crearon un ensayo controlado en los miembros del Experience Corps, asignando al azar adultos mayores para que fueran voluntarios del Corps o parte del grupo de control. Dos años después los voluntarios se sintieron más "generosos" (más plenos por ayudar a otros).[26] También tuvieron algunas transformaciones fisiológicas: mientras el grupo de control presentó disminuciones en el volumen cerebral (córtex e hipocampo), los voluntarios tuvieron incrementos, en especial los hombres. Mostraron un giro de tres años en la edad después de dos años de voluntariado. Este incremento significa mejor funcionamiento cerebral (si aumenta el volumen cerebral, mejora la memoria).[27] Estos aumentos en el bienestar y volumen cerebral nos recuerda lo que dijo la escritora Anaïs Nin: "La vida se encoge o se expande en proporción a nuestro valor".

Un rasgo de la personalidad con telómeros saludables

Los rasgos de personalidad como la hostilidad cínica y el pesimismo pueden dañar tus telómeros, pero hay un rasgo que parece ser bueno para ellos: la atención a los detalles. La gente meticulosa es organizada, persistente y se concentra en sus tareas; trabaja duro para lograr objetivos a futuro y sus telómeros tienden a ser más largos.[28] En un estudio, se les pidió a unos maestros que clasificaran a sus alumnos de acuerdo con su grado de meticulosidad. Cuarenta años después, los estudiantes con los puntajes más altos tenían telómeros más largos que los menos dedicados a los detalles.[29] Este descubrimiento es importante porque dicho rasgo de la personalidad es el indicador de longevidad más consistente.[30]

Parte de poner atención a los detalles es tener un buen control de los impulsos, ser capaz de retrasar el encanto de las cosas con recompensa inmediata (y a menudo peligrosa) como gastar dinero de más, manejar demasiado rápido, comer o beber alcohol en exceso. Además, tener altos niveles de impulsividad se asocia con telómeros más cortos.[31]

La meticulosidad en la niñez predice longevidad décadas después. En un estudio de pacientes con seguro de vida para adultos mayores, aquellos con alto grado de autodisciplina vivieron 34% más que sus homólogos menos concienzudos.[32] Tal vez esto sucede porque la gente que pone atención a los detalles es más capaz de controlar impulsos, involucrarse en comportamientos diarios saludables y seguir los consejos médicos. También tienen relaciones más saludables y encuentran mejores ambientes de trabajo, lo que refuerza el bienestar y el desarrollo.[33]

Intercambia el dolor por autocompasión

Otra técnica para el pensamiento resistente es la compasión por uno mismo. La autocompasión es bondad, comprensión y entendimiento hacia ti, el conocimiento de que no estás solo en tu sufrimiento y la habilidad para enfrentar emociones difíciles sin perderte en ellas. En vez de mortificarte o culparte, trátate con la misma amabilidad y entendimiento que le darías a un amigo.

Para evaluar tu autocompasión, responde las siguientes preguntas basadas en la escala de Kristin Neff:[34] ¿Eres paciente y tolerante con los aspectos de tu personalidad que no te gustan? Cuando ocurre algo terrible o doloroso ¿intentas tener una opinión equilibrada del problema? ¿Te recuerdas que todos tenemos defectos y no estás solo? ¿Te cuidas bien? Las respuestas positivas indican que tienes una autocompasión alta y es probable que te recuperes más rápido de la mayoría de las situaciones tensas.

Ahora prueba estas preguntas: cuando te equivocas en algo importante para ti ¿te regañas? ¿Te consumen los sentimientos de ineptitud? ¿Eres sentencioso con tus defectos? ¿Te sientes aislado, solo o separado de las demás personas?

Si respondiste "sí" a estas preguntas es una señal de que te cuesta trabajo sentir compasión hacia ti. La autocompasión es una habilidad que puedes desarrollar y te ayudará a generar una respuesta resistente ante tus pensamientos negativos (revisa el Laboratorio de renovación en la página 127 para darte ideas).

Cuando las personas con una buena autocompasión tienen una avalancha de pensamientos y sentimientos negativos, hacen las cosas diferentes al resto de nosotros. No se critican por equivocarse. Observan sus pensamientos negativos sin dejarse arrasar por ellos. Esto significa que no tienen que alejar sus pensamientos negativos; sólo dejan que se presenten y luego desaparezcan. Este tipo de actitud tiene efectos positivos en su salud. Las personas autocompasivas reaccionan al estrés con menos niveles de hormonas,[35] y tienen menos ansiedad y depresión.[36]

Tal vez te opongas a la idea de la autocompasión. Algunas personas piensan que es más honesto y honorable ser autocrítico. Claro, es sabio tener un conocimiento real de tus fortalezas y debilidades, pero eso es diferente a juzgarte con dureza o criticarte cuando piensas que no estás a la altura de las circunstancias. La autocrítica corta como un cuchillo. Te lastima, y esa herida invisible no te hace más fuerte ni mejor. De hecho, la autocrítica es una forma dolorosa de lástima, no de autosuperación.

La autocompasión *es* autosuperación porque cultiva la fuerza interna para superar los problemas de la vida. La aucompasión nos hace más resistentes al enseñarnos a confiar en nosotros mismos para el apoyo y el estímulo. Depender de los demás para sentirnos bien está lleno de peligros. Cuando necesitamos que otra persona piense bien de nosotros, la idea de su desaprobación es tan fuerte que tratamos de vencerlo y es cuando empezamos a criticarnos. No debemos depender de los demás para sentirnos bien. Desarrollar la autocompasión no significa debilidad. Es independencia y una parte de la resistencia al estrés.

Despierta con alegría

Hemos descubierto que las mujeres que se levantan con sentimientos de alegría tienen más telomerasa en sus células inmunes CD8, y su aumento de cortisol diurno es menos exagerado que las mujeres que despiertan sin alegría o con temor. Claro, no sabemos si esto es casual, pero vayamos a lo seguro y hablemos sobre los primeros momentos de vigilia, ya que pueden darle forma al resto de tu jornada. Sin importar qué día de tu vida será, puedes iniciarlo con gratitud. Al despertar (antes de saltar mentalmente a tu lista de tareas pendientes) revisa cómo se siente pensar "¡estoy vivo!" y darle la bienvenida al nuevo día. Aunque no puedes saber o controlar lo que te depara el futuro, es posible poner tu atención en la belleza de tener un nuevo día y reconocer alguna cosa pequeña por la que te sientas agradecido.

A mí (Elissa) me fascinó escuchar al décimo cuarto Dalai Lama decir: "Cada día, cuando despiertes, piensa: 'Hoy soy afortunado por estar vivo, tengo una vida humana preciosa y no voy a desperdiciarla'". Es muy fácil jamás tener este pensamiento y perderse esta perspectiva de afirmación de la vida.

Como ya leíste, hay muchas formas de promover la resistencia al estrés. Se ha estudiado un puñado de técnicas más formales relacionadas con el mantenimiento telomérico (telomerasa o longitud telomérica). Algunas de éstas son estudios que han comparado a las personas de manera transversal. Por ejemplo, la gente que practica la meditación zen[37] o la de amor y bondad[38] tiene telómeros más largos que la que no. Pero no sabemos si un tercer factor es la causa de este efecto: los meditadores tienen diferentes valores y comportamientos. Pueden comer más "papitas" de col y menos de papa. El tipo más alto de evidencia científica son los ensayos controlados aleatorizados, donde la gente es asignada al azar a un grupo de tratamiento activo o a uno de control. Ya escuchaste sobre los meditadores en el retiro de tres meses en la montaña, ¿recuerdas? Pues hay una buena noticia: hubo más ensayos controlados que mostraron que no es necesario ir tan lejos, ni siquiera tienes que salir de casa. Una gama de actividades mente-cuerpo (reducción del estrés basado en atención plena, meditación yóguica, chi kung y cambios intensivos en el estilo de vida) promueven un mejor mantenimiento telomérico. Describimos estos estudios de investigación en la sección "Consejos expertos para la renovación" al final de la parte II (página 261).

CONSEJOS PARA TUS TELÓMEROS

- Conocer nuestros hábitos de pensamiento es un paso importante hacia el bienestar. Los estilos negativos (hostilidad, pesimismo, supresión y rumiación de pensamientos) son comunes, pero nos causan sufrimiento innecesario. Por suerte, se pueden moderar.

- A través de un propósito en la vida, optimismo, *unitask*, atención plena y autocompasión aumentamos nuestra resistencia al estrés, lo que combate el pensamiento negativo y las reacciones excesivas.

- Los telómeros tienden a acortarse con el pensamiento negativo, pero se pueden estabilizar, incluso alargar al practicar hábitos que promueven la resistencia al estrés.

LABORATORIO DE RENOVACIÓN

HAZ UNA PAUSA DE AUTOCOMPASIÓN

Cada vez que te encuentres en una situación difícil o estresante, intenta tomar un descanso y sentir autocompasión. Kristin Neff, una psicóloga de la Universidad de Texas en Austin, hizo una investigación extensa sobre la autocompasión. Sus primeras pruebas sugirieron que practicarla reduce la rumiación y la supresión, e incrementa el optimismo y la atención plena.[39] A continuación te presentamos una descripción modificada de cómo hacerlo:[40]

Instrucciones: Recuerda una situación de tu vida que te moleste, como un problema de salud, un conflicto en tu relación o tal vez algún asunto en el trabajo.

1. Di cualquier palabra o expresión que se sienta verdadera para tu situación, por ejemplo: "Esto me duele", "es muy estresante", "esta vez sí se puso muy difícil", etcétera.
2. Reconoce la realidad del sufrimiento: "Sufrir es parte de la vida". Expresa algo que te recuerde nuestra humanidad común y resalte que ese dolor no es sólo para ti: "No estoy solo", "todo el mundo se siente así de vez en cuando", "todos tenemos problemas en nuestra vida", "esto es parte de la naturaleza humana".
3. Pon tus manos sobre el corazón o en cualquier otro lugar que se sienta reconfortante y tranquilizador, tal vez en tu

abdomen o sobre los ojos (con suavidad). Respira profundo y di: "Me permito ser amable conmigo".

Puedes usar un enunciado diferente que refleje tus necesidades en ese momento, incluyendo alguno de los siguientes:

> *Me acepto como soy, una obra en proceso.*
> *Me permito aprender a aceptarme como soy.*
> *Me permito perdonarme.*
> *Me permito ser fuerte.*
> *Seré tan amable conmigo como me sea posible.*

Las primeras veces que te des una pausa de autocompasión quizá te sientas raro, tal vez sólo con un ligero alivio. De todos modos sigue haciéndolo. Cuando sientas dolor, reconócelo; recuérdate que no estás solo en tu sufrimiento, y pon tu mano en el corazón con amabilidad. Con el tiempo serás capaz de darte compasión, y descubrirás que estas minipausas restauran tu pensamiento resistente.

CONTROLA A TU ASISTENTE ENTUSIASTA

A la mayoría de nosotros nos han dicho que tengamos cuidado con el crítico interno, esa voz en nuestra cabeza que nos susurra cosas negativas, diciendo que no eres lo suficientemente bueno, que todo el mundo está en tu contra, que estás pensando de forma equivocada. Pero eso es contraproducente. El crítico interno es parte de ti; si se enoja te enojarás. Es decir, sólo quedarás atrapado en más patrones negativos de pensamiento y causándote mayor malestar.

En lugar de luchar con tu crítico o tratar de desaparecerlo, intenta aceptarlo. Puedes hacerlo al pensar en esa voz interna con términos más amistosos. Darrah Westrup es una psicóloga clínica y autora de varios libros sobre ACT, una terapia basada en aceptar la vida (y tu mente) como es. Sugiere que pienses en esa voz de tu cabeza como una asistente muy entusiasta. No es mala o cruel. No necesitas despedirla, regañarla o enviarla al archivero del sótano. Tu asistente es una becaria joven, dispuesta, ávida y con energía, que quiere con desesperación probar que es valiosa al darte de forma constante una sarta de *consejos bien intencionados, pero muchas veces equivocados.*

Es poco probable que evites o detengas sus comentarios sobre lo que estás haciendo, lo que podrías hacer mejor o lo que deberías hacer en el futuro. Pero puedes manejarla. Sé consciente de ella. Entiende que no necesariamente está diciendo la "verdad". Trátala como si fuera un miembro joven y demasiado "servicial" de tu *staff* en la oficina. Sonríe, asiente con la cabeza y piensa: "Ay, aquí va de nuevo mi entusiasta asistente. Tiene buenas intenciones, pero no sabe lo que está diciendo". De esta manera no entras en conflicto con tus propios pensamientos. Al dejarlos tendrán mucha menos influencia sobre ti.

¿QUÉ DICE TU LÁPIDA?

El estudio de los meditadores en las Montañas Rocallosas de Colorado descubrió que un fuerte propósito en la vida parece incrementar la telomerasa. La meditación de atención plena puede incrementar tu sentimiento de propósito, pero también otras actividades. El siguiente ejercicio quizá suene un poco macabro, pero puede darte claridad:

Instrucciones: Escribe el epitafio que te gustaría ver en tu lápida, esas pocas palabras con las que te gustaría que el mundo te recordara. Para que fluyan tus ideas, primero pregúntate: ¿Qué te apasiona profundamente? Éstos son algunos ejemplos que hemos escuchado:

- "Devoto padre y esposo."
- "Maestro de las artes."

- "Amigo de todos."
- "Siempre aprendiendo, siempre creciendo."
- "Una inspiración para todos."
- "Nadie esparció más amor en la vida."
- "Hacemos una vida por lo que conseguimos, pero hacemos una VIDA por lo que damos."
- "Si no subes la montaña, no puedes ver el valle."

¡No hay mucho espacio en una lápida! Ésa es la idea principal del ejercicio; te obliga a articular uno o dos principios, que son los más importantes para ti. Después de hacer esto, algunas personas se dan cuenta de que han estado distraídas por cosas que no son tan importantes y es momento de atender las prioridades del principio de su lista. Otras empiezan el ejercicio creyendo que tienen una existencia monótona, pero cuando escriben su epitafio se dan cuenta, con alegría, de que han vivido de acuerdo con sus más altas metas.

¿BUSCAR ESTRÉS? ¡SÍ, ESTRÉS POSITIVO!

¿Hay algo en tu vida que te pone nervioso, emocionado o tenso? ¿Tu vida diaria está llena de rutina predecible y no tiene suficiente novedad para mejorar tus habilidades creativas, de socialización o de resolución de problemas? Tal vez podrías agregar más "estrés de retos" para animar tu día. Hacer ejercicios cognitivos como crucigramas quizá sea una buena forma de mantener tu agudeza mental,[41] pero no ayudan mucho a vivir con vitalidad y propósito. Es posible salir de la rutina diaria y agregar nuevas actividades que sean significativas, satisfactorias y... antienvejecimiento. Como vimos con el Experience Corps, el estrés positivo puede reducir el envejecimiento del cerebro.

Para perseguir un sueño quizá necesitemos estirarnos y salir de la zona de confort. Situaciones nuevas pueden ponernos ansiosos, pero si las evitamos nos perdemos oportunidades para crecer y desarrollarnos. El estrés positivo para ti puede ser algo que siempre has querido intentar pero que te da miedo o te pone nervioso.

Instrucciones: Si dices que sí al estrés positivo, cierra tus ojos y piensa en lo que está hasta arriba de tu lista. Tómate tu tiempo para pensar en algo emocionante y factible, una miniaventura. Elige un paso pequeño hacia esa meta, algo que puedas investigar o ver *hoy*. Ayúdate con afirmaciones de tus valores y reevalúa para recordarte que el estrés de retos es positivo.

¿Cómo influye tu personalidad en tu forma de responder al estrés?

Algunos rasgos de la personalidad generan respuestas al estrés más exageradas. Para determinar si tu personalidad afecta a la forma en que tu mente responde cuando aparece el estrés, realiza el test de la siguiente página. Si aprendes sobre tu forma de ser, celébralo. La personalidad es la sal de la vida y conocerla es poder. No hay una forma de ser correcta o incorrecta. El punto es conocerte y darte cuenta de tus tendencias. Es difícil cambiar la personalidad porque suele ser estable. Tanto la genética como las experiencias de vida han formado nuestro temperamento. Entre más conscientes seamos de nuestras tendencias generales, podremos notar y vivir mejor con los hábitos naturales de reacción al estrés. Y esto nos ayuda a mejorar la salud de los telómeros.

Una nota para los escépticos: algunas revistas o libros contienen cuestionarios de personalidad, pero inventados. Son divertidos, pero no precisos o acertados. Las siguientes evaluaciones de personalidad incluyen los estándares actuales usados en investigación, reimpresos con autorización. Las preguntas de hostilidad son la excepción porque no están disponibles para el público en general. Hicimos nuestro mejor esfuerzo para escribir las que creemos que te darán una buena idea de tu nivel de hostilidad. Fueron validadas, es decir, probadas para ver si en verdad medían el rasgo de la personalidad en cuestión. Nota: éstas son las versiones cortas, pero las largas, las que incluyen más preguntas, son más fiables.

Instrucciones: Para cada pregunta, circula el número que describa mejor qué tanto concuerdas o no con el enunciado. Cuando realices la evaluación pon atención a las palabras en vez de a los números. No hay respuestas correctas o incorrectas. Sé lo más honesto que puedas.

¿CUÁL ES TU ESTILO DE PENSAMIENTO?

¿QUÉ TAN PESIMISTA ERES?

1. Casi nunca espero que las cosas me salgan bien.	4 muy de acuerdo	3 de acuerdo	2 neutral	1 en desacuerdo	0 muy en desacuerdo
2. Es raro que me pasen cosas buenas.	4 muy de acuerdo	3 de acuerdo	2 neutral	1 en desacuerdo	0 muy en desacuerdo
3. Si algo puede salir mal para mí... lo hará.	4 muy de acuerdo	3 de acuerdo	2 neutral	1 en desacuerdo	0 muy en desacuerdo
PUNTAJE TOTAL					

Ahora calcula tu puntaje total sumando los números que circulaste.

- Si sacaste entre 0 y 3, eres **poco** pesimista.
- Si sacaste entre 4 y 6, eres **medio** pesimista.
- Si sacaste 6 o más, eres **muy** pesimista.

¿QUÉ TAN OPTIMISTA ERES?

1. Por lo general espero lo mejor en momentos inciertos.	4 muy de acuerdo	3 de acuerdo	2 neutral	1 en desacuerdo	0 muy en desacuerdo
2. Siempre soy optimista respecto a mi futuro.	4 muy de acuerdo	3 de acuerdo	2 neutral	1 en desacuerdo	0 muy en desacuerdo
3. En general, espero que me pasen más cosas buenas que malas.	4 muy de acuerdo	3 de acuerdo	2 neutral	1 en desacuerdo	0 muy en desacuerdo
PUNTAJE TOTAL					

Ahora calcula tu puntaje total sumando los números que circulaste.

- Si sacaste entre 0 y 7, eres **poco** optimista.
- Si sacaste 8, eres **medio** optimista.
- Si sacaste 9 o más, eres **muy** optimista.

¿QUÉ TAN HOSTIL ERES?

1. Por lo general sé más que la gente que tengo que escuchar o seguir.	4 muy de acuerdo	3 de acuerdo	2 neutral	1 en desacuerdo	0 muy en desacuerdo
2. No se puede confiar en la mayoría de la gente.	4 muy de acuerdo	3 de acuerdo	2 neutral	1 en desacuerdo	0 muy en desacuerdo
3. Con frecuencia me molestan o irritan los hábitos de los demás.	4 muy de acuerdo	3 de acuerdo	2 neutral	1 en desacuerdo	0 muy en desacuerdo

4. Me enojo con facilidad.	4 muy de acuerdo	3 de acuerdo	2 neutral	1 en desacuerdo	0 muy en desacuerdo
5. Puedo ser duro o grosero con la gente irrespetuosa o irritante.	4 muy de acuerdo	3 de acuerdo	2 neutral	1 en desacuerdo	0 muy en desacuerdo
PUNTAJE TOTAL					

Ahora calcula tu puntaje total sumando los números que circulaste.

- Si sacaste entre 0 y 7, eres **poco** hostil.
- Si sacaste entre 8 y 17, eres **medio** hostil.
- Si sacaste 18 o más, eres **muy** hostil.

¿QUÉ TANTO RUMIAS?

1. Muchas veces me concentro en aspectos míos que me gustaría ya no pensar.	4 muy de acuerdo	3 de acuerdo	2 neutral	1 en desacuerdo	0 muy en desacuerdo
2. A veces me es difícil evitar o borrar los pensamientos sobre mí.	4 muy de acuerdo	3 de acuerdo	2 neutral	1 en desacuerdo	0 muy en desacuerdo
3. Tiendo a rumiar u obsesionarme con cosas que me pasan durante mucho tiempo después de que ocurrieron.	4 muy de acuerdo	3 de acuerdo	2 neutral	1 en desacuerdo	0 muy en desacuerdo
4. No desperdicio tiempo pensando cosas que ya están terminadas.	0 muy de acuerdo	1 de acuerdo	2 neutral	3 en desacuerdo	4 muy en desacuerdo

5. Nunca rumio o me obsesiono con pensamientos sobre mí por mucho tiempo.	0 muy de acuerdo	1 de acuerdo	2 neutral	3 en desacuerdo	4 muy en desacuerdo
6. Es difícil sacar de mi mente pensamientos no deseados.	4 muy de acuerdo	3 de acuerdo	2 neutral	1 en desacuerdo	0 muy en desacuerdo
7. Muchas veces reflexiono en episodios de mi vida (de los que ya no quiero preocuparme).	4 muy de acuerdo	3 de acuerdo	2 neutral	1 en desacuerdo	0 muy en desacuerdo
8. Paso mucho tiempo pensando y recordando los momentos de vergüenza o desilusión que ya ocurrieron.	4 muy de acuerdo	3 de acuerdo	2 neutral	1 en desacuerdo	0 muy en desacuerdo
PUNTAJE TOTAL					

Ahora calcula tu puntaje total sumando los números que circulaste (ten cuidado cuando sumes las preguntas 4 y 5 porque los números están invertidos).

- Si sacaste entre 0 y 24, eres **poco** rumiador.
- Si sacaste entre 25 y 29, eres **medio** rumiador.
- Si sacaste 30 o más, eres **muy** rumiador.

¿QUÉ TAN METICULOSO ERES?

Me veo como alguien que...

1. Hace un trabajo riguroso.	4 muy de acuerdo	3 de acuerdo	2 neutral	1 en desacuerdo	0 muy en desacuerdo

2. Puede ser un poco descuidado.	0 muy de acuerdo	1 de acuerdo	2 neutral	3 en desacuerdo	4 muy en desacuerdo
3. Es un trabajador responsable.	4 muy de acuerdo	3 de acuerdo	2 neutral	1 en desacuerdo	0 muy en desacuerdo
4. Tiende a ser desorganizado.	0 muy de acuerdo	1 de acuerdo	2 neutral	3 en desacuerdo	4 muy en desacuerdo
5. Tiende a ser flojo.	0 muy de acuerdo	1 de acuerdo	2 neutral	3 en desacuerdo	4 muy en desacuerdo
6. Persevera hasta que termina la tarea.	4 muy de acuerdo	3 de acuerdo	2 neutral	1 en desacuerdo	0 muy en desacuerdo
7. Hace las cosas con eficiencia.	4 muy de acuerdo	3 de acuerdo	2 neutral	1 en desacuerdo	0 muy en desacuerdo
8. Hace planes y los sigue.	4 muy de acuerdo	3 de acuerdo	2 neutral	1 en desacuerdo	0 muy en desacuerdo
9. Se distrae con facilidad.	0 muy de acuerdo	1 de acuerdo	2 neutral	3 en desacuerdo	4 muy en desacuerdo
PUNTAJE TOTAL					

Ahora calcula tu puntaje total sumando los números que circulaste (ten cuidado cuando sumes las preguntas 2, 4, 5 y 9 porque los números están al revés).

- Si sacaste entre 0 y 28, eres **poco** meticuloso.
- Si sacaste entre 29 y 34, eres **medio** meticuloso.
- Si sacaste 35 o más, eres **muy** meticuloso.

¿QUÉ TANTO PROPÓSITO EN LA VIDA SIENTES?

1. No hay suficiente propósito en mi vida.	0 muy de acuerdo	1 de acuerdo	2 neutral	3 en desacuerdo	4 muy en desacuerdo
2. Para mí, todas las cosas que hago valen la pena.	4 muy de acuerdo	3 de acuerdo	2 neutral	1 en desacuerdo	0 muy en desacuerdo
3. La mayoría de lo que hago me parece trivial y sin importancia.	0 muy de acuerdo	1 de acuerdo	2 neutral	3 en desacuerdo	4 muy en desacuerdo
4. Valoro mucho mis actividades.	4 muy de acuerdo	3 de acuerdo	2 neutral	1 en desacuerdo	0 muy en desacuerdo
5. No me importan mucho las cosas que hago.	0 muy de acuerdo	1 de acuerdo	2 neutral	3 en desacuerdo	4 muy en desacuerdo
6. Tengo muchas razones para vivir.	4 muy de acuerdo	3 de acuerdo	2 neutral	1 en desacuerdo	0 muy en desacuerdo
PUNTAJE TOTAL					

Ahora calcula tu puntaje total sumando los números que circulaste (ten cuidado cuando sumes las preguntas 1, 3 y 5 porque los números están al revés).

- Si sacaste entre 0 y 16, sientes **poco** propósito en la vida.
- Si sacaste entre 17 y 20, sientes un propósito en la vida **regular**.
- Si sacaste 21 o más, sientes un **gran** propósito en la vida.

AUTOEVALUACIÓN DE LOS PUNTAJES E INTERPRETACIÓN

Esta evaluación sólo intenta elevar el conocimiento de tu estilo personal. No pretende diagnosticarte o hacerte sentir mal por ser de cierta forma. Tener conciencia de las tendencias que nos hacen más vulnerables a reaccionar ante el estrés (y quizá acortar los telómeros en muchos estudios) ¡es muy valioso! Nos ayuda a notar patrones de pensamiento dañinos, elegir respuestas diferentes, saber y aceptar nuestras tendencias. Como dijo Aristóteles: "Conocerte a ti mismo es el principio de toda sabiduría".

Dimensiones que nos hacen más vulnerables al estrés	Encierra tu puntaje		
Pesimismo	Alto	Medio	Bajo
Hostilidad	Alto	Medio	Bajo
Rumiación	Alto	Medio	Bajo

Dimensiones que nos ayudan a ser más resistentes al estrés	Encierra tu puntaje		
Optimismo	Alto	Medio	Bajo
Meticulosidad	Alto	Medio	Bajo
Propósito en la vida	Alto	Medio	Bajo

Cómo se decide lo que determina un puntaje alto o bajo

En general determinamos las categorías alta, media y baja al observar los datos de una gran muestra representativa de gente que ha hecho el test. Dividimos la población en tercios basados en el puntaje. Si estás en el tercio más alto (33%) de los puntajes, entonces sacaste "alto". Si estás en el tercio más bajo (33%), sacaste "bajo". Si quedaste en medio, sacaste "medio". Abajo se describen los estudios actuales usados.

Los límites no deben tomarse demasiado literal. Primero porque las comparaciones se hacen en muestras más grandes, y una sola muestra nunca representa el todo. Siempre hay diferencias en los puntajes de la gente según su raza, etnia, sexo, cultura, incluso edad, que aquí no podemos tomar en cuenta. Segundo, asumimos que hay una "distribución normal" estadística para los puntajes de cada medición, esto significa que la misma cantidad de personas calificaron en alto y en bajo, con el mismo patrón de distribución simétrico. En la realidad, pocas mediciones tienen puntajes que presenten una distribución normal perfecta. Por eso nuestros límites no son estadísticamente perfectos ni exactos cuando se aplican a una sola persona.

TIPOS DE PERSONALIDAD Y ESCALAS USADAS EN ESTA EVALUACIÓN

Optimismo / Pesimismo

El **optimismo** es la tendencia a esperar o anticipar eventos y resultados positivos en vez de negativos; se caracteriza por un sentimiento de esperanza y positividad sobre el futuro. El **pesimismo** es lo contrario, es decir, esperar o anticipar eventos y resultados negativos, y se caracteriza por una falta de esperanza y positividad.

Utilizamos la prueba "Life Orientation Test-Revised" (LOT-R) desarrollada por el profesor Charles Carver y Michael Scheier.[1] El optimismo y el pesimismo están muy relacionados, pero no coinciden en todo, lo que significa que son diferentes aspectos de personalidad. Por eso es útil examinarlos de manera separada.[2] Dos estudios evaluaron la relación con la longitud telomérica, y ambos descubrieron correlaciones con el pesimismo, pero no con el optimismo.[3] Esto no quiere decir que el optimismo no es importante para la salud. Claro que lo es, en especial para la mental. Es sólo que en los resultados relacionados con el estrés los rasgos negativos son indicadores más fuertes que los positivos y están más vinculados a su fisiología. Las características positivas pueden defenderte del estrés, y están relacionadas con la fisiología restauradora positiva.

Para el puntaje, usamos los niveles promedio en cada subescala LOT-R de un estudio que examinó a más de dos mil hombres y mujeres de diferente edad, género, raza, etnia, nivel educativo y socioeconómico.[4]

Hostilidad

Se cree que la **hostilidad** tiene manifestaciones cognitivas, emocionales y conductuales.[5] El componente conductual (quizá la parte más importante) se caracteriza por actitudes negativas hacia los demás, además de cinismo y desconfianza. El componente conductual es la tendencia a actuar verbal y físicamente de formas que lastimen a los demás; va de la irritación al enojo y a la rabia.

Las escalas de hostilidad no son de libre acceso para el público general, por eso para esta escala creamos reactivos que miden la hostilidad de la misma manera que las escalas de investigación estandarizadas, en particular la más común: el Cuestionario Cook-Medley Hostility que es parte del test de personalidad MMPI. Estimamos los límites basándonos en los puntajes medios de un estudio de hombres del Whitehall, el cual usa una versión corta del Cuestionario Cook-Medley Hostility. Este estudio descubrió que la hostilidad alta en los hombres está relacionada con telómeros más cortos.[6]

Rumiación

La **rumiación** es la "autoatención motivada por amenazas, pérdidas o injusticias percibidas hacia uno mismo".[7] En otras palabras, es el acto de gastar una cantidad significativa de tiempo pensando en sucesos negativos que ya pasaron.

Usamos la subescala de ocho reactivos de "Rumination-Reflection Questionnaire" desarrollada por el profesor Paul Trapnell.[8] Para determinar los límites utilizamos la media de la versión de ocho reactivos.[9] Aunque no hay estudios que vinculen de manera directa la rumiación con la longitud telomérica, creemos que es una parte importante del proceso de estrés. Esto se debe a que mantiene el estrés latente en la mente y el cuerpo mucho tiempo después de que terminó el suceso. En nuestro estudio de cuidadoras descubrimos que la rumiación diaria se asocia con una telomerasa más baja.

Meticulosidad

La **meticulosidad** mide qué tan organizada es una persona, qué tan cuidadosa es en ciertas situaciones y qué tan disciplinada tiende a ser.

Usamos la subescala de "Big Five Inventory" desarrollada por los profesores Oliver John y Sanjay Srivastava.[10] Esta escala se usó en un estudio que descubrió una correlación positiva entre mayor meticulosidad y telómeros más largos.[11] Para el puntaje usamos la media de un estudio grande que examinó la meticulosidad por edades.[12]

Propósito en la vida

El **propósito en la vida** no es una dimensión típica de la personalidad. Mide qué tan conscientes estamos de tener algún propósito o meta explícitos para nuestra vida. Es algo que puede cambiar según las experiencias y el crecimiento personal. Un individuo que obtiene un puntaje alto en esta escala se caracteriza por tener un fuerte sentido de la vida, objetivos e involucrarse en actividades que valora mucho.[13]

Usamos la prueba "Life Engagement Test", una escala de seis ítems desarrollada por el profesor Michael Scheier y sus colegas.[14] Para calificar empleamos datos normativos de un estudio de 545 adultos mayores (ajustados a una escala de 0 a 3).[15] Ningún estudio ha relacionado de manera directa el propósito en la vida con la longitud telomérica. Pero en un retiro de meditación se hizo un estudio donde el incremento en el propósito en la vida se asoció con mayor telomerasa. Además, como vimos en el capítulo anterior, está ligado a comportamientos más saludables, salud fisiológica y resistencia al estrés.

6

Cuando el azul se vuelve gris: depresión y ansiedad

La depresión clínica y la ansiedad están ligadas a telómeros más cortos. Entre más graves son los trastornos, menos pares de bases. Estos estados emocionales extremos tienen un efecto en el mecanismo del envejecimiento celular: telómeros, mitocondria y proceso inflamatorio.

Durante varios días, Dave padeció una infección viral (estornudos, tos y congestionamiento nasal), pero de repente tuvo dificultad para respirar. Al principio, respirar de manera profunda era incómodo, luego se convirtió en algo agonizante. "Me estoy hiperventilando", pensó, e intentó respirar en una bolsa de papel. Cuando esto no ayudó, llamó a su esposa al trabajo, quedaron de acuerdo en que lo recogería en la esquina de su casa y lo llevaría a urgencias. Conforme caminaba afuera, el paisaje parecía ensombrecerse aunque el día estaba despejado y brillante. Era como si una sombra nublara su visión. Su piel se enchinó. Todo ese tiempo se siguió hiperventilando. Cuando llegó a la clínica, las enfermeras tuvieron que darle un sedante para que pudiera respirar bien y describir sus síntomas.

Le diagnosticaron un ataque de pánico, un intenso episodio de miedo y ansiedad. Para Dave, el ataque era un cambio a los síntomas depresivos que lo han acompañado toda su vida. Cuando está deprimido siente que no tiene posibilidades ni futuro. Cada actividad, incluso romper un huevo para el omelette del desayuno o mirar por la ventana de su recámara, es extenuante de manera abrumadora y hasta dolorosa físicamente. Describe: "Entrecierro los ojos como si estuviera enfrentando un viento terrible".

Todavía hay personas que no toman en serio la depresión y la ansiedad, que no entienden la amplitud del fenómeno y la profundidad del sufrimiento que causa. Una vista global ayudará a poner estos problemas en perspectiva: los trastornos mentales y el abuso de sustancias son las principales causas de discapacidad (definida como "días productivos perdidos") en todo el mundo. El más importante en esta mezcla de trastornos es la depresión, el "resfriado común" de la psiquiatría.[1] Las enfermedades cardiacas, la presión arterial alta y la diabetes se desarrollan más rápido en personas con depresión y ansiedad. Ahora es más difícil descartarlas como algo que "sólo está en tu cabeza", porque las investigaciones han demostrado que estos estados llegan hasta tu mente y tu alma, recorriendo tu corazón, el torrente sanguíneo y todo el camino hasta tus células.

ANSIEDAD, DEPRESIÓN Y TELÓMEROS

La ansiedad se caracteriza por temor o preocupación excesivos por el futuro. No tiene que ser tan dramática como el ataque de pánico de Dave, por lo general es como un tamborileo de intranquilidad leve y constante. Una mujer que conocemos nos contó: "Estaba parada en la orilla del camino y esperaba a que mi hijo regresara de un entrenamiento nocturno de hockey. Me sentía un poco temblorosa y el corazón me latía muy rápido. Al principio pensé que sólo estaba preocupada por la seguridad de mi hijo. Entonces me di cuenta de que así me sentía la mayor parte del tiempo. Al fin me pregunté: '¿Será normal?'" No lo era.

A la semana siguiente le diagnosticaron trastorno de ansiedad generalizada.

La ansiedad es un tema reciente en la investigación de los telómeros. La gente que vive en la agonía de la ansiedad clínica tiende a telómeros más cortos. Entre más tiempo persista, más cortos serán. Pero si se resuelve y la persona se siente mejor, con el tiempo los telómeros regresan a su tamaño normal.[2] Éste es un argumento importante a favor para identificar y tratar la ansiedad. Aunque a veces es difícil de detectar. Igual que en el caso de nuestra amiga, la ansiedad parece normal cuando estás acostumbrado a sentirla, cuando es el aire que respiras.

La conexión depresión-telómero tiene más literatura científica sólida que la sustenta, quizá porque es más generalizada: más de 350 millones de personas en todo el mundo la padecen. Na Cai y sus colegas de la Universidad de Oxford en Inglaterra y la Universidad Chang Gung en Taiwán realizaron un estudio en casi doce mil mujeres chinas. Esta impresionante investigación descubrió que las mujeres deprimidas tienen telómeros más cortos.[3] La gente deprimida, igual que los ansiosos, muestra esta dosis-respuesta de la que hablamos antes. Entre más grave y prolongada es la depresión, más se acortan los telómeros.[4] (Ve la gráfica de barras de la figura 16.)

Algunos estudios sugieren que los telómeros cortos pueden guiar de forma directa a la depresión. La gente con depresión tiene telómeros más cortos en el hipocampo, un área del cerebro que juega un rol importante en el trastorno.[5] (No tienen telómeros más cortos en otras partes del cerebro, sólo en ésta que es tan importante para el humor.) Las ratas sometidas a estrés presentan menos telomerasa en el hipocampo, menos crecimiento de células cerebrales (neurogénesis) y son más propensas a desarrollar depresión.[6] Pero cuando aumenta su telomerasa, las ratas tienen mayor neurogénesis y no se deprimen. El envejecimiento celular en el cerebro puede ser un camino hacia la depresión.

Aquí aparece un fenómeno extraño en apariencia: la gente deprimida tiene telómeros más cortos pero mayor telomerasa en sus células

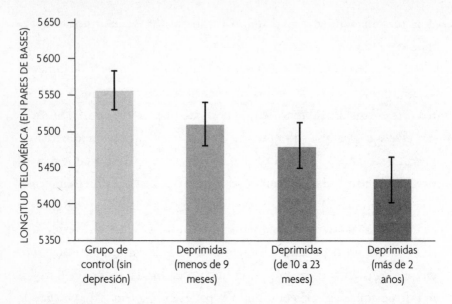

Figura 16: La duración de la depresión es importante. El gran estudio de cohorte realizado en Países Bajos y llamado Netherlands Study of Depression and Anxiety (a lo largo del libro sólo mencionaremos sus siglas: NESDA) dio seguimiento a casi tres mil personas, incluyendo a grupos de control con depresión y sin ella. Josine Verhoeven y Brenda Penninx descubrieron que quienes presentan una depresión menor a diez meses no tienen un acortamiento significativo mayor a los del grupo de control, pero aquellos con una depresión mayor a diez meses sí lo tienen.

inmunes. *¿Qué?* ¿Cómo es que la depresión provoca telómeros más cortos, pero más telomerasa? Esta combinación paradójica también aparece en otras situaciones, por ejemplo: en las personas agobiadas por situaciones estresantes, en los que no han terminado la preparatoria, en hombres con hostilidad cínica y en la gente con alto riesgo de enfermedad coronaria. Creemos que en estas situaciones las células producen más telomerasa en respuesta al acortamiento telomérico. ¿Por qué? Por un esfuerzo (tristemente) inútil de reconstruir los segmentos de telómeros que se están perdiendo.

Más información que apoya esta idea: nuestro colega Owen Wolkowitz, un psiquiatra de la UCSF, ha examinado las formas en que la telomerasa podría ayudar a la depresión. Al dar un antidepresivo (SSRI) a alguien con depresión, sus altos niveles de telomerasa ¡subían más! Entre más se eleva, es más probable que aumente su depresión.[7] Es posible que los esfuerzos de las células inmunes para reponer los telómeros perdidos reflejen lo que pasa en el cerebro (las neuronas hacen lo mismo). Quizá hay un rejuvenecimiento en el que más acción efectiva de telomerasa (opuesto a los intentos inútiles de la telomerasa de alargar los telómeros) promueve la neurogénesis, el nacimiento de nuevas células cerebrales.

TRAUMA, DEPRESIÓN Y EL GIRO DE LOS EFECTOS DEL ESTRÉS

Hasta ahora, la mayoría de los trastornos psiquiátricos estudiados se relacionan con el acortamiento telomérico, como lo muestra un metaanálisis.[8] Parte de esto quizá se deba al estrés subyacente que precede el inicio de los trastornos o que conduce a ellos. Uno de los mensajes más esperanzadores de la neurociencia del estrés es que hay un potencial enorme en la plasticidad del cerebro, en especial para revertir sus efectos. Es posible superar los efectos del estrés grave con antidepresivos, ejercicio, otros amortiguadores saludables... y con el paso del tiempo. El mantenimiento telomérico también muestra plasticidad. Por ejemplo, en humanos y ratas parece que los telómeros se acortan durante el suceso estresante, pero en la mayoría de los casos se reparan solos con el tiempo.[9] El investigador Josine Verhoeven examinó los patrones de recuperación con el tiempo en el NESDA. Los eventos graves en los últimos cinco años se asocian con los telómeros cortos, pero los que pasaron hace más de un lustro no presentan relación.[10] De forma similar, tener un trastorno de ansiedad actual se asocia con el acortamiento telomérico, pero haber tenido uno en el pasado no, un descubrimiento que sugiere que los telómeros se pueden recuperar cuando el episodio de ansiedad termina. Y entre más años pasan desde el episodio, más crecen los telómeros.[11] Pero la depresión parece tener una huella más fuerte que los sucesos estresantes o la ansiedad, porque

muchas veces la gente con depresión en el pasado sigue teniendo telómeros cortos.[12]

El gran estudio chino de Cai descubrió un patrón que sugiere que
los telómeros tienden a recuperarse en la gente con traumas pasados,
pero si desarrolla una depresión grave, entonces permanecen cortos. Es
como si el trauma más la depresión fueran demasiado pesados para
aguantarlos. La buena noticia es que aun los telómeros que tienen cicatrices de traumas graves más depresión pueden estabilizarse y quizá alargarse, a través de actividades que ayuden a incrementar la telomerasa.
Los telómeros se pueden recuperar gracias a la telomerasa.

Dentro de la célula, otro blanco importante del daño provocado por
el estrés es la mitocondria. ¿También ella se puede recuperar del estrés?
Las mitocondrias son fundamentales para el envejecimiento pero hasta
épocas recientes empezaron a estudiarlas en temas de salud mental. Las
mitocondrias son la central eléctrica de la célula. Dales combustible
en forma de moléculas de alimento y las procesarán en moléculas ricas
en nutrientes que le dan poder a la célula. Algunas células, como las
nerviosas, tiene una o dos mitocondrias, otras necesitan muchas más
para seguir el ritmo de sus necesidades energéticas, por ejemplo, las células musculares tienen miles. Cuando estás bajo estrés físico (si tienes
diabetes o una enfermedad cardiaca) las mitocondrias pueden funcionar mal y las células no recibirán la energía suficiente. Esto puede afectar las funciones cerebrales porque las neuronas no tienen suficiente
energía para disparar. Tus músculos quizá se hagan más débiles. El hígado, el corazón, los riñones (y todos los órganos que consumen cantidades masivas de energía) sufren. Una forma de saber si las células están
bajo un gran estrés es revisar el número de copias de ADN mitocondrial,
las cuales nos dicen qué tan fuerte está trabajando el cuerpo para producir mitocondrias adicionales para complementar a las que están cansadas y dañadas. En el estudio chino parece que a mayor adversidad o
depresión en la niñez, más pequeños eran los telómeros y más grande el
número de copias de ADN mitocondrial.

Si tomas un ratón y le haces cosas no muy agradables (como colgarlo por la cola u obligarlo a nadar), claro que se estresará. Igual que los humanos, los ratones estresados desarrollan un número excesivo de mitocondrias. Parece que sus mitocondrias están defectuosas y no funcionan bien. Por eso sus células trabajan con desesperación para aumentar los suministros de energía, con éxito limitado. Como ya te imaginarás, un ratón estresado con un gran número de copias de ADN mitocondrial no es superenergético. Más a fondo, vemos que sus telómeros son 30% más cortos. Pero dale un mes para que se recupere y sus telómeros y ADN mitocondrial volverán a ser normales. No habrá señales persistentes de envejecimiento acelerado.[13]

La biología puede ser modelada por la experiencia y luego remodelada. Las células se pueden renovar por sí solas. En la vida de un ratón casi se puede borrar la adversidad de tiempo limitado. Por fortuna esto también parece aplicar en muchos tipos de adversidades humanas.

PROTÉGETE DE LA DEPRESIÓN Y LA ANSIEDAD

La salud mental no es un lujo. Si quieres cuidar tus telómeros, necesitas protegerte de los efectos de la depresión y la ansiedad. Algunas tendencias hacia estos trastornos están influenciadas, en parte, por los genes. Pero eso no significa que todo esté fuera de tu control.

La depresión es una enfermedad complicada que vive en las emociones, en los pensamientos y en el cuerpo. Está fuera de los alcances de este libro describirla en su totalidad. Pero ésta es una idea muy clara que conduce algunos tratamientos exitosos: la depresión es una respuesta disfuncional al estrés. En vez de sólo sentirlo, la gente deprimida tiende a enfrentarlo utilizando alguno de los patrones negativos de pensamiento que ya mencionamos. Intenta suprimir los malos sentimientos para que no los sienta de manera profunda, o mantiene sus problemas latentes al rumiarlos una y otra vez. Estas personas se critican.

Se sienten irritables y enojadas, no sólo con las circunstancias que les hayan causado la tristeza y el estrés, sino por el hecho de sentir tristeza y estrés.

Como ya dijimos, éste es un conjunto de respuestas disfuncionales. Completamente comprensibles, pero aun así disfuncionales. Con el tiempo, este ciclo puede llevar a una persona del estrés a la depresión. Los pensamientos negativos son como microtoxinas (inofensivas de forma relativa cuando te expones a ellas por poco tiempo, pero en grandes cantidades son veneno para tu mente), los pensamientos negativos no son síntoma de que en verdad seas un fracaso o no valgas la pena. Son la sustancia de la depresión.

Estas reacciones mentales contraproducentes también son parte de la ansiedad. Imagina esto: estás en una fiesta de coctel y por accidente le dices otro nombre a la anfitriona. Ella suspira, sonríe de manera un poco forzada y te corrige. Estás muy avergonzado. ¿Quién no lo estaría? Pero para la mayoría de nosotros es un estrés bastante suave. Nuestras mejillas enrojecerán, nos disculparemos y seguiremos adelante. Pero algunas personas tienen lo que se conoce como sensibilidad a la ansiedad y su cuerpo producirá una respuesta física exagerada ante el mismo suceso. Si esta gente está en una fiesta y comete un error como olvidar un nombre, su corazón se acelerará, sentirá un mareo, incluso pensará que le dará un ataque cardiaco. Es un estado muy desagradable e incómodo. Alguien con sensibilidad a la ansiedad piensa: "Bueno, esto fue horrible. A partir de ahora evitaré las fiestas".

El problema con evadir cualquier cosa que te ponga ansioso es que al hacerlo prolongas la sensación de ansiedad y nunca aprendes que es posible tolerar esa incomodidad. En términos psicológicos, nunca te *habitúas* a la situación estresante. Tu vida se vuelve cada vez más pequeña y tensa. Estos sentimientos de ansiedad dan como resultado un trastorno clínico maduro que interfiere con tu vida. Así como la depresión es la intolerancia a sentirse triste, la ansiedad es la intolerancia a sentirse angustiado. Por eso los tratamientos muchas veces incluyen exposición a detonadores y sensaciones que te hacen sentir más ansioso. Así aprendes que puedes atravesar las ondas de la ansiedad y sobrevivir.

El estrés más este tipo de estrategia de afrontamiento puede llevarte a la ansiedad y la depresión. Entender cómo funciona la mente, por qué y cómo se atasca en estos ciclos de pensamiento es una parte clave para superar dichos trastornos. Si tienes frecuentes sentimientos dolorosos y pensamientos que no te dejan vivir con plenitud, es importante proteger tus telómeros y buscar ayuda. No seas uno de los millones que sufren sin tratamiento. Igual que los hábitos, las habilidades para enfrentar tardan en desarrollarse y encarnarse, así que date tiempo para aprenderlas con la ayuda de un terapeuta y no te rindas.

ES IMPORTANTE DÓNDE PONES TU ATENCIÓN

¿Qué pasa si en realidad no hay nada mal en ti, excepto tus pensamientos que insisten en lo contrario? Cuando nos sentimos tristes, es natural pensar en escapar. Notamos la brecha entre cómo nos sentimos y cómo queremos sentirnos. Empezamos a vivir en ese abismo, deseando que las cosas fueran diferentes, tratando con todas nuestras fuerzas de encontrar una salida.

La terapia cognitiva basada en la conciencia plena (TCBCP) ayuda a la gente a salir de esa brecha. Combina las estrategias tradicionales de terapia cognitiva con prácticas de atención plena. La terapia cognitiva te ayuda a cambiar los pensamientos distorsionados y la atención plena la forma en que te relacionas con ellos (como ya lo mencionamos). La TCBCP es poderosa contra la mayor amenaza de tus telómeros: la depresión grave. Se ha demostrado que es *tan efectiva como un antidepresivo*.[14] Uno de los aspectos más sombríos de la depresión es que se puede volver crónica; 80% de los que la padecen tienen una recurrencia. John Teasdale, formado en la Universidad de Cambridge, Zindel Segal, de la Universidad de Toronto en Scarborough, y Mark Williams, de la

Universidad de Oxford, descubrieron que en la gente con tres o más depresiones recurrentes la TCBCP reduce a la mitad el riesgo de que la depresión regrese.[15] También se volvió evidente que ayuda con la ansiedad y es útil para cualquiera de nosotros que sufrimos con pensamientos y emociones difíciles.

La TCBCP nos enseña que hay dos modos básicos de pensamiento. El "modo hacer" es lo que actuamos cuando tratamos de salir del abismo entre cómo es nuestra vida y cómo quisiéramos que fuera. En el "modo ser" puedes controlar dónde pones tu atención de manera más fácil. En vez de esforzarte con desesperación por cambiar algo, eliges hacer pequeñas cosas que te den placer y que te ayuden a sentirte virtuoso y controlado. Porque "ser" también te permite poner más atención a la gente, conectar con los demás de manera más plena, un estado que trae a los humanos la mayor alegría. ¿Alguna vez has sentido esa felicidad de concentrar toda tu atención en una pequeña tarea como limpiar un cajón desordenado? Así se siente estar en este modo.

MODO HACER CONTRA MODO SER[16]

	Modo hacer (Automático)	Modo ser
¿Dónde está tu atención?	No notas lo que estás haciendo	Pones atención al momento
¿En qué periodo de tiempo estás viviendo?	Pasado o futuro	Presente
¿En qué estás pensando?	Absorto en ideas estresantes. Piensas en dónde te gustaría estar, no dónde estás en este momento. Nada se siente satisfactorio.	Absorto en la experiencia actual. Eres capaz de sentir, tocar, oler y probar por completo. Capaz de conectarte de manera plena con los demás. Aceptación total de la bondad incondicional a uno mismo.

	Modo hacer (Automático)	Modo ser
Nivel de metacognición (pensamientos sobre pensamientos)	Crees que los pensamientos son verdad. No puedes observar el trabajo de la mente. El humor está controlado por los pensamientos.	Eres libre de creer en los pensamientos. Entiendes que los pensamientos son efímeros, puedes observar cómo van y vienen. Toleras los desagradables.

Quizá este capítulo haya sido un poco perturbador. Muchos hemos sufrido alguna de estas enfermedades mentales o conocemos a alguien en nuestro círculo que la padece. Pero en general lo importante es que los telómeros se pueden recuperar de los episodios de ansiedad y depresión, y cuando no, de todos modos es posible protegerlos para salir adelante. Puedes fortificar tus recursos para prepararte cuando aparezca el siguiente reto. También adoptar una actitud resistente para permitir más paz mental y corporal, como hemos visto antes, hacer conciencia de tu estilo de respuesta al estrés y tus hábitos de pensamiento. Te sugerimos adoptar la pausa para respirar y la meditación centrada en el corazón que se explican al final de este capítulo.

Las cicatrices de la adversidad en los telómeros también son evidencia de un estado que llamamos "sabio deterioro". Lidiar con la adversidad nos puede hacer más sabios y fuertes. Una de mis escalas favoritas (de Elissa) mide cuánto ha crecido una persona en diferentes formas a partir de un trauma (tener relaciones más cercanas, sentirse más autosuficiente, incrementar la fe o la espiritualidad). Usamos esta escala en nuestro primer estudio de cuidadoras. Nos confundimos al principio cuando vimos que las madres con telómeros más cortos también experimentaban mayor crecimiento psicológico. Una mirada más cercana a este patrón reveló lo que estaba pasando (todo se debía a la duración del problema). Quienes habían cuidado por más tiempo tenían más telómeros usados y rasgados, pero también presentaban cambios más enriquecedores.[17] Como dijo Elisabeth Kübler-Ross, una psiquiatra suiza que estudió el dolor y el duelo: "La gente más hermosa que conocemos es la que supo vencer, sufrir, luchar, perder y encontró el camino de vuelta. Estas personas tienen una apreciación, una sensibilidad y un entendimiento de la vida que las llena de compasión, dulzura y una profunda preocupación amorosa. La gente hermosa no sólo pasa porque sí".

CONSEJOS PARA TUS TELÓMEROS

- El estrés, la depresión y la ansiedad graves están ligados al acortamiento telomérico en forma de dosis-respuesta. Pero afortunadamente en la mayoría de los casos estas historias personales se pueden borrar. Por ejemplo, los sucesos importantes no tienen residuos cinco años después de que ocurrieron.

- El estrés y la depresión también afectan las funciones de las mitocondrias, pero se recuperan con el tiempo, al menos en ratones.

- El mecanismo cognitivo que guía a la depresión y ansiedad incluye formas exageradas de pensamiento negativo, por ejemplo no tolerar, suprimir y evitar en exceso los sentimientos negativos (acciones que en realidad no funcionan). La depresión se caracteriza por quedar atrapado en la actitud del "modo hacer", incluyendo rumiación de pensamientos, lo que crea un círculo vicioso.

- Las intervenciones basadas en atención plena ayudan a movernos del típico modo de exagerar a un modo ser, y además reduce la rumiación. Revisa la "Pausa para respirar de tres minutos" en el Laboratorio de renovación de este mismo capítulo.

PAUSA PARA RESPIRAR DE TRES MINUTOS

John Teasdale, Mark Williams y Zindel Segal, los pioneros de la terapia cognitiva basada en la conciencia plena (TCBCP), han desarrollado programas de entrenamiento para ayudar a la gente a alcanzar el modo ser. Es mejor trabajar con un profesional para que aprendas bien el método TCBCP, pero puedes aprovechar una de sus actividades fundamentales que consiste en tres minutos de tiempo para ti.[18] Esta pausa para respirar es como practicar pensamiento consciente. Reconoce que estás sintiendo algo doloroso, etiqueta tus pensamientos, deja que existan en tu mente y luego pasarán. La existencia de una emoción, incluso hasta la más desagradable, no es mayor a noventa segundos, a menos que trates de ahuyentarla o engancharte con ella. Entonces durará más. La pausa para respirar es una forma de evitar que las emociones negativas perduren más allá de su periodo natural de vida. Puedes hacerlo un hábito, así te ayudará en cualquier momento, no sólo en los difíciles. Imagina este ejercicio como un reloj de arena: abre la puerta a lo que sea que esté en tu mente, luego concéntrate en tu respiración y por último expande tu conciencia hacia todo lo que te rodea. Ésta es nuestra versión modificada:

---

1. Haz conciencia: siéntate erguido y cierra los ojos. Inhala y exhala de manera profunda para conectarte con tu respiración. Con esta conciencia pregúntate: ¿Cuál es mi experiencia en este momento? ¿Cuáles son mis pensamientos? ¿Sentimientos? ¿Sensaciones corpo-

rales? Espera las respuestas. Reconoce tu experiencia y etiqueta tus sentimientos, incluso si son desagradables. Nota cualquier rechazo o negación hacia tu experiencia y suavízalo, dando espacio para todo lo que surja en tu conciencia.

2. Centra tu atención: dirige toda tu atención hacia tu respiración. Percibe cada inhalación y exhalación. Síguelas una por una. Usa tu respiración para anclarte al momento presente. Sintonízate en el estado de calma que siempre está bajo la superficie de tus pensamientos. Esta tranquilidad te permitirá llegar al modo ser (contrario a hacer).

3. Expande tu conciencia: siente cómo tu conciencia se expande alrededor de ti, de tu respiración, de todo tu cuerpo. Nota tu postura, tus manos, los dedos de tus pies, los músculos de tu cara. Suaviza cualquier tensión. Hazte amigo de todas tus emociones, salúdalas con amabilidad. Con esta conciencia expandida conéctate con tu ser, abarcando todo lo que eres en este momento presente.[19]

Esta pausa para respirar calma tu cuerpo y te ofrece mayor control sobre tus reacciones al estrés. Además hace que tu pensamiento concentrado sólo en ti y tu modo hacer cambien hacia el pacífico modo ser.

MEDITACIÓN CENTRADA EN EL CORAZÓN: LIBERA TU PRESIÓN MENTAL Y ARTERIAL

La respiración es una ventana para conocer y regular nuestra conexión mente-cuerpo. Es un interruptor importante que influye en la comunicación entre el cerebro y el cuerpo. A veces es más fácil cambiar nuestra respiración para relajarnos que transformar nuestros pensamientos. Al inhalar, sube nuestro ritmo cardiaco… y al exhalar, baja. Si haces una exhalación más larga que la inhalación, disminuyes la frecuencia cardiaca y estimulas las vías sensoriales del nervio vago que van directo al cerebro. Si respiras usando el abdomen bajo (respiración abdominal) obtendrás un efecto aún más tranquilizador. El doctor Stephen Porges, un experto en el entendimiento de este nervio, ha mostrado por qué hay un vínculo fuerte entre el nervio vago, la respiración y los sentimientos de seguridad social. Muchas técnicas mente-cuerpo lo estimulan de forma natural, enviando al cerebro esas señales fundamentales de seguridad.

Los ejercicios que bajan la respiración, como la meditación mantra o la respiración pacífica, son una forma confiable de bajar más la presión arterial.[20] Desaceleras la necesidad de tu cuerpo de estar estimulado. Subes el volumen de la actividad de tu nervio vago, suprimiendo el sistema nervioso simpático y disminuyendo tu frecuencia cardiaca aún más. Además, el nervio vago activa los procesos de crecimiento, restauradores y fortalecedores.

Para algunos concentrarse en el corazón puede ser más pacífico que concentrarse en la respiración, y también bajan su frecuencia respiratoria. El corazón tiene un sistema nervioso tan complejo, sensible y receptivo que se le conoce como el "cerebro del corazón". Abajo te damos una guía para una meditación corta centrada en el corazón. También tiene algunas palabras de meditación amorosa. No se han probado sus efectos en los telómeros, pero como ya leíste, respirar es la base de la relajación.

Si quieres, pruébalo ahora mismo.

Meditación centrada en el corazón

Siéntate de manera cómoda. Respira lenta y profundamente varias veces. Intenta que tu exhalación sea más lenta que tu inhalación.

Continúa así. Cada vez que exhales con mucha lentitud, repite una palabra tranquila o piensa en algo hermoso. Nota las pausas entre tus respiraciones.

Haz conciencia de tus pensamientos: "¿En qué estoy pensando en este momento?" Sonríe a cada uno de ellos conforme pasan por tu mente; luego, al exhalar, regresa a la palabra o imagen tranquila que pensaste.

Coloca tus manos sobre el corazón. Exhala diciendo: "Ahhhhh". Deja que las cargas que te agobian se liberen y salgan de tu cuerpo.

"Me permito estar en paz."

"Permito que mi corazón se llene de bondad."

"Me permito ser una fuente de amabilidad para los demás."

Imagina tu corazón radiante de amor. Ahora imagina a una persona o mascota que ames mucho. Deja que el amor irradie hacia los demás en tu vida.

Continúa inhalando y exhalando de manera muy lenta. Fíjate en dónde tienes tensión. Cuando exhales, siéntete rodeado de seguridad, amabilidad y bondad. ❤

CONSEJOS EXPERTOS PARA LA RENOVACIÓN

Técnicas para reducir el estrés que mejoran el mantenimiento telomérico

Ahora presentamos algunas técnicas y prácticas mente-cuerpo. En al menos un estudio, cada una de ellas probó incrementar la telomerasa en las células inmunes o alargar los telómeros. Los efectos son saludables para todos, pero en especial si tienes altos niveles de estrés. Se ha demostrado en estudios clínicos que las prácticas mente-cuerpo (incluyendo meditación, chi kung, tai chi y yoga) aumentan el bienestar y reducen la inflamación.[1] Muchos tipos de meditación también mejoran las habilidades mentales de metacognición, cambiando la manera en que vemos y respondemos a los eventos estresantes. Aunque un número muy pequeño de gente tiene experiencias negativas en la meditación, en general son mínimos los efectos secundarios negativos de estas prácticas y hay una abundancia de beneficios. Hasta ahora, la evidencia no sugiere que haya un tipo de meditación mejor que otro para la salud de los telómeros.

En nuestro sitio web <www.telomereeffect.com> encontrarás breves instrucciones y más información sobre los métodos que describiremos a continuación.

RETIROS DE MEDITACIÓN

Los beneficios de la meditación en la salud física y mental han sido cubiertos de manera muy amplia. Cuando practicamos con regularidad, ayuda a calmar los patrones de pensamiento negativo, conectar de forma más profunda con otras personas y, en algunos casos, incrementar tu sentimiento de propósito en la vida. Investigaciones emergentes sugieren que quizá también hacen crecer tus telómeros.

El investigador Cliff Saron de la Universidad de California, en Davis, estudió los efectos de los retiros residenciales en meditadores expertos. Descubrió telomerasa más alta al final de un retiro Shamatha de tres meses comparado con un grupo de control, en especial si los meditadores habían desarrollado más propósito en la vida. En un ensayo nuevo que llevó a cabo con el investigador Quinn Conklin, descubrió que después de tres semanas de un retiro residencial intensivo de meditación introspectiva los meditadores experimentados tenían telómeros más largos en sus glóbulos blancos que cuando empezaron, mientras que el grupo de control mostró un cambio mínimo.[2]

Como parte de un grupo de colaboración, tuvimos la oportunidad de hacer un estudio exploratorio muy controlado de meditación donde ambos, el grupo de control y los meditadores en retiro, vivieron en un *resort*. Examinamos los efectos biológicos de un retiro semanal de meditación mantra dirigido por Deepak Chopra y sus colegas en el Centro Chopra, en Carlsbad, California. De manera aleatoria se designaron mujeres que nunca habían meditado (o muy poco) a un retiro de meditación o unas vacaciones en el *resort*. Las comparamos con las mujeres que meditaban de manera regular y se habían inscrito al mismo retiro. Descubrimos que después de una semana todas se sentían fantásticas, mostrando mejoras impresionantes en todas las escalas de bienestar, sin importar el grupo en el que se encontraban. Los patrones de expresión génica mostraron grandes cambios, como reducción en la inflamación y estrés. Como las mejoras psicológicas y de expresión génica ocurrieron en todos los grupos, lo percibimos como el efecto poderoso de las vacaciones (desconectarse de las demandas diarias y descansar en un *resort*). También parecía ser efecto de la meditación: la telomerasa aumentó, pero sólo en las meditadoras experimentadas, un descubrimiento significativo de forma marginal. Y algunos otros genes protectores de los telómeros parecían más activos.[3] Descubrimientos tan interesantes señalaron grandes beneficios para el envejecimiento celular de los meditadores más entrenados, pero son mejoras que claramente se deben reproducir.

REDUCCIÓN DEL ESTRÉS BASADA EN LA ATENCIÓN PLENA

La reducción del estrés basada en la atención plena, o REBAP, es un programa creado por Jon Kabat-Zinn en la Medical School de la Universidad de Massachusetts para la gente que tiene muy poca o nada de experiencia meditando. Desde 1979 alrededor de veintidós mil personas han tomado este programa, y se han establecido muy bien sus beneficios, por ejemplo la reducción del estrés y síntomas físicos como el dolor.[4] La REBAP incluye entrenamiento en la naturaleza de la mente, respiración consciente, yoga y un escaneo atento del cuerpo (en cual, con lentitud, mueves tu atención desde los dedos de los pies hasta la parte superior de la cabeza). Tomar una clase con un grupo es una experiencia única, pero para los que no tienen acceso a ello el Center for Mindfulness de la Medical School de la Universidad de Massachusetts ofrece un curso en internet (<http://www.umassmed.edu/cfm/stress-reduction/mbsr-online/>). Su sitio web también tiene un registro de todos los maestros certificados de REBAP en el mundo para que puedas buscar el más cercano.

En un estudio, la gente que practicó REBAP incrementó su telomerasa 17% en un periodo de tres meses comparado con un grupo de control.[5] En otro, sobrevivientes angustiadas de cáncer de mama en el grupo de control perdieron pares de bases (mientras que las asignadas a un programa de REBAP enfocado en la recuperación del cáncer mantuvieron su longitud telomérica). Un tercer grupo, el que recibió terapia basada en la expresión y el apoyo emocionales (grupo de psicoterapia de apoyo y expresiva), también mantuvo la longitud telomérica. Este descubrimiento ofrece la alentadora noticia de que los beneficios de la reducción del estrés en el envejecimiento celular aparecen en muchos tipos de prácticas, no sólo en la meditación.[6] La REBAP es maravillosa para cualquiera que quiera reducir el estrés, en especial para quienes sufren dolor físico crónico.

YOGA Y MEDITACIÓN YÓGUICA

Hay tantos tipos de meditación como tradiciones diferentes. Kirtan Kriya es una forma más tradicional de meditación de los principios del yoga que consiste en cantar y tocarse los dedos (mudras). Helen Lavretsky y Michael Irwin de UCLA realizaron un estudio con gente que cuidaba familiares con demencia, la mayoría de los cuales tenían síntomas de depresión (al menos ligeros). Nuestro laboratorio midió su telomerasa. Cuando las cuidadoras practicaron Kirtan Kriya durante doce minutos al día por dos meses, su enzima aumentó 43% y su expresión génica relacionada con la inflamación bajó.[7] El grupo de control que escuchó música relajante también incrementó su telomerasa (pero sólo en un 3.7%), estuvieron menos deprimidos y sus habilidades cognitivas mejoraron.[8]

A diferencia de la meditación de atención plena, la cual te ayuda a desarrollar la metacognición y a tolerar las emociones negativas, el Kirtan Kriya te induce a un estado de concentración profunda, tranquilo e integrado de cuerpo-mente. Después tu mente se siente más fresca y perspicaz, como si acabaras de despertar de un sueño profundo y reparador.

En el siguiente enlace puedes encontrar una breve descripción: <http://alzheimersprevention.org/research/12%E2%80%91minute-memory-exercise>.

Quizá te preguntes sobre la Hatha Yoga, el tipo de yoga que la mayoría toma como ejercicio. Es una meditación en movimiento que integra las posturas físicas, la respiración y un estado mental presente. Todavía no se ha estudiado la relación del yoga y los telómeros, pero en la actualidad hay una gran cantidad de literatura de investigación sobre los beneficios que otorga a la salud (para ser honestas, es la favorita de Elissa y era difícil no mencionarla). El yoga mejora la calidad de vida y el estado de gente con diferentes enfermedades,[9] reduce la presión arterial y quizá la inflamación y los lípidos.[10] En fechas recientes se demostró que si se practica a largo plazo, aumenta la densidad ósea de la columna.[11]

CHI KUNG

El chi kung o qigong es una serie de movimientos, con énfasis en la postura, la respiración y la intención. Es un tipo de meditación en movimiento. Es parte del programa de bienestar de la medicina china tradicional, una práctica que ha sido desarrollada y refinada por más de cinco mil años. Así como el Kriya Yoga, el chi kung induce un estado de concentración y relajación al integrar el cuerpo y la mente. Está apoyado por miles de años de práctica, pero también por la mejor prueba de evidencia científica: los ensayos controlados aleatorizados. Por ejemplo, el chi kung reduce la depresión[12] y quizá mejora la diabetes.[13] En un ensayo sobre envejecimiento celular y chi kung, los investigadores examinaron a las personas con síndrome de fatiga crónica. Descubrieron que la gente que lo practicó durante cuatro meses presentó mayores incrementos de telomerasa y reducciones de cansancio que quienes estuvieron asignados a una lista de espera.[14] Un maestro enseñó a los voluntarios cómo hacer chi kung durante el primer mes, y luego practicaron por su cuenta treinta minutos al día.

Yo (Elissa) aprendí chi kung de Roger Jahnke, un doctor de medicina oriental y un experto en chi kung médico. Él recomienda la práctica tanto para prevenir enfermedades como para tratar problemas de salud particulares. Los ejercicios son fáciles para cualquiera y ofrecen un gran sentimiento de calma y bienestar en minutos. (Revisa los ejemplos en nuestro sitio web.) Mucha gente es sensible a las formas en que el cuerpo cambia durante esta actividad meditativa, y pueden sentir un ligero hormigueo en la punta de los dedos (llamada sensación del chi o qi). En parte sucede porque los, ahora bien entendidos, mecanismos de respuesta a la relajación involucran la activación del sistema nervioso parasimpático y la dilatación de los vasos sanguíneos, creando un nuevo flujo sanguíneo. Esta sensación se atribuye a un concepto de la medicina china que no tenemos en el conocimiento occidental: el *chi* o *qi* (el flujo de energía).

CAMBIOS DE VIDA INTENSIVOS: REDUCCIÓN DE ESTRÉS, NUTRICIÓN, EJERCICIO Y APOYO SOCIAL

El doctor Dean Ornish es profesor clínico de medicina en la UCSF y presidente del Preventive Medicine Research Institute, una organización sin fines de lucro. Fue el primero en demostrar que los cambios intensivos en el estilo de vida podían revertir la progresión de las enfermedades coronarias. Su programa integra técnicas para controlar el estrés con otros cambios de estilo de vida. Quería ver cómo su programa podía afectar el envejecimiento celular, así que lo estudió en hombres con riesgo bajo de cáncer de próstata. Los individuos comieron una dieta alta en verduras y baja en grasa; caminaron media hora seis días a la semana y asistieron a sesiones semanales de apoyo grupal. También practicaron el control de estrés por su cuenta, con estiramientos suaves de yoga, respiración y meditación. En un ensayo controlado aleatorizado previo se demostró que este programa disminuye o detiene la progresión de la etapa temprana del cáncer de próstata. Al final de los tres meses también había aumentado su telomerasa. Además, los que presentaron menos pensamientos angustiosos sobre el cáncer de próstata tuvieron mayores incrementos de telomerasa (esto sugiere que la reducción del estrés contribuyó a las mejoras observadas).[15] El doctor dio seguimiento a un subgrupo de estos hombres durante cinco años, y aquellos que se apegaron al programa tuvieron un alargamiento telomérico significativo del 10 por ciento. Su programa para revertir las enfermedades cardiacas es uno de los pocos que paga Medicare y muchas otras compañías de seguros médicos. Puedes encontrar un proveedor certificado para el programa de enfermedades coronarias en <https://www.ornish.com/ornish-certified-site-directory/> (pero sólo incluye Estados Unidos).

PARTE III

AYUDA AL CUERPO PARA QUE PROTEJA TUS CÉLULAS

¿Cuál es la trayectoria de tus telómeros? Factores de protección y riesgo

A continuación vamos a enfocarnos en el cuerpo: actividad, sueño, alimentación. Pero antes de seguir es probable que te preguntes cómo están tus telómeros y la forma de averiguarlo. Haremos una pausa para realizar una minievaluación. Tenemos telómeros en cada célula del cuerpo, en los diferentes tejidos, órganos y sangre. Tienen cierto grado de correlación; si aparecen cortos en nuestra sangre, tendemos a presentar lo mismo en otros tejidos. Unos cuantos laboratorios comerciales ofrecen estudios que miden la longitud telomérica en tu sangre, pero para la persona promedio su utilidad es limitada (revisa la "Información sobre pruebas teloméricas comerciales" en la página 357 y visita nuestra página web para ver un estudio sobre los análisis de sangre). Es más útil evaluar los factores conocidos que protegen o dañan los telómeros y luego, con los resultados de esa evaluación en mente, tratar de cambiar aspectos de nuestra vida diaria para que los telómeros estén más protegidos. Eso nos lleva a la Evaluación de la trayectoria de tus telómeros.

EVALUACIÓN DE LA TRAYECTORIA DE TUS TELÓMEROS

Puedes evaluar los factores de bienestar personal y estilo de vida que están relacionados con la longitud telomérica. Este test toma alrededor de diez minutos y te ayudará a identificar las áreas principales a mejorar.

Donde sea posible, usaremos las mismas escalas usadas en las investigaciones que se describen en este libro. Los detalles académicos de cada escala se describen al final de cada sección.

Habrá preguntas sobre las siguientes áreas:

Tu bienestar
- Exposición actual a fuentes significativas de estrés
- Niveles clínicos de perturbación emocional (depresión o ansiedad)
- Apoyo social

Tu estilo de vida
- Ejercicio y descanso
- Nutrición
- Exposición a químicos

¿Tienes una exposición grave a fuentes de estrés?

Escribe 1 junto las preguntas que coincidan contigo y 0 junto a las que no. Para otorgar el puntaje de 1, las situaciones deben haberse presentado durante varios meses.

¿Sientes estrés laboral grave de forma continua? ¿Te sientes exhausto en términos emocionales, agotado, molesto con tu trabajo y fatigado incluso al levantarte?	
¿Eres cuidador de tiempo completo de algún miembro de la familia enfermo o discapacitado y te sientes abrumado por ello?	
¿Vives en un vecindario peligroso y te sientes inseguro de forma cotidiana?	

¿Experimentas estrés grave casi todos los días debido a alguna situación crónica o evento traumático reciente?	
PUNTAJE TOTAL	

Calcula tu puntaje total sumando las preguntas 1-4: _____
Circula el número del puntaje que sacaste.

Puntaje de exposición a estrés grave	Puntaje de los telómeros (circula)
Si obtuviste 0, tienes **riesgo bajo**	2
Si obtuviste 1, tienes **riesgo medio**	1
Si obtuviste 2 o más, tienes **riesgo alto**	0

Explicación: Esta lista de exposición a estrés grave no es una escala estandarizada. Más bien mide si experimentas una situación extrema que se asocia con telómeros cortos. Por ejemplo, agotamiento emocional relacionado con el entorno laboral,[1] ser el cuidador de un familiar con demencia,[2] y sentirte inseguro de forma cotidiana en el lugar donde vives[3] se han relacionado con telómeros cortos al menos en un estudio, después de controlar factores como el IMC, la edad y el tabaquismo. Cualquier evento grave tiene el potencial de contribuir a acortar los telómeros si se prolonga durante años. La mera exposición no es lo único que determina este fenómeno; tu respuesta también es importante, como lo discutimos en el capítulo 4. Al final, tener una situación puede ser manejable, pero más de una quizá agote tus estrategias de afrontamiento. Múltiples circunstancias crónicas y graves se clasifican como riesgo alto.

¿Algún trastorno del humor?

¿Tienes un diagnóstico actual de depresión o de trastorno de ansiedad (como trastorno de estrés postraumático o ansiedad generalizada)?

Circula el número de los puntajes de telómero en la tabla de abajo.

Puntaje de trastorno clínico	Puntaje de los telómeros (circula)
Si no presentas una enfermedad diagnosticada, tienes **riesgo bajo**.	2
Si te han diagnosticado con una patología grave, tienes **riesgo alto**.	0

Explicación: De acuerdo con varios estudios, al parecer los síntomas de perturbación moderada por sí solos no se relacionan con telómeros cortos. Pero estar diagnosticado (lo que implica que los síntomas son tan graves como para interferir en tu vida cotidiana) sí se relaciona.[4]

¿Cuánto apoyo social tienes?

Responde las siguientes preguntas sobre el apoyo social que recibes de forma usual de las personas significativas en tu vida: familia, amigos y miembros de tu comunidad.

1. Cuando tienes un problema ¿hay alguien disponible para darte un **buen consejo**?	1 Nunca	2 Casi nunca	3 A veces	4 Casi siempre	5 Siempre
2. Cuando necesitas hablar ¿hay alguien disponible que te **escuche de verdad**?	1 Nunca	2 Casi nunca	3 A veces	4 Casi siempre	5 Siempre
3. ¿Hay alguien que te muestre **amor y afecto** y esté contigo cuando lo necesitas?	1 Nunca	2 Casi nunca	3 A veces	4 Casi siempre	5 Siempre
4. ¿Puedes contar con alguien para que te ofrezca apoyo emocional?	1 Nunca	2 Casi nunca	3 A veces	4 Casi siempre	5 Siempre

Por ejemplo **hablar de algún problema o ayudarte a tomar decisiones difíciles.**					
5. ¿Tienes el contacto que te gustaría con las personas cercanas a ti? ¿Hay alguien de tu entera confianza?	1 Nunca	2 Casi nunca	3 A veces	4 Casi siempre	5 Siempre
TOTAL					

Ahora calcula el puntaje total sumando los números que circulaste. En la siguiente tabla, circula el número de tu puntaje.

Puntaje de apoyo social	Puntaje de los telómeros
Si sacaste 24 o 25, tienes un apoyo social **alto**.	2
Si sacaste entre 19 y 23, tienes un apoyo social **medio**.	1
Si sacaste entre 5 y 18, tienes un apoyo social **bajo**.	0

Explicación: Este cuestionario es la versión de cinco preguntas del ENRICHD Test de Apoyo Social (ESSI, por sus siglas en inglés), creado originalmente para evaluar el apoyo social de los pacientes tras un ataque cardiaco y usado en estudios epidemiológicos.[5] Se han utilizado versiones de este cuestionario en estudios que relacionan la longitud telomérica con el apoyo social.[6]

Los límites de las categorías son aproximaciones de los datos de un estudio más grande, y los efectos en este estudio sólo se encontraron en el grupo de más edad.[7] La prueba ENRICHD usa el puntaje de 18 como límite inferior para definir a la gente que tiene un apoyo social bajo.

¿Cuánta actividad física realizas?

Durante el mes pasado, ¿cuál enunciado describe mejor el tipo de actividad física que realizaste con frecuencia?

1. **No hice mucha.** Por lo general hice cosas como ver televisión, leer, jugar cartas o juegos de computadora... y salí a caminar una o dos veces.
2. **Una o dos veces a la semana** hice **actividades ligeras** como salir a dar una caminata o paseo.
3. **Más o menos tres veces a la semana** hice **actividades moderadas** como caminar rápido, nadar o andar en bicicleta durante **15-20 minutos.**
4. **Casi diario (cinco o más veces a la semana)** hice **actividades moderadas** como caminar rápido, nadar o andar en bicicleta durante **30 minutos o más.**
5. **Más o menos tres veces a la semana** hice **actividades fuertes** como correr o andar en bicicleta rápido durante **30 minutos o más.**
6. **Casi diario (cinco o más veces a la semana)** hice **actividades fuertes** como correr o andar en bicicleta rápido durante **30 minutos o más.**

En la siguiente tabla, circula el número del puntaje que te corresponde.

Puntaje de ejercicio	Puntaje de los telómeros
Si elegiste las opciones 4, 5 o 6, tienes **riesgo bajo.**	2
Si elegiste la opción 3 tienes **riesgo medio.**	1
Si elegiste la opción 1 o 2 tienes riesgo alto.	0

Explicación: Este cuestionario es el Stanford Leisure-Time Activity Categorical Item (L-CAT) (permisos otorgados por Nature Publishing Group).[8] El L-CAT evalúa seis niveles diferentes de actividad física. Los enunciados 4, 5 y 6 cumplen con las recomendaciones del CDC (Center Disease Control) para la actividad aeróbica (ciento cincuenta minutos de ejercicio moderado como caminar rápido o setenta y cinco de ejercicio fuerte, como trotar; también recomienda actividades que fortalezcan tus músculos al menos dos días a la semana). Como se explica en el capítulo 7 ("Entrenando a tus telómeros"), si estás en forma y haces ejercicio de manera regular, no parece existir un límite superior a los beneficios, siempre y cuando no te excedas durante los entrenamientos y le des tiempo a tu cuerpo para recuperarse. Piensa en "hacer ejercicio de forma regular" en vez de "matarte el fin de semana".

La gente más activa físicamente se defiende mejor del acortamiento telomérico por estrés extremo que la gente menos activa.[9] Además, una intervención mostró que hacer cuarenta y cinco minutos de ejercicio tres veces a la semana aumenta la telomerasa.[10]

¿Cuáles son tus patrones de sueño?

Durante el mes pasado, ¿cómo calificarías la calidad de tu sueño en general?	0 Muy buena	1 Buena	2 Mala	3 Muy mala
En promedio ¿cuántas horas dormiste cada noche? (no incluyas el tiempo que pasaste acostado pero despierto).	0 7 horas o más	1 6 horas	2 5 horas	3 Menos de 5 horas

En la siguiente tabla, circula el número del puntaje que te corresponde.

Puntaje de sueño	Puntaje de los telómeros
Si sacaste de 0 a 1 en ambas preguntas, tienes **riesgo bajo**.	2
Si sacaste 2 o 3 en una pregunta, tienes **riesgo medio**.	1
Si sacaste 2 o 3 en ambas preguntas, o sufres apnea del sueño y no la has tratado, tienes **riesgo alto**.	0

Explicación: El primer ítem es del Pittsburgh Sleep Quality Index (PSQI), el cual evalúa la calidad y las perturbaciones del sueño.[11] Muchos estudios que relacionan la longitud telomérica con el dormir usan el PSQI para medir la calidad del sueño.[12] La duración también es importante. Si reportas dormir al menos seis horas cada noche y describes tu sueño como bueno o muy bueno, tienes riesgo bajo. Si reportas mala calidad o poca duración de sueño, esto aumenta el riesgo. Y si reportas las dos, se categoriza como riesgo alto. Como los estudios no han demostrado un efecto aditivo del sueño corto y malo, suponemos que tener los dos es peor.

Si tienes apnea del sueño y no la tratas cada noche, también estás en riesgo.

¿Cuáles son tus hábitos nutricionales?

¿Qué tan seguido ingieres lo siguiente? Circula 1 o 0 para cada pregunta.

1. Algas, pescado o suplementos que contengan altos niveles de omega 3:	
Tres porciones o más a la semana	1
Menos de tres veces a la semana	0
2. Frutas y verduras:	
Diario	1
No todos los días	0
3. Bebidas azucaradas o refrescos (no incluyas las ocasiones en que le pones dulce al café o té porque por lo general es menos que la de las bebidas azucaradas de forma comercial):	
Al menos una de 350 ml casi todos los días	0
Rara vez	1
4. Carne procesada (salchichas, embutidos, hot dogs, jamón, tocino, vísceras):	
Una vez a la semana o más	0
Menos de una vez a la semana	1
5. ¿Qué comes más? ¿Alimentos enteros (granos, verduras, huevos, carne no procesada) o alimentos procesados (los que son empacados con sales y conservadores)?	
Alimentos enteros	1
Alimentos procesados	0

Suma el total de puntos de las cinco preguntas y anota el resultado (un número del 1 al 5) en la línea:

Puntaje total: _____

En la siguiente tabla, circula el número del puntaje que te corresponde.

Puntaje de nutrición de los telómeros	Puntaje de los telómeros
Si sacaste 4 o 5, tu dieta te ofrece una protección **excelente**.	2
Si sacaste 2 o 3, tu dieta te ofrece **riesgo medio**.	1
Si sacaste 0 o 1, tu dieta te ofrece **riesgo alto**.	0

Explicación: Se extrapolaron las frecuencias de estudios de telómeros. Para omega 3 las fuentes alimenticias son las mejores. Si confías en los suplementos, prueba los basados en algas en vez de pescado (por razones de sustentabilidad). La gente con altos niveles de ácidos grasos omega 3 (DHA o ácido docosahexaenoico y EPA o ácido icosapentaenoico) en sangre tiene un desgaste más lento.[13] Aquellos que comieron media porción de algas diaria tienen telómeros más largos.[14] Un estudio de suplementos de omega 3 descubrió que la dosis no importa tanto como lo que se absorbe en tu sangre: tomar 1.25 o 2.5 g de suplemento disminuyó la proporción de omega 6 a 3 en sangre (al menos en cierta medida), lo que a su vez se asocia con el incremento de la longitud telomérica.[15] Es difícil saber cuánto absorbe tu cuerpo, pero es suficiente comer pescado varias veces a la semana o tomar un gramo de aceites omega 3 diario.

Aunque los suplementos también se asocian con telómeros más largos, la comida verdadera es mucho mejor (es decir, muchas verduras y algunas frutas).

Las bebidas carbonatadas azucaradas están vinculadas con telómeros más cortos en tres estudios,[16] por eso es prudente asumir que el consumo diario sería una dosis suficiente para provocar un efecto como sugiere uno de los estudios. La mayoría de las bebidas azucaradas tiene más de 10 gramos de azúcar (de 20 a 40 g por lo general).

En cuanto a la carne procesada un estudio mostró que aquellos que estaban en el cuartil más alto de la muestra (los que comían carne procesada una vez a la semana o una porción pequeña diario) tenían telómeros más cortos.[17]

¿Qué tanto te expones a químicos?

Encierra Sí o No para cada una de las siguientes preguntas.

¿Fumas cigarros o puros con regularidad?	Sí	No
¿Haces trabajo agrícola con pesticidas o herbicidas?	Sí	No
¿Vives en una ciudad con mucha contaminación relacionada con el tránsito vehicular?	Sí	No
¿En tu trabajo hay una exposición alta a los químicos enlistados en la tabla de toxinas teloméricas? (revisa la página 287). Por ejemplo, tintes para el cabello, productos limpiadores, plomo u otro metal pesado (como en un taller mecánico).	Sí	No

Puntaje de exposición química	Puntaje de los telómeros
Si contestaste a todas que no, tienes riesgo bajo.	2
Si contestaste sí a una o más, tienes riesgo alto.	0

Explicación: Aquí enlistamos las exposiciones que se vinculan, al menos en un estudio, con el acortamiento telomérico: tabaco,[18] pesticidas,[19] químicos de tintes y limpiadores,[20] contaminación,[21] plomo[22] y los productos de un taller mecánico.[23]

¿Cómo sacar el puntaje general?

Área	Puntaje de los telómeros (circula)		
BIENESTAR:	Riesgo alto	Riesgo medio	Riesgo bajo
Exposición al estrés	00	1	2
Problemas emocionales clínicos	0	1	2
Apoyo social	0	1	2
ESTILO DE VIDA:			
Ejercicio	0	1	2
Sueño	0	1	2
Nutrición	0	1	2
Exposición a químicos	0	1	2
Puntaje total (de 0 a 14) _____			

Cómo interpretar tu trayectoria total de telómeros

El puntaje resumido es una forma de mostrar el riesgo y la protección general de tu tasa de disminución de telómeros. Si tienes un puntaje alto, es probable que tengas un mantenimiento telomérico excelente. ¡Felicidades! ¡Sigue así! La forma más útil de usar esta evaluación es enfocarte en áreas individuales en vez de en el puntaje total. **Si sacaste 2 en cualquier área de la tabla, estás haciendo un gran trabajo para proteger tus telómeros. Estás haciendo más que sólo esquivar los riesgos. Por lo general, este puntaje significa que tienes comportamientos protectores todos los días, creando las bases de un buen periodo de vida saludable.**

Si sacaste 0 (categoría de riesgo alto), es probable que experimentes el declive típico relacionado con la edad, empeorado por los factores de riesgo, pero por suerte los puedes controlar.

Elige un área y trabaja en ella

La mejor forma de usar esta tabla es descubrir las áreas en las que sacaste 0 y decidir cuál será más fácil de cambiar. Si no sacaste ningún 0, elige una en la que hayas obtenido 1. Sin importar dónde empieces, **te sugerimos escoger sólo un área a la vez.** Comprométete a mejorar algo pequeño. Ponte un recordatorio en el buró al lado de tu cama o una alarma para no olvidar el cambio que estás tratando de lograr. Al final de la parte III verás algunos consejos para empezar con tu nuevo objetivo.

7

Entrenando a tus telómeros: ¿cuánto ejercicio es suficiente?

El ejercicio reduce el estrés oxidativo y la inflamación, por lo que no es de sorprender que ciertos programas de entrenamiento también incrementen la telomerasa. Pero los guerreros de fin de semana deben tener cuidado: en realidad, sobreejercitarse puede promover el estrés oxidativo, y ejercitarse en exceso de forma crónica (sobreentrenar) tiende a causar daños graves a ti y a tus telómeros.

En mayo de 2013 Maggie corrió su primer ultramaratón. Era una contendiente fuerte en carreras cortas y le gustaba la idea de retarse a correr distancias muy largas, como esta carrera de ciento sesenta kilómetros a través del desierto. Ni siquiera se permitió la esperanza de tomar un descanso; sólo quería terminar la carrera. A la mitad del ultramaratón, uno de sus amigos se encontró con ella y le dijo. "¿Sabías que estás en el decimotercer lugar? ¡Podrías terminar entre los diez mejores!"

Maggie decidió esforzarse aún más. En las siguientes horas rebasó al corredor del duodécimo lugar, luego al undécimo y después al décimo. Cruzó la meta en la décima posición y así se aseguró de quedar entre los invitados a correr en la posición de honor al año siguiente.

Maggie corrió otros tres ultramaratones ese año: uno de ciento sesenta kilómetros en junio y dos más en julio y agosto. Se sentía genial. En septiembre decidió entrenar para el de diciembre en vez de tomarse un buen periodo de recuperación después de su riguroso programa de entrenamiento. Luego, de forma repentina, a las pocas semanas de empezar a entrenar, dejó de dormir. Pasaba noches enteras despierta; se sentaba en la cama y miraba cómo su teléfono se encendía en la mañana al sonar su despertador. "Nunca he usado drogas, pero me imagino que así se siente estar bajo la influencia de metanfetaminas —dice Maggie—. No podía dormir y no estaba cansada. Tenía mucha energía. Era *muy* extraño."

Siguió entrenando. Luego aparecieron las enfermedades: resfriados, gripas y otros virus. Trató de reducir las sesiones de entrenamiento, pero no notó ninguna mejoría en sus síntomas, así que retomó su programa. Después, a principios del invierno, su cuerpo se quebró. No podía terminar las sesiones de ejercicio. Apenas podía ir al trabajo o levantarse de la cama.

Maggie mostraba casi todos los signos del síndrome de fatiga crónica, un diagnóstico no oficial que se caracteriza por cambios en el patrón de sueño, fatiga, mal humor, propensión a enfermedades y dolor físico.

Cuando recuerda su "verano *grand slam*" de ultramaratones, las personas que la rodean tienen reacciones contradictorias. Algunos son sentenciosos y declaran (casi con alegría) que ese ejercicio tan intenso es malo para el cuerpo humano. Otros se sienten culpables, a pesar de los problemas que enfrentó Maggie, sienten que hacen mal al no entrenar a ese nivel de élite. Unos más usan la experiencia de Maggie como excusa para no hacer nada de ejercicio.

El ejercicio puede ser un tema confuso, también puede ser muy visceral. Los telómeros no necesitan regímenes de entrenamiento extremos para prosperar (una buena noticia para todos los que nos sentimos desanimados cuando conocemos a gente como Maggie, que pasan su verano *grand slam* llevando su cuerpo al límite y superándolo). Otra buena noticia es que los telómeros parecen responder de manera poderosa ante muchos niveles y tipos de ejercicio. En este capítulo te enseñaremos cuál es el rango de ejercicio saludable y cómo estimar si estás haciendo muy poco… o demasiado, como en el caso de Maggie.

DOS PASTILLAS

Imaginemos que estás en la farmacia del futuro. Consultas al farmacéutico, quien te da a escoger entre dos pastillas. Eliges la primera y preguntas qué hace.

El boticario cuenta los beneficios con sus dedos.

—Reduce la presión arterial, estabiliza tus niveles de insulina, mejora tu humor, aumenta la quema de calorías, combate la osteoporosis y reduce el riesgo de infartos y problemas cardiacos. Pero los efectos secundarios incluyen insomnio, erupciones en la piel, problemas cardiacos, náuseas, gases, diarrea, aumento de peso y muchos más.

—Mmmm, ¿y la segunda pastilla? ¿Esa qué hace? —preguntas.

—Ah, tiene los mismos beneficios —dice el farmacéutico de forma alegre.

—¿Y los efectos secundarios?

—No hay ninguno —responde con una sonrisa.

—La primera pastilla no es real, es un conjunto imaginario de betabloqueadores para controlar la presión arterial, estatinas para reducir el colesterol, medicamentos para la osteoporosis, antidepresivos y reguladores de insulina para la diabetes.

La segunda pastilla es real, más o menos. Se llama ejercicio. Las personas que hacen ejercicio viven más tiempo y tienen menor riesgo de presión arterial alta, infartos, enfermedades cardiacas, depresión, diabetes y síndromes metabólicos. *Y* retrasan la demencia.

Si el ejercicio es una droga que bombea efectos maravillosos por todo tu cuerpo, ¿cómo es que funciona? Ya conoces la perspectiva macro de los efectos del ejercicio. Aumenta la irrigación de sangre a tu corazón y tu cerebro, genera músculo y fortalece tus huesos. Pero si pudieras poner los efectos del ejercicio bajo un microscopio potente y mirar dentro de las células de un corazón humano cuando se ejercita de manera regular, ¿qué verías?

Los beneficios celulares del ejercicio: estar más tranquilo, más delgado y combatir mejor los radicales libres

Las personas que hacen ejercicio pasan menos tiempo en el estado tóxico conocido como estrés oxidativo. Este peligroso estado empieza con un radical libre, una molécula a la que le falta un electrón. Un radical libre es enclenque, inestable, incompleto. Ansía el electrón que le falta, así que se lo roba a otra molécula, que a su vez se vuelve inestable y necesita robar un electrón de repuesto. Así como el mal humor que se pasa de una persona a otra (y cada una se siente un poco mejor al descargar sus sentimientos negativos en alguien más), el estrés oxidativo es un estado que puede arrasar con toda la población molecular de una célula. Se asocia con la edad y con el inicio de algunas enfermedades: cáncer, artritis, diabetes, degeneración macular y patologías cardiacas, pulmonares y neurodegenerativas.

Pero nuestras células también contienen antioxidantes que ofrecen una protección natural contra el estrés oxidativo. Los antioxidantes son moléculas que le donan un electrón a un radical libre y aún así permanecen estables. Cuando lo hacen, la reacción en cadena se detiene. Un antioxidante es como un amigo sabio que dice: "Muy bien, cuéntame tus problemas, yo te escucharé y te sentirás mejor pero no dejaré que me hagas sentir mal a mí también. Y claro que no le pasaré tu mal humor a nadie más".

En condiciones ideales, tus células tendrían suficientes antioxidantes para mantenerse al día y neutralizar los radicales libres conforme tu cuerpo lo necesite. Los radicales libres nunca serán erradicados por completo de nuestro cuerpo. Son creados de forma constante por el proceso mismo de la vida; es normal que aparezcan a partir del metabolismo. De hecho, es importante tener una cantidad muy pequeña de estas moléculas para el proceso de comunicación de nuestras células. Pero también pueden generarse en exceso cuando estás expuesto a estrés ambiental (como la radiación o el humo de cigarro) o cuando sufres depresión grave. Al parecer el peligro surge cuando se acumulan. Y si tienes más radicales libres que antioxidantes entras en el estado de desequilibrio del estrés oxidativo.

Por eso el ejercicio es tan valioso. De hecho, a corto plazo el ejercicio produce un incremento de radicales libres porque inhalas más oxígeno. La mayoría de esas moléculas de oxígeno se usan para crear energía a través de una reacción química especial en la mitocondria de tus células, pero un derivado inevitable de ese proceso vital es que algunas de esas moléculas también se conviertan en radicales libres. Lo bueno es que esa respuesta a corto plazo crea una contrarrespuesta saludable: el cuerpo reacciona produciendo más antioxidantes. De la misma forma en que el estrés psicológico breve puede fortalecerte y aumentar tu habilidad para manejar las dificultades, el estrés físico ocasionado por el ejercicio regular de intensidad moderada, en última instancia, mejora el equilibrio entre antioxidantes y radicales libres para que tus células permanezcan más saludables.

Tus células también absorben los beneficios del ejercicio de otras maneras. Cuando te ejercitas de forma habitual, las células de tu corteza suprarrenal (ubicada dentro de tus glándulas suprarrenales) liberan menos cortisol, la famosa hormona del estrés. Con menos cortisol te sientes más tranquilo. Con el ejercicio regular, las células de todo tu cuerpo se vuelven más sensibles a la insulina, lo que significa que tus niveles de azúcar en sangre son más estables. Si quieres evitar la triada maligna que acompaña a la mediana edad (estrés, aumento de peso en la cintura y niveles altos de azúcar en sangre), debes hacer ejercicio.

Inmunosenescencia: el ejercicio puede alargar tu periodo de vida saludable

La inmunosenescencia es un proceso importante que subyace al aumento de enfermedades y trastornos conforme envejecemos. Su resultado es experimentar niveles circulatorios más altos de citoquinas proinflamatorias, moléculas que pueden propagar la inflamación por todo tu cuerpo como si fuera un incendio avivado por ráfagas de viento. Esto acelera el camino de las células T hacia la senectud, de manera que ya no son capaces de hacer su trabajo de combatir a las enfermedades. Como ya leíste en capítulos previos, algunas células inmunes viejas pueden volverse locas y dejarte más vulnerable al tipo de bichos malos que te mandan al hospital. Si tienes muchas células en inmunosenescencia y te ponen una vacuna contra la neumonía o contra las cepas de gripa de este año, tendrás muchas probabilidades de que la vacuna no funcione y de que acabes con fiebre y tosiendo de todos modos.[1] Tus células envejecidas dificultan que disfrutes de los beneficios de la medicina preventiva.

Pero... a comparación de la gente inactiva, las personas que se ejercitan de manera regular tienen niveles más bajos de citoquinas inflamatorias, responden mejor a las vacunas y disfrutan de un sistema inmune más fuerte. La inmunosenescencia es un proceso natural que ocurre con la edad... pero las personas que hacen ejercicio pueden retrasarla hasta el final de su vida. Como dijo Richard Simpson, investigador de inmunología y ejercicio, éstas y otras señales "indican que el ejercicio habitual es capaz de regular el sistema inmune y retrasar el inicio de la inmunosenescencia".[2] Considera el ejercicio como una excelente inversión para mantener a tu sistema inmune joven en términos biológicos.

¿QUÉ TIPO DE EJERCICIO ES MEJOR PARA LOS TELÓMEROS?

El ejercicio ayuda a proteger a tus células defendiéndolas de la inflamación y la inmunosenescencia. Ahora bien, también aporta beneficios celulares por otra razón: te ayuda a dar mantenimiento a tus telómeros. Esto se comprobó incluso en un estudio de mil doscientos pares de gemelos que permitió poner a prueba los efectos del ejercicio distinguiéndolos de los efectos de la genética: el gemelo más activo demostró tener telómeros más largos que el gemelo menos activo.[3] Después de controlar la edad y otros factores influyentes (quitando su efecto de manera estadística) la relación entre los telómeros y la actividad quedó al descubierto. Y no sólo el ejercicio ayuda; también sabemos que la vida sedentaria por sí misma es terrible para la salud metabólica. En la actualidad varios estudios han encontrado que las personas sedentarias tienen telómeros más cortos que las personas que son sólo un poco más activas.[4]

Pero ¿todos los tipos de ejercicio son iguales en términos de envejecimiento celular? Los investigadores Christian Werner y Ulrich Laufs del Centro Médico de la Universidad del Sarre en Homburg, Alemania, evaluaron tres tipos en un estudio pequeño pero interesante. Sus resultados sugieren que el ejercicio en verdad aumenta la actividad de reabastecimiento de la telomerasa, y nos ayudan a entender qué tipos son mejores para mantener nuestras células saludables. Dos tipos de ejercicio sobresalieron. El de resistencia aeróbica moderado, donde entrenando tres veces a la semana durante cuarenta y cinco minutos por sesión durante seis meses se duplicó la actividad de la telomerasa. Y el entrenamiento de intervalos de alta intensidad (HIIT, por sus siglas en inglés), en el que se alternan periodos cortos y explosivos de actividad intensa con periodos de recuperación. Los ejercicios de resistencia no tuvieron efectos significativos en la actividad de la telomerasa (aunque sí otros beneficios; los investigadores concluyen que "el ejercicio de resistencia debe complementar al entrenamiento aeróbico en lugar de sustituirlo"). Y las tres formas de ejercicio presentan mejorías en las proteínas asociadas con la telomerasa (como la proteína protectora de telómeros TRF2), reduciendo un marcador importante de envejecimiento celular conocido como p16.[5] También encontraron que sin importar el tipo de ejercicio, las personas que mejoran su condición aeróbica tienen incrementos mayores en la actividad de la telomerasa. Esto nos dice que lo más importante es la condición cardiovascular subyacente.

Así que trata de hacer ejercicio cardiovascular moderado o HIIT. Ambos son geniales. Nuestro Laboratorio de renovación al final de este capítulo te mostrará los entrenamientos para fortalecer tus telómeros que se basan en esta evidencia. Pero quizá lo mejor sea no limitarse a un solo tipo de ejercicio. La variedad nos beneficia. En un estudio con miles de estadounidenses se encontró que entre más categorías de ejercicio realiza una persona (ya sea caminar, andar en bicicleta o hacer entrenamiento de fuerza), más largos son sus telómeros.[6] Una razón para realizar entrenamiento de fuerza. Aunque este tipo de ejercicio no parece relacionarse de forma significativa con telómeros más largos, ayuda a mantener o mejorar la densidad de los huesos, la masa muscular, el equilibrio y la coordinación; todo esto es vital para envejecer de la mejor manera.

¿Cómo fortalece exactamente los telómeros el ejercicio?

Quizá los maravillosos efectos celulares del ejercicio, incluyendo menos inflamación y estrés oxidativo, son buenos para los telómeros. O tal vez es bueno porque evita que el estrés cause parte de su daño usual. La respuesta al estrés de nuestro cuerpo puede dejar escombros y daño celular a su paso. Pero el ejercicio activa la autofagia, la limpieza doméstica en la actividad celular, que se come todas esas moléculas dañadas y las recicla.

También es posible que el ejercicio mejore los telómeros de forma directa. Por ejemplo, subirse a la caminadora induce una respuesta aguda de estrés que incrementa la expresión del TERT, el gen de la telomerasa.[7] Los atletas tienen una expresión del TERT mayor que las personas sedentarias.[8] El ejercicio libera una hormona identificada hace poco tiempo, la irisina, que estimula el metabolismo y en un estudio se asoció con telómeros más largos.[9]

Pero sin importar cómo funciona la conexión entre ejercicio y telómeros, lo más importante es que el ejercicio es esencial para tus telómeros.

Necesitas ejercitarlos para mantenerlos saludables. Para aprender los entrenamientos que han demostrado mejorar el mantenimiento telomérico, revisa el Laboratorio de renovación.

El ejercicio y los beneficios intracelulares

Hacer ejercicio conlleva una multitud de cambios intracelulares hermosos. Causa una breve respuesta al estrés que desencadena una respuesta restauradora mucho mayor. También daña las moléculas y las moléculas dañadas causan inflamación. Pero muy poco después de que empieza el ejercicio, éste induce autofagia, proceso estilo Pac-Man que se las come. Esto previene la inflamación. Más adelante, en la misma sesión de entrenamiento, cuando hay demasiadas moléculas dañadas y la autofagia no puede mantenerlas bajo control, la célula muere en un proceso muy rápido (llamado apoptosis) y más limpio, sin dejar escombros ni inflamación.[10] El ejercicio también incrementa el número y la calidad de las mitocondrias productoras de energía. De esta forma reduce el estrés oxidativo.[11] Después del ejercicio tu cuerpo sigue limpiando los escombros cuando está en recuperación, haciendo que las células sean más fuertes y saludables que antes del ejercicio.

EVALÚA LA CONDICIÓN DE TUS TELÓMEROS

No sólo el ejercicio es fundamental para la salud de los telómeros. Como sugerimos antes, la condición, la capacidad de ejecutar tareas físicas, también es importante. Es muy posible que alguien realice ejercicio ligero de forma regular y no tenga buena condición. Y algunos afortunados pueden tenerla sin hacer ejercicio, en especial los jóvenes (piensa en esos veinteañeros que pueden terminar una larga y ardua caminata con éxito sin haber entrenado un solo día desde secundaria). Para tener telómeros saludables necesitas hacer ejercicio de forma constante *y* necesitas tener buena condición física.

¿Pero qué tan buena debe ser? ¿Necesitas ser capaz de correr ultramaratones como Maggie? ¿Nadar ocho kilómetros en aguas abiertas? ¿Ser como una amiga que las mañanas de los sábados de octubre participa en carreras donde "zombies" la persiguen por los maizales? Nuestros estándares culturales de una buena condición física se elevan cada vez más y puede ser difícil saber si tienes la suficiente como para mantenerte saludable.

De hecho, la condición es fundamental para la salud de los telómeros.[12] Pero puede que te sientas aliviado al saber que los beneficios significativos para ellos se ganan con un nivel muy moderado y alcanzable de condición física. Nuestra colega Mary Whooley, de la UCSF, puso a un grupo de adultos, todos con problemas cardiacos, en la caminadora. Empezaron caminando, aumentando poco a poco la inclinación y la velocidad hasta que no pudieron más. Los resultados fueron claros: entre menor es la capacidad de ejercicio que tienen, más cortos son sus telómeros.[13] Las personas con la menor condición cardiovascular no pudieron soportar ni una caminata vigorosa, mientras aquellos con la mayor aguantaron el ritmo equivalente a una excursión. Los que tenían poca condición presentaron menos pares de bases que el grupo con mayor condición en una proporción que se traduce en unos cuatro años adicionales de envejecimiento celular.

¿Eres capaz de podar tu césped? ¿Quitar la nieve con una pala? ¿Cargar tus palos cuando juegas golf? Si no puedes, estás en la categoría de poca condición física. Hay tres maneras sencillas de incrementar tu capacidad de forma gradual y segura. Primero consulta a tu médico y luego considera nuestro plan de caminata del Laboratorio de renovación. Por otro lado, caminar de forma vigorosa o mantener un trote ligero durante cuarenta y cinco minutos, tres veces a la semana, te da la condición suficiente como para mantener la salud de tus telómeros. Recuerda que el ejercicio y la condición están relacionados pero no son lo mismo. Incluso si tienes condición natural, de todas maneras necesitas un programa de ejercicio para mantener tus telómeros saludables.

¿DEMASIADO EJERCICIO?

El ejercicio moderado y la buena condición son maravillosos para los telómeros, pero ¿qué hay de Maggie, la corredora de ultramaratones? ¿Sus telómeros son más largos porque llevó el entrenamiento a tal extremo? ¿Son más cortos? Pocas personas corren ultramaratones, pero conforme más gente participa en deportes de resistencia, se vuelve más apremiante responder a preguntas como ésta.

La mayoría de los deportistas extremos puede respirar aliviada. Un estudio notable sobre ultracorredores descubrió que sus células eran el equivalente a dieciséis años más jóvenes que las de sus contrapartes sedentarias.[14] ¿Esto quiere decir que todos deberíamos inscribirnos en la próxima carrera de ciento sesenta kilómetros? Para nada. Los ultracorredores se compararon con personas *sedentarias*. Cuando los atletas de resistencia se contrastan con corredores más ordinarios (de quince a veinte kilómetros a la semana) resulta que ambos grupos tienen telómeros lindos y saludables comparados con el grupo más sedentario, y parece que no hay beneficios adicionales para el grupo de distancias ultralargas en términos de telómeros.[15]

A veces a los atletas de resistencia les preocupa que sea seguro continuar con su entrenamiento extremo año con año, en lugar de entrenar para un solo evento de resistencia y luego volver a una rutina de ejercicio más normal. Un estudio analizó a hombres mayores que fueron atletas de élite en su juventud. Sus telómeros tenían una longitud similar a la de otros hombres de su edad, así que muchos años de intenso entrenamiento extremo no parece tener un efecto de desgaste acumulativo.[16] Otro estudio alemán examinó a un grupo de "atletas máster" mayores que compitieron en carreras de resistencia desde su juventud. La mayoría aún compite, sólo que a un ritmo menor (como correr un maratón en ocho horas en lugar de dos). Ambos tipos de atletas de trayectorias largas en el deporte se ven más jóvenes y tienen menos acortamiento telomérico que sus controles equivalentes.[17] Otro estudio examinó los años de ejercicio y encontró que los telómeros más largos corresponden a las personas que se ejercitaron de forma activa en los últimos diez o más años.[18] Parece que es importante empezar a ejercitarnos de jóvenes; pero no te desanimes. Nunca es demasiado tarde para empezar y los beneficios siempre te esperan.

Pero Maggie puede estar en problemas. Un estudio sobre deportistas extremos encontró que estos atletas tenían menor longitud telomérica en los músculos, pero sólo si sufrían del síndrome de fatiga crónica.[19] Cuando los atletas desarrollan síndrome de fatiga, como en el caso de Maggie, es una señal inequívoca de que han sobreentrenado y dañado sus músculos a tal grado que no es fácil repararlos. Las células capsulares (también conocidas como células satélite) reparan el tejido muscular que se estropea. Pero se cree que el sobreentrenamiento arruina estas células fundamentales y las deja imposibilitadas para hacer su tarea de reparación. Parece que es el sobreentrenamiento, y no el ejercicio extremo, el que daña a los telómeros (al menos en el caso de las células musculares).

El sobreentrenamiento se define como demasiado tiempo de entrenamiento en relación con el de descanso y recuperación. Le puede suceder a cualquiera, desde corredores principiantes hasta a atletas profesionales, y ocurre cuando no cuidas tu cuerpo con suficiente descanso, nutrición y sueño. La cura es el descanso; suena fácil pero es muy difícil para los atletas que están acostumbrados a forzarse al límite.

Cualquier discusión acerca del sobreentrenamiento es complicada, porque no hay un parámetro específico de lo que se considera "demasiado ejercicio". El límite es diferente para cada persona y depende de la fisiología de cada individuo y del nivel de entrenamiento. Los telómeros nos recuerdan que la salud depende mucho del contexto. Lo que es bueno para una persona puede ser dañino para otra. Si eres un atleta extremo, asegúrate de trabajar de cerca con un entrenador o un médico para que cualquier señal de sobreentrenamiento sea detectada de forma temprana.

En general es buena idea empezar *cualquier* programa de ejercicio de forma lenta, trabajando de manera gradual para lograr una condición mejor. Los guerreros de fin de semana que se sientan en su oficina de lunes a viernes y luego toman una sobredosis de ejercicio sábado y domingo, forzando demasiado sus músculos, se sentirán fatigados, incluso con náuseas. No le hacen ningún favor a su cuerpo. Recuerda que, al inicio, el ejercicio crea estrés oxidativo adicional en el cuerpo, y luego hay una contrarrespuesta saludable que lo reduce. Pero si te excedes, la respuesta puede verse rebasada. Terminarás con más estrés oxidativo, en lugar de menos.

¿ESTRESADO O DEPRIMIDO? EL EJERCICIO ES EL ENTRENAMIENTO DE RESISTENCIA PARA TUS CÉLULAS

"No tengo tiempo para hacer ejercicio. Ya tengo demasiados compromisos y citas."

"Haré ejercicio cuando me sienta mejor. Estoy tan estresado en este momento que no puedo hacer otra cosa difícil."

¿Te suena familiar? Pues resulta que cuando menos quieres hacer ejercicio es el momento en que se vuelve más importante: cuando te sientes abrumado. El ejercicio mejora tu humor hasta tres horas después de haberte ejercitado[20] y tiende a reducir tu reactividad al estrés.[21] El estrés suele acortar los telómeros, pero el ejercicio los protege del daño que causa el estrés (en parte). Nuestro colega Eli Puterman, psicólogo e investigador en temas de ejercicio en la Universidad de Columbia Británica, estudió a mujeres con niveles de estrés altos, incluyendo a muchas cuidadoras sobreestresadas. Entre más ejercicio hacían estas mujeres, menos afectaba el estrés a sus telómeros (ve la figura 17). En realidad los protegió de los efectos dañinos del estrés que los acortan. Aun si tu agenda está llena hasta el tope, incluso si te sientes demasiado agotado para hacer un entrenamiento pesado, encuentra la manera de incorporar algo de ejercicio. Por ejemplo, nosotras tenemos agendas apretadas, pero mientras trabajábamos en este libro tomamos paseos juntas, pensando sobre los capítulos en voz alta mientras recorríamos las subidas y bajadas de las calles de San Francisco.

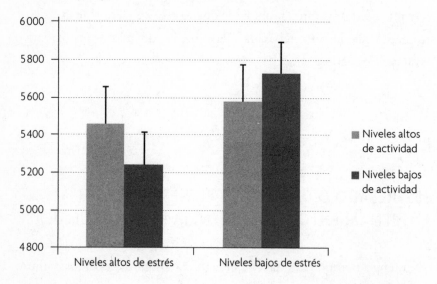

Figura 17: La actividad física puede amortiguar los efectos de acortamiento telomérico asociados con estrés. Las mujeres con altos niveles de estrés percibido tienen telómeros más cortos, pero sólo si son sedentarias en términos relativos. Si se ejercitan, no muestran esa relación estrés-telómero.[22] Los valores brutos (sin ajustes) de la longitud telomérica en pares de bases se muestran aquí en el eje vertical.

Es probable que hagas más ejercicio del que crees. Pero en los días en que por más que quieras no puedas entrenar, anímate y sé fuerte. En psicología, la resiliencia es una especie de Santo Grial. Es la resistencia que te levanta después de que te noquean y permite que el estrés se resbale por tus hombros sin dañar tu mente ni tu cuerpo. La investigación de Eli Puterman sobre el estrés muestra que los telómeros también pueden ser resistentes. Entre más practiques hábitos de buena salud (una regulación emocional efectiva, conexiones emocionales fuertes, buen descanso y buen ejercicio), menos daño causará el estrés a tus telómeros. En especial si tienes depresión.[23] El ejercicio es un mecanismo potente para tener telómeros más resistentes, pero cuando no puedes hacerlo, aumenta otros comportamientos de resiliencia. Cualquier cosa que hagas ayudará en algo, lo cual es una noticia alentadora.

CONSEJOS PARA TUS TELÓMEROS

- Las personas que hacen ejercicio tienen telómeros más largos que las que no. Incluso entre gemelos. El incremento en la condición aeróbica es lo que más se relaciona con una buena salud celular.
- El ejercicio recarga al personal de limpieza celular para que tus células tengan menos basura acumulada, mitocondrias más eficientes y menos radicales libres.
- Los atletas de resistencia, que tienen la mejor condición y salud metabólica, presentan los telómeros más largos. Pero éstos no son mucho más largos que los de las personas que practican ejercicio moderado. No es necesario aspirar a los extremos.
- Los atletas que se sobreejercitan y se agotan desarrollan muchos problemas físicos, incluyendo el riesgo de tener telómeros más cortos en las células musculares.
- Si tienes niveles altos de estrés en tu vida, el ejercicio no es sólo bueno para ti: es esencial. Te protege del acortamiento telomérico por estrés.

SI QUIERES UN ENTRENAMIENTO CARDIOVASCULAR ESTABLE...

Aquí te ofrecemos un entrenamiento cardiovascular probado en el estudio alemán que mostró un incremento significativo en la telomerasa.[24] Es bastante sencillo: sólo camina o corre a más o menos el 60% de tu capacidad máxima. Deberías estar un poco agitado, pero con la posibilidad de mantener una conversación. Hazlo durante al menos cuarenta minutos, mínimo tres veces a la semana.

SI PREFIERES UN ENTRENAMIENTO DE INTERVALOS DE ALTA INTENSIDAD (HIIT)...

Este ejercicio de intervalos se ha asociado con las mismas ganancias de telomerasa que el entrenamiento cardiovascular de arriba. Planea hacerlo tres veces a la semana:

Entrenamiento cardiovascular (correr)	
Calentamiento (suave)	10 minutos
Intervalo (repetir 4 veces):	
Correr (rápido)	3 minutos
Correr (suave)	3 minutos
Enfriamiento (suave)	10 minutos

SI QUIERES UN ENTRENAMIENTO DE INTERVALOS MENOS INTENSO...

Los corredores no deberían monopolizar el entrenamiento de intervalos. Este programa es menos intenso pero incorpora algunos intervalos realizables. Si no estás en forma, agrega un calentamiento y un periodo de enfriamiento de diez minutos cada uno:

Entrenamiento de caminata	
Intervalo (repetir 4 veces):	
Caminar rápido (en una escala de esfuerzo del 1 al 10, debes alcanzar un 6 o 7)	3 minutos
Caminar suave, normal	3 minutos

Los efectos en los telómeros o en la telomerasa de este plan de caminata en particular no han sido probados en ninguna investigación hasta ahora, pero es claro que se encuentra dentro de la categoría del ejercicio sano. Un estudio evaluó este plan y encontró que tiene muchos más efectos benéficos en varias medidas de condición física que una simple caminata moderada y constante. Y lo más importante es que más de dos terceras partes de los adultos de este estudio (mediana o tercera edad) mantuvieron este régimen de caminata por años después del estudio.[25]

LOS PEQUEÑOS PASOS TAMBIÉN CUENTAN

Además del ejercicio programado, es importante que te mantengas en movimiento durante el día. La actividad que está integrada en tu vida diaria te saca de la temible categoría de "sedentario" que se asocia con los telómeros más cortos y causa cambios metabólicos que llevan a una mayor resistencia a la insulina e inflamación.[26] Así que agrega pequeñas caminatas a lo largo del día: estaciónate más lejos de tu destino, usa las escaleras o realiza una reunión caminando. Algunas aplicaciones (y el iWatch) tienen programas que te avisan para que te levantes cada hora. O un simple contador de pasos puede ser tu recordatorio diario de que cada paso cuenta.

8

Telómeros cansados: del agotamiento a la restauración

La mala calidad del sueño, la falta del mismo y sus trastornos se relacionan con telómeros más cortos. Claro, la mayoría ya sabemos que necesitamos dormir más (el problema es cómo conseguirlo). Aquí, con base en la investigación científica más reciente (más allá de los consejos típicos de higiene del sueño), mostraremos cómo los cambios cognitivos y la atención plena logran un sueño reparador. Incluso cuando no puedes dormir más, estas técnicas te ayudan a sufrir menos los efectos del insomnio.

Los problemas de sueño de María empezaron hace más de quince años. Ella y su marido peleaban mucho. Una vez despertó en la oscuridad de la noche, repitiendo una y otra vez las discusiones en su mente sin poder parar. Cuando consultó a un terapeuta de pareja y familiar, desapareció ese primer episodio de insomnio. Desafortunadamente dejó una puerta entreabierta, y varias veces al año sus problemas de sueño volvían a entrar. Cuando lo hacían se sentía tan angustiada y alerta que no podía dormir. Caía en un ligero sueño y despertaba otra vez, preocupada por los problemas financieros y por la forma en que el insomnio afectaría su trabajo a la mañana siguiente. Durante el día María se sentía agotada y exhausta, pero su mente estaba demasiado acelerada para dormir. Asistió a un programa de sueño para insomnio, y le pidieron que registrara lo que dormía en verdad. ¿Cuántos minutos de sueño crees que tenía en promedio por noche? 124.

¿Estás durmiendo lo suficiente? Una medida rápida que usan los especialistas e investigadores de este tema es preguntarte si tienes sueño durante el día. Si es así, necesitas dormir más, incluso si tu problema no es tan dramático como el de María. Una prueba mejor es preguntarte si te quedas dormido de manera involuntaria mientras ves televisión, una película o cuando vas de copiloto o pasajero en un automóvil. Muchas personas no duermen lo suficiente por trastornos del sueño diagnosticables, problemas comunes de sueño relacionados con el estilo de vida o porque están demasiado ocupadas. Según el Índice de Salud del Sueño 2014 de la National Sleep Foundation, 45% de los estadounidenses declararon que el sueño malo o insuficiente afectó sus actividades diarias al menos una vez en la semana previa a la encuesta.[1]

Los telómeros necesitan descansar. En la actualidad sabemos que dormir lo suficiente es importante para unos telómeros saludables. El insomnio crónico se asocia con telómeros más cortos, en particular en las personas mayores de setenta años (ve la figura 18).[2]

En este capítulo te enseñaremos por qué el sueño adecuado protege tus telómeros, retrasa algunos de los efectos del envejecimiento, regula el apetito y alivia el dolor de los recuerdos más estresantes. Si quieres conocer las técnicas más nuevas que te ayudarán a dormir mejor (y sentirte bien cuando dormir no sea posible), sigue leyendo.

EL PODER RESTAURADOR DEL SUEÑO

Por lo general no pensamos que el sueño sea una actividad… pero lo es. De hecho, es la actividad más restauradora que hacemos. Necesitas ese

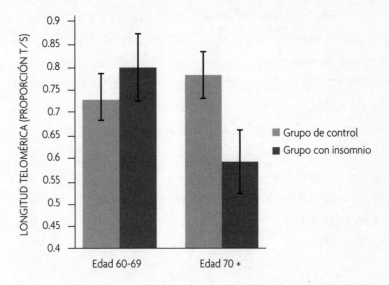

Figura 18: Telómeros e insomnio. En hombres y mujeres de 60 a 88 años de edad el insomnio se asocia con telómeros más cortos, pero sólo en aquellos de 70 años o más. Esta gráfica muestra la longitud promedio de los telómeros de las células mononucleares de sangre periférica.

tiempo rejuvenecedor para ajustar tu reloj biológico interno, regular el apetito, consolidar y curar tus recuerdos y refrescar el humor.

Ajusta tu reloj biológico

¿Sufres para despertar y sentirte alerta en la mañana?

¿Estás despierto a la hora de dormir?

¿Tienes hambre en horas extrañas?

Si contestaste sí a cualquiera de estas preguntas o el ritmo de tu organismo se siente "apagado", quizá padeces una ligera disregulación del núcleo supraquiasmático, NSQ (SCN, por sus siglas en inglés).[3] El NSQ, una estructura cerebral de apenas cincuenta mil células, se acurruca como un huevo diminuto dentro del gran nido (el hipotálamo del cerebro). Pero no te dejes engañar por su tamaño: el NSQ es muy importante. Es el principal reloj interno de tu cuerpo. Te dice cuándo sentirte cansado, alerta y hambriento. También dirige la tarea nocturna de limpieza celular, cuando se barren las partes dañadas y se repara el

ADN.[4] Si tu NSQ funciona bien, tendrás más energía cuando la necesites, descanso más profundo por la noche y células funcionando de manera más eficiente.

El NSQ es muy sensible, como un delicado reloj de pulsera hecho a mano. Necesita tu información para mantenerse bien afinado. Las señales luminosas que se transmiten directo al NSQ por el nervio óptico permiten que ajuste un ciclo apropiado día/noche. Al exponerte a la luz durante el día y bajar las luces en la noche los mantienes a tiempo. Si comes y duermes a una hora regular, también le das la información necesaria para inhibir el sueño durante el día y desencadenarlo por la noche.

Controla tu apetito

El cuerpo también depende de un profundo y reparador sueño REM para regular tu apetito. (La fase REM se caracteriza por movimientos oculares rápidos, frecuencia cardiaca alta, respiración rápida y más sueños.) Durante este periodo el cortisol se suprime y el metabolismo aumenta. Cuando no duermes bien, tienes menos REM en la segunda mitad de la noche, lo que provoca niveles más altos de cortisol e insulina que estimulan el apetito y conducen a una mayor resistencia a la insulina. En términos claros, significa que *una mala noche de sueño puede arrojarte a un estado prediabético temporal*. Los estudios demuestran que incluso una noche de sueño parcial o sin suficiente REM puede subir el cortisol la tarde siguiente, junto con cambios en las hormonas y péptidos que regulan el apetito y llevan a mayores sensaciones de hambre.

Emociones, buenos y malos recuerdos

"Dormimos para recordar y para olvidar", dijo Matt Walker, un investigador del sueño de la Universidad de California, en Berkeley. Cuando has dormido bien, aprendes y recuerdas mejor. Las personas cansadas no enfocan su atención con mucho éxito, así que no reciben información nueva. Además, el sueño en sí crea conexiones entre las células cerebrales, lo que significa que estás tanto aprendiendo como fijando en tu memoria lo aprendido.

Pero a veces los recuerdos son dolorosos. Entonces el sueño aplica sus poderes curativos en estos recuerdos, reduciendo su carga emocional. Walker descubrió que la mayor parte de ese trabajo se realiza durante el sueño REM, el cual corta el suministro de algunos de los químicos estimulantes del cerebro y te deja separar las emociones del contenido del recuerdo. Con el tiempo, esta acción te permite recordar una experiencia dolorosa, pero sin la impresión intensa y fuerte en tu mente y tu cuerpo.[5]

Y claro, necesitamos dormir para refrescarnos de manera emocional. Si todavía no te das cuenta de que la falta de sueño te hace más irritable, pregúntale a tu familia o colegas. Te lo confirmarán de inmediato. Cuando no has dormido bien, tienes una mayor respuesta al estrés (fisiológica y emocional).[6] Incluso te mareas o te ríes con más facilidad.[7] La falta de sueño intensifica todas las emociones. Ésta es, quizá, una razón por la que María se sentía tan hiperactiva y nerviosa.

¿CUÁNTAS HORAS DE SUEÑO NECESITAN TUS TELÓMEROS?

Conforme los científicos se dieron cuenta de que el sueño era fundamental para la mente, el metabolismo y el humor, incluyeron más mediciones de telómeros en sus estudios del sueño. Los investigadores exploran cómo afecta la duración del sueño en diferentes poblaciones, y cada vez sigue apareciendo la misma respuesta: sueño largo significa telómeros largos.

Dormir al menos siete horas o más se asocia con telómeros más largos, en especial si eres una persona mayor.[8] El famoso estudio Whitehall de funcionarios británicos descubrió que los hombres que dormían cinco horas o menos (la mayoría de las noches) tenían telómeros más cortos que quienes dormían más de siete horas.[9] Este hallazgo fue posterior al ajuste de otros factores como la situación socioeconómica, obesidad y depresión. Siete horas de sueño parecen ser el límite para la salud de los telómeros. Si duermes menos, empiezan a sufrir. Si eres una de esas personas raras que necesitan dormir muy poco (alrededor del 5% de la población sólo requiere cinco o seis horas de sueño por noche), este límite no aplica contigo. Pero si te sientes terrible sin ocho o nueve horas de sueño, no trates de conformarte con siete. Consigue las horas extras. Y recuerda la regla de oro, aquella que da consejos de sueño personalizados: *Si te sientes somnoliento durante el día, necesitas dormir más por la noche.*

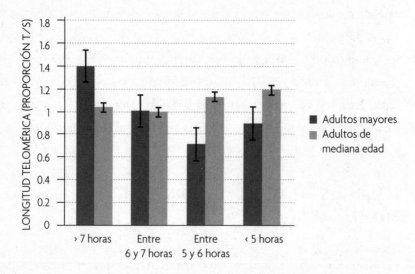

Figura 19: Telómeros y horas de sueño. Los adultos mayores que sólo duermen cinco o seis horas por noche presentan telómeros más cortos. Si duermen más de siete horas su longitud telomérica es similar a la de los adultos jóvenes.[10]

No sólo cuentan las horas en la cama: también la calidad del sueño, regularidad y ritmo

Ten en mente el objetivo de siete horas de sueño, pero trata de no obsesionarte con él, porque no sólo importan las horas. Piensa qué tal dormiste la semana pasada. ¿Cómo calificarías la calidad de tu sueño durante los últimos siete días? ¿Fue muy buena, bastante buena, bastante mala o muy mala? Las respuestas a esta pregunta clara y sencilla se relacionan de manera científica con la salud de tus telómeros. Entre más cerca esté tu respuesta al extremo "muy buena", serán más saludables. En varios estudios que examinaron la calidad del sueño las personas que se dieron altas calificaciones para la calidad del sueño tenían telómeros más largos.

El sueño parece ser más protector a medida que envejecemos, ya que amortigua la disminución natural de los telómeros relacionada con la edad. En una prueba, la edad no se relacionó con la longitud más corta de los telómeros en las personas que presentaron un sueño de gran calidad.[11] Cuando la calidad del sueño es buena, los telómeros permanecen bastante estables a lo largo de las décadas.

El sueño de buena calidad también protege a los telómeros de las células CD8 de tu sistema inmune. Cuando estas células son jóvenes, atacan virus, bacterias y otros invasores extranjeros. Tu cuerpo lucha de forma constante contra las amenazas, pero cuando estás protegido por un ejército fuerte de células inmunes, incluyendo las CD8, casi no te das cuenta de esas amenazas (porque los invasores son rodeados y destruidos). Estas células CD8 son parte de un sistema de defensa súper eficaz. Hasta que se acortan tus telómeros y empiezas a envejecer. Entonces ya no les es posible luchar contra cuerpos extraños en el torrente sanguíneo como antes; por eso las personas con telómeros más cortos en las CD8 son más propensas a contraer un virus de gripa. Con el tiempo, los telómeros cortos en estas células pueden conducir a la inflamación sistémica, como ya lo mencionamos. La doctora Aric Prather, investigadora del sueño en la UCSF, descubrió que las mujeres que calificaron como pobre su calidad de sueño tuvieron más probabilidades de telómeros cortos en sus CD8. La excesiva somnolencia durante el día también fue un indicador de telómeros más cortos. Las mujeres con mucho estrés fueron más vulnerables a los efectos del sueño de mala calidad.[12]

La duración y calidad del sueño son importantes. Ahora agrega el ritmo a la lista. Mantener un buen ritmo de sueño-vigilia (dormir y despertar a la misma hora de forma regular) es fundamental para tu habilidad celular de regular la telomerasa. En un estudio, los científicos eliminaron los "genes del reloj" de unos ratones. Los animales normales mostraron más telomerasa por la mañana y menos por la noche. Los ratones sin el gen del reloj no mostraron ese ritmo diurno, y sus telómeros se acortaron. Entonces, los mismos investigadores estudiaron a los humanos cuyos horarios de trabajo habían destruido sus relojes internos. Los médicos de urgencias que tenían el turno nocturno también carecían del ritmo normal de telomerasa.[13] El estudio fue pequeño, pero sugiere que el ritmo correcto de sueño-vigilia es crítico para mejorar la actividad de la telomerasa (que reabastece tus telómeros).

AYUDA PARA PROBLEMAS DE SUEÑO: COGNICIÓN Y METACOGNICIÓN

Algunos necesitamos convencernos de que dormir es vital para la salud, pero María no. Guiada por la desesperación, fue a una clínica que experimentaba con un acercamiento novedoso a los problemas de sueño.

El insomnio se caracteriza por experiencias universales: estar muy alerta para quedarse dormido, intentarlo mucho y, en especial, el hábito común de concentrarse en el pasado o preocuparse por el futuro. Para poder dormir necesitamos sentirnos seguros de manera física y psicológica. Pero de noche pequeñas preocupaciones se pueden convertir en grandes amenazas, haciendo difícil sentirse lo suficiente seguro para lograrlo. Por lo general estas amenazas son, como solía decir el padre de Elissa, "simples demonios de la noche" que desaparecen con la luz del día. Estaba en lo correcto. La noche transforma las preocupaciones manejables, problemas que se pueden resolver en un día, en una cadena de catástrofes que se repiten en el cansancio de la rumiación.

Pero puede surgir una segunda capa de preocupaciones originada por el insomnio y sus efectos, las cuales incluyen:

- "Mañana no voy a rendir si no duermo bien."
- "Debería poder dormir de manera tan profunda como mi compañero."
- "Me voy a ver muy mal mañana."
- "Voy a tener un colapso nervioso."

Estos pensamientos pueden voltear las cosas, convertirse en insomnio y colorear las emociones negativas al día siguiente con un tono más oscuro.

Un método que ha demostrado disminuir esta segunda capa de pensamientos es examinarlos de manera directa. Como los demonios de la noche, tus reflexiones sobre el sueño por lo general son menos premonitorias y dramáticas cuando las examinas de día. Las llamamos "distorsiones cognitivas", y la mayoría no son verdad. Reta estos pensamientos y verás que surgen declaraciones correctas:

- "Aunque no rinda tan bien si no duermo, igual puedo terminar mis deberes."
- "Las necesidades de sueño de mi pareja no son las mismas que las mías."
- "Me veo muy bien" o "¡Gracias a Dios que hay maquillaje!"
- "Voy a estar bien."

El doctor Jason Ong dirigió el programa de sueño al que acudió María. La terapia cognitivo-conductual es el mejor tratamiento conocido hasta ahora para el insomnio, ya que reta tus pensamientos sobre éste. Al mismo tiempo, Jason también notó que cuando los terapeutas del sueño desafiaron los pensamientos de sus pacientes, algunos se sintieron un poco intimidados, como si el doctor les estuviera diciendo qué pensar, o como si estuvieran del otro lado del debate, con argumentos contrarios yendo de un lado al otro.

En el taller del doctor Ong los pacientes practican el comportamiento común de buen sueño que la mayoría de los doctores prescribe, salir de la cama si no pueden dormir, despertarse a la misma hora cada mañana, no tratar de compensar el sueño perdido con siestas. Pero en vez de decirles a los pacientes que piensen de manera diferente, los terapistas los alientan a ver sus pensamientos desde cierta distancia. De nuevo, esto es un tipo de atención plena. En la clínica, los pacientes como María aprenden diferentes tipos de meditación, incluyendo las de movimiento (por ejemplo, caminar despacio mientras se le pone mucha atención a cada paso) y las tradicionales (sentarse en silencio con la atención en la respiración). Se les alienta para que acepten lo que piensan sobre el insomnio, y después a dejar ir esos pensamientos. La meditación no se usa para inducir el sueño, es un método para promover la conciencia sobre esa segunda capa de pensamientos que empeoran el insomnio (porque los elimina).

Quizá tardes en cambiar tu relación con tus pensamientos. María estuvo con el plan de meditación durante seis semanas sin ver mucha mejoría. Al final expresó su frustración. Dijo: "Durante la meditación, traté de mantener mi mente en blanco, y algunas veces lo logré por un momento, pero (los pensamientos) siempre regresaban".

El doctor Ong le sugirió no ejercer tanto poder en su mente. Le pidió que considerara qué pasaría si dejaba que sus pensamientos siguieran su curso. "No son los pensamientos lo que tratas de controlar, debes dejar de obligarlos a ir en cierta dirección", le explicó.

María lo pensó, y meditó con este acercamiento nuevo que requería menos esfuerzo. La siguiente semana sus niveles de ansiedad bajaron. Se sentía más tranquila antes de ir a la cama. "Por mucho tiempo pensé que me tenía que deshacer de esos pensamientos para dormir mejor. Es gracioso que cuando dejé de hacer eso, mi sueño empezó a mejorar." Durante las siguientes semanas casi duplicó sus horas de dormir, no era una cura total, pero sí una gran mejora. Sus doctores predijeron que si seguía practicando la atención plena, obtendría mayores mejorías.[14]

Ong probó su tratamiento de ocho semanas de atención plena para el insomnio. El programa, conocido de manera oficial como MBTI, se comparó con un grupo que sólo escribió sus tiempos de sueño y niveles de agitación. Las personas en el MBTI disminuyeron su insomnio, y en seis meses 80% mostró una mejoría en su sueño.[15]

ESTRATEGIAS PARA DORMIR MEJOR

¿Qué hay de los demás, incluyendo a las personas que no tienen insomnio crónico pero que podrían obtener algo de ayuda consiguiendo más tiempo de sueño? A continuación hay algunas sugerencias.

Regálate un tiempo de transición

Tu mente no es el motor de un carro. No lo puedes correr a toda velocidad (trabajar, hacer ejercicio, quehaceres, atender niños) y luego querer apagarlo (dormir). No funciona así. De manera biológica, *tu cerebro es más como un avión*. Necesitas un descenso lento hacia el sueño, aterrizar tan suave como se pueda. Así que date el regalo de un tiempo de transición entre el trabajo y el sueño, una rutina de sueño o un ritual que te permita una buena relajación. Mientras más suave sea la transición, menos sacudido te sentirás cuando aterrices.

Incluso cinco minutos de transición pueden hacer una diferencia. Empieza desconectando. Apaga tu teléfono o ponlo en modo avión, deja que tu cuerpo tenga un descanso de la respuesta automática. Si tienes fuerza de voluntad deja el teléfono en otra habitación. Al retirar cualquier pantalla minimizas el número de estresores que pueden llenar de preocupaciones nocturnas la Imax de tu mente. Ya tienes suficiente estrés con el cual lidiar, dada la tendencia natural del humano a rumiar y darle vuelta a las preocupaciones en la noche. (En la siguiente sección verás que las pantallas también son una fuente de luz azul, la cual te mantiene despierto.) Después de apagarlas realiza una actividad tranquila y satisfactoria, no algo que te aburra sino algo que cree un periodo de transición de calma y confort. A algunas personas les gusta leer, tejer, escuchar un audio de meditación o música relajante, incluso colorear un libro diseñado para adultos. (Encontrarás un dibujo para colorear en el Laboratorio de renovación de este capítulo.)

La luz azul suprime la melatonina

Ya había un déficit de sueño a nivel mundial antes de nuestra actual adicción a las pantallas. Pero ahora hay retos extras para dormir. ¿Llevas teléfonos, tabletas u otros dispositivos a tu habitación? La luz azul de las pantallas puede suprimir la melatonina, la hormona del sueño. En un estudio del investigador Charles Czeisler y colegas, las personas que usaron lectores electrónicos presentaron de manera inmediata 50% menos melatonina antes de dormir en comparación con las que leyeron un libro impreso.[16] Además, tuvieron menos sueño REM, les costó más trabajo quedarse dormidas y se sintieron menos alerta en la mañana.

Trata de evitar las pantallas una hora antes de dormir. Si no puedes, intenta que sean pequeñas y apártalas de tus ojos para minimizar la exposición a la luz azul. Liz usa un software gratuito llamado f.lux que ajusta la luz de la pantalla en relación con la hora del día, por lo que la luz azul se difumina hacia amarillo mientras te acercas a la noche. Puedes descargarla en <http://justgetflux.com>. El nuevo sistema operativo 9.3 de Apple tiene un apagador nocturno, un programa que cambia de manera automática de azul a amarillo en la noche.

Pero todo tipo de luz suprime la melatonina, así que mantén tu habitación tan oscura como puedas. ¿Dónde ves luz en la noche? Minimiza la de las ventanas y los relojes digitales. Usa un antifaz para dormir y deja que la melatonina fluya.

RUIDO, RITMO CARDIACO Y SUEÑO

Todos venimos con una configuración diferente para el sueño. A algunos no les molesta el ruido y a otros sí. Las personas con un patrón particular de actividad cerebral, cuyos encefalogramas (EEG) muestran la aparición de ondas cerebrales conocidas como huso de sueño o ritmo sigma, parecen ser más resistentes a los ruidos nocturnos.[17] Para el resto de nosotros, escuchar ruidos como cláxones de carros o sirenas nos aceleran el ritmo cardiaco e interrumpen el ciclo del sueño.[18] Si eres muy sensible con tus entornos, controla cuánto te expones. Mientras más puedas aislar tu entorno, menos escucharás ruidos externos y dormirás de manera más profunda. Los tapones para oídos son una buena forma de empezar.

Sincroniza tu cerebro con tu reloj interno

Tu núcleo supraquiasmático, el reloj del cerebro, mantiene el ritmo circadiano en marcha. Apóyalo comiendo y durmiendo de manera regular. Esto ayudará a tu cerebro para saber cuándo tiene que liberar melatonina, y a tus células para saber cuándo es momento de reparar el ADN y realizar otras funciones restauradoras. Además esta regularidad te da mayor sensibilidad a la insulina, lo que te ayuda a quemar grasa de manera más eficiente.

La falta de sueño no es cuestión de culpas

Las personas pierden el sueño en momentos predecibles: después de nacer un bebé, cuando su pareja pasa por una etapa de ronquidos, al sentirse deprimidos o estresados, cuando atacan los bochornos o al adaptarse por primera vez a los cambios en el sueño relacionados con la edad. Estos eventos suelen ser temporales. Ocurren y se acaban. Pero en la actualidad no son ellos los que causan los niveles epidémicos de falta de sueño. Más bien la causa es una "reducción voluntaria del sueño", también conocida como "procrastinación del descanso"… alias "no te quieres acostar temprano".

Quizá respondas como yo (Elissa) cuando escuché esto: "No pierdo el sueño de forma voluntaria, sólo tengo mucho que hacer". Pero en vez de preparar tu defensa mental, piensa que la pérdida de sueño no se resuelve echando culpas. Sólo recuérdate que, a menos de que seas un nuevo padre de familia o cuidador, tu hora de acostarte es una de las pocas áreas del sueño que *puedes* controlar. Aprovecha este poder y acuéstate más temprano. Una excepción: el insomnio grave y los cambios de sueño relacionados con la edad no responden a una hora temprana de acostarse. En estos casos, ir a la cama antes puede ser contraproducente y hacer más difícil conseguir un sueño de calidad durante toda la noche.

Trata la apnea del sueño y el ronquido

La apnea grave del sueño, es decir la interrupción repetida de la respiración mientras duermes, se relaciona con telómeros más cortos (en adultos).[19] Al parecer sus efectos celulares se pueden transmitir en el útero. En una evaluación, el 30% de la muestra de mujeres embarazadas dio respuestas que sugieren síntomas de apnea. Cuando nacieron sus bebés, los telómeros de los cordones umbilicales eran más cortos.[20] Pasó lo mismo con las madres que roncaban. De hecho, aquí hay malas noticias: más tiempo de ronquido también se asocia con el acortamiento telomérico, al menos en una gran muestra de adultos coreanos.[21] Si sospechas que tienes apnea del sueño, hazte una prueba y aprovecha los tratamientos nuevos, más cómodos y eficaces que las máquinas CPAP tradicionales (las que aplican una presión de aire continuo a través de una máscara).

EL SUEÑO ES UN PROYECTO DE GRUPO

Seguro conoces personas que duermen lo suficiente. Son fáciles de detectar: tienen ojos y piel brillantes, no se quejan de lo cansadas que están todo el tiempo, no traen un gran vaso de café en la mano, ni se preguntan por qué sienten hambre en momentos extraños. ¿Qué tienen ellas que nosotros no? Bueno, algunas cosas. Quizá un compañero que la anima a dormir bien (y le sugiere dejar el teléfono cargando en la cocina durante la noche). Tal vez colegas que no envían correos de emergencia a las 10:00 de la noche. ¡Es posible que tengan hijos que se van a la cama y se quedan allí!

Con esto queremos decir que a veces el sueño es un proyecto de grupo. Debemos apoyarnos unos a otros para reducir la procrastinación del sueño, acostarnos más temprano, no hacer negocios demasiado entrada la noche. Como dicen por ahí: debes ser el cambio que quieres ver. Haz un pacto con tu cónyuge para dejar unos minutos y permitir la transición fuera de la mentalidad de estrés. Ponte de acuerdo con tus colegas para no enviar mensajes en la noche (si debes escribirlos, guárdalos en la carpeta de borradores hasta la mañana siguiente). Es imposible decirles a tus hijos que eviten las pesadillas que los mandan corriendo a tu habitación a las 2:00 de la mañana, pero puedes darles un ejemplo de cómo son los buenos hábitos de sueño en la edad adulta.

CONSEJOS PARA TUS TELÓMEROS

- Si duermes lo suficiente, te sentirás menos emocional, hambriento y perderás menos pares de bases.
- Los telómeros quieren dormir siete horas como mínimo. Hay muchas estrategias que nos ayudan a mejorar la calidad del sueño, algunas tan simples (y difíciles) como eliminar las pantallas electrónicas de nuestra habitación.
- Minimiza los efectos de la apnea del sueño, los ronquidos y el insomnio. Estos problemas son comunes en las personas mayores. Y cuando te visite el insomnio, usa pensamientos reconfortantes para suavizar los alarmantes. Si tienes insomnio grave, la terapia cognitivo-conductual puede ayudar.

CINCO RITUALES PARA ANTES DE DORMIR

La tranquilidad en la habitación (o el espacio para dormir) promueve un mejor sueño. Empieza por enlistar las tareas pendientes para el día siguiente. Luego, pon la lista a un lado. Así te sentirás más tranquilo en la mañana y olvidarás un poco del esfuerzo mental que te mantiene en modo vigilancia-anticipación. Ahora sí, estás listo para tu ritual antes de dormir. Aquí presentamos cinco que ayudarán a una máxima tranquilidad y relajación:

1. **Pasa cinco minutos de transición:** respira, medita o lee. La antiquísima práctica de leer un libro antes de acostarse ayuda a la transición entre una mente muy activa y un estado de atención absorta. Mover la atención del yo al contenido del libro puede calmar la mente (claro, siempre que el libro no sea demasiado emocionante).
2. **Escucha música relajante.** Estas ondas sonoras calman tu mente y sistema nervioso. Además, envía una señal para empezar la transición al estado de descanso. La aplicación de Spotify ofrece varias listas de reproducción como "Bedtime Bach" (para los amantes de la música clásica), "Best Relaxing Spa Music" (si prefieres el New Age) y otras opciones somníferas si buscas "sleep" (dormir), por ejemplo "Sleep: Into the Ocean" (si te gustan los sonidos de la naturaleza).
3. **Establece un entorno de relajación.** Usa aceites esenciales, prende una vela y baja las luces. Cuando nuestro entorno es tranquilo y pacífico,

también nosotros. Los aromas tranquilizadores como lavanda, cedro o sándalo calman el cerebro y todo el sistema. Para relajarte lo suficiente para dormir, primero baja la luz artificial y después apágala por completo.

4. **Prepara un té herbal** una hora o más antes de acostarte. Una taza caliente y perfumada te ayudará a relajarte del día. Trata de hacer tu propia mezcla con hierbas de manzanilla, lavanda, pétalos de rosa y una rodaja de limón o jengibre fresco. No bebas el té justo antes de acostarte, o quizá tu sueño se interrumpa por una visita al baño.

5. **Haz estiramientos antes de dormir** o un poco de yoga suave. Los círculos de cabeza y cuello ayudan a disminuir la tensión y ansiedad del día. Si quieres una rutina de yoga más estructurada para la hora de acostarte, prueba la siguiente. Puedes hacerla en un tapete de yoga o en la cama:

Círculos suaves de cabeza y cuello. Gira con suavidad y lentitud la cabeza y el cuello en el sentido de las manecillas del reloj mientras inhalas y exhalas profundamente. Pon más atención en la exhalación porque esto te ayudará a apartar cualquier estrés producido durante el día. Después de un minuto, cambia la dirección con suavidad. Ahora gira cabeza y cuello en sentido contrario a las manecillas del reloj durante un minuto.

Inclinación. Siéntate derecho. Estira las piernas hacia delante, paralelas al tapete o la cama. Haz una pausa, inhala larga y profundamente. En la exhalación, empieza a doblar tu cintura, estirando tus manos hacia los pies. Descansa tus manos al lado de tus muslos sobre la cama o el tapete, en tus pantorrillas o en la parte superior de tus pies. Quédate en esta curva modificada al menos tres respiraciones o más. Cuando estés listo, actívate de manera lenta y consciente para llevar tu columna vértebra por vértebra a la posición vertical, larga y recta, justo donde empezaste.

Postura del niño. La despedida perfecta para irte a dormir es la postura del niño (ve la figura 20). Esta postura de descanso tradicional en el yoga permite que todo tu cuerpo se relaje. Empieza arrodillado. Inhala profundo y al exhalar dóblate o inclínate hacia adelante, llevando tu cabeza hacia abajo, hasta tocar el tapete o la cama. Descansa sintiéndote apoyado por completo durante varios minutos, respirando de forma consciente. Cuando estés listo, regresa a la posición original, es decir, de rodillas.

Ahora ya estás listo para una buena noche de sueño.

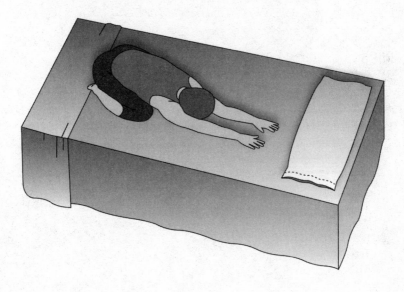

9

El peso de los telómeros: un metabolismo saludable

A los telómeros les importa mucho tu peso, pero no como te imaginas. En realidad les interesa tu salud metabólica. Tus verdaderos enemigos son la resistencia a la insulina y la grasa abdominal, no los kilos de la báscula. Las dietas afectan a los telómeros, para bien y para mal.

Mi amigo Peter (de Elissa) es un investigador genético y atleta que compite en triatlones de distancia olímpica. Por el ejercicio que hace es fuerte y musculoso, así que se ve muy bien. Tiene un gran apetito, pero se esfuerza por no comer tanto. He estudiado mucho la psicología de la alimentación, así que le pregunté cómo es pensar todo el día en *no* comer:

Hubiera sido un cazador asombroso. Puedo reconocer el olor a comida en un segundo, en especial si es dulce. En el trabajo, a manera de broma se dice que cuando aparece la comida, también lo hago yo. Sé dónde la esconden: una de mis compañeras tiene un frasco de dulces que siempre rellena, otra pone su comida en el mostrador cerca de su oficina y muchos ponen bocadillos y lo que sobra de las fiestas infantiles o el Halloween de sus hijos en la mesa de la cocina.

Evito ver la comida. Cuando me encuentro con la mujer que tiene el frasco de dulces, trato de no verlo (el problema es que es mi jefa y debería estar escuchándola, pero a veces sólo me concentro en no voltear hacia los dulces). Cuando me levanto al baño escojo un camino que no pase cerca de la cocina. Pero esto significa que ni si quiera puedo orinar sin pensar en ella: ¿Y si me asomo a la cocina a ver si hay algo? ¿O seré fuerte y no me acercaré? Tengo que contestarme esa pregunta cada vez que me levanto del escritorio, porque es muy fácil pasar por algún lugar donde tal vez haya algo de comer.

Mis planes de alimentarme bien no siempre funcionan. Por ejemplo, es común que traiga una ensalada fresca y saludable, pero no siempre me la como porque tengo que guardarla en la cocina. Entonces, cuando voy a recoger mi ensalada, me intercepta un pastel mil hojas que alguien dejó en la mesa. Termino comiendo mil hojas de pan (¿por eso se llama pastel mil hojas?) mientras que la ensalada queda olvidada, marchitándose y echándose a perder.

Como lo descubrió Peter, es complicado pensar en comida todo el tiempo y aún más difícil es perder peso. De todos modos hay una buena noticia para él y todos los que sufren por la dieta, el estrés y el peso: no es necesario, ni siquiera saludable, pensar tanto en comida y consumo de calorías. A tus telómeros les importa tu peso, pero no como te imaginas.

ES EL ABDOMEN, NO EL IMC

¿Comer demasiado acorta tus telómeros? La respuesta fácil y rápida es *sí.* El efecto del exceso de peso en los telómeros es real, pero no es tan sorprendente como la relación entre la depresión y los telómeros (que es cerca de tres veces más importante).[1] El efecto del peso es poco y es probable que no sea una causa directa. Quizá este descubrimiento sea una sorpresa para personas como Peter, que dedica mucha de su energía mental al esfuerzo de no comer tanto. Tal vez sea un poco alarmante para *todos* los que han oído el mensaje de que la pérdida de peso es la meta más urgente en los temas de salud pública. Pero tener sobrepeso (y no obesidad) no está tan ligado al acortamiento telomérico (ni a la mortalidad). Ésta es la razón: el peso es una forma rápida de medir la salud de tu metabolismo, lo que en realidad importa.[2] Muchos de los investigadores en temas de obesidad confían más en el índice de masa corporal (IMC, una medida que relaciona tu peso y altura), pero esto tampoco dice mucho. ¿Cuál es la proporción que tenemos de músculo contra grasa corporal? ¿Y dónde se almacena? Cuando lo hace en las extremidades (de manera subcutánea, es decir bajo la piel, pero no en los músculos) es distinta y tal vez más protectora. Pero cuando lo hace en lugares más profundos, como el abdomen, el hígado o los músculos, se vuelve una verdadera amenaza subyacente. Te mostraremos lo que significa tener una salud metabólica deficiente y por qué ponerse a dieta tal vez no sea una forma de estar más sano.

Al crecer Sarah impresionó a sus familiares y amigos con su apetito. "Me comía un sándwich italiano como tentempié después de la escuela con dos vasos de té helado y jamás subí de peso", comenta de manera melancólica. Sarah comió así durante la preparatoria y la universidad; incluso durante una encantadora adultez temprana se mantuvo delgada. Hasta que de repente dejó de estarlo. Comía las mismas cosas y hacía el mismo ejercicio (que era muy poco). La parte superior de su cuerpo y las piernas seguían esbeltas, pero sus pantalones dejaron de quedarle. Le creció el abdomen. "Parecía una lombriz con un chícharo atorado", dice ahora. Se preocupó porque sus padres tomaban medicamentos para el colesterol. Después de tres décadas de sentirse saludable sin esfuerzo, Sarah se pregunta si se unirá a sus padres en la fila de la farmacia.

Tiene razón en estar preocupada. No sólo están en juego sus niveles de colesterol. El tipo de cuerpo de Sarah, donde el sobrepeso es más notorio en el abdomen, se asocia a un metabolismo poco saludable.

Esto es cierto *sin importar cuánto peses*. Aplica para las personas que tienen panza, y para Sarah, cuyo IMC es normal pero su cintura es más grande que su cadera.

Cuando decimos que una persona tiene un metabolismo poco saludable, en general nos referimos a que tiene una serie de factores de riesgo: grasa abdominal, niveles anormales de colesterol, hipertensión y resistencia a la insulina. Si tienes tres o más te ganarás la etiqueta de "síndrome metabólico", un precursor de problemas cardiacos, cáncer y una de las grandes pandemias del siglo XXI: diabetes.

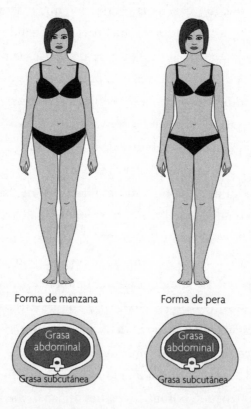

Forma de manzana   Forma de pera

Figura 21: Telómeros y grasa abdominal. Aquí ves lo que significa tener un exceso de grasa corporal en el abdomen: una forma de manzana (que refleja niveles de grasa elevados y una mayor proporción cintura-cadera, o ICC) contra una forma de pera (más grasa en la cadera y muslos que da un ICC más bajo). La grasa subcutánea, que está bajo la piel y las extremidades, representa menos riesgo para la salud. La grasa abdominal alta es mucho más problemática e indica poco control de glucosa o resistencia a la insulina. En un estudio, los ICC altos mostraron 40% más riesgo de un acortamiento telomérico durante los siguientes cinco años.[3]

GRASA ABDOMINAL, RESISTENCIA A LA INSULINA Y DIABETES

La diabetes es un problema de salud a nivel mundial. La lista de sus efectos a largo plazo es extensa y alarmante: enfermedades cardiacas, derrame cerebral, pérdida de la vista y problemas vasculares que pueden llevar a amputaciones. Alrededor del mundo más de 387 millones de personas (cerca del 9% de la población mundial) la padecen. Eso incluye 7.3 millones en Alemania, 2.4 millones en el Reino Unido, 9 millones en México y la colosal cantidad de 25.8 millones en Estados Unidos.[4]

Así es como se desarrolla la diabetes tipo 2: en una persona saludable, el sistema digestivo descompone la comida y la convierte en glucosa. Las células beta del páncreas producen una hormona, la insulina, la cual se libera en el torrente sanguíneo y permite a la glucosa entrar en las células del cuerpo para que se pueda usar como combustible. En un sistema bien organizado, la insulina se une a los receptores de la célula como una llave en una cerradura. La llave gira, la puerta se abre y la glucosa puede entrar. Pero la acumulación excesiva de grasa en el abdomen o el hígado puede producir que tu cuerpo se vuelva resistente a la insulina, lo que significa que las células no respondan como deberían. Sus "cerraduras" (los receptores de insulina) se atascan y se hacen pegajosos y la llave no puede abrir bien. Es más difícil para la glucosa entrar en las células, y la que no puede pasar por la puerta se queda en el torrente sanguíneo aunque tu páncreas produzca más y más insulina. La diabetes tipo 1 se relaciona con la falla de las células beta del páncreas; no pueden producir suficiente insulina. Estás en riesgo de un síndrome metabólico. Y si tu cuerpo no logra mantener la glucosa en un rango normal, surge la diabetes.

LOS TELÓMEROS CORTOS Y LA INFLAMACIÓN CONTRIBUYEN A LA DIABETES

¿Por qué las personas con mucha grasa abdominal tienen diabetes y más resistencia a la insulina? Una mala nutrición, la inactividad y el estrés se asocian con la panza y altos niveles de azúcar en la sangre. Pero las personas con grasa abdominal desarrollan acortamiento telomérico después de cinco años,[5] y es muy probable que esto agrave el problema de la resistencia a la insulina. En un estudio danés de 338 gemelos, los telómeros cortos predijeron el incremento de resistencia a la insulina en doce años. Y dentro del par de gemelos, el que tenía los telómeros más cortos desarrolló mayor resistencia a la insulina.[6]

También existe una fuerte conexión entre los telómeros cortos y la diabetes. Las personas con síndromes teloméricos hereditarios son más propensas a desarrollarla que el resto de la población. Su diabetes es temprana y agresiva. Otra evidencia proviene de los nativos americanos, quienes tienen altos riesgos de padecerla por muchas razones. Cuando un nativo posee telómeros cortos tiene el doble de probabilidades en el transcurso de cinco años que otro miembro del grupo con telómeros más largos.[7] Un metaanálisis de los estudios sobre siete mil personas demuestra que las células sanguíneas con telómeros cortos predicen el inicio de la diabetes.[8]

Incluso podemos echar un vistazo en el mecanismo que causa la diabetes y ver qué pasa con el páncreas. Mary Armanois y sus colegas demostraron que cuando los telómeros de un ratón se acortan (a través de una mutación genética) las células beta del páncreas no pueden secretar insulina.[9] Las células madre terminan exhaustas; agotan la longitud telomérica y no pueden reparar el daño pancreático de las células beta que deberían hacer el trabajo de la producción y regulación de insulina. Estas células mueren. Los primeros pasos de la diabetes tipo 1 empiezan su malévolo trabajo. En la diabetes tipo 2, la más común, hay algunas células beta disfuncionales, y es posible que los telómeros cortos del páncreas tengan algo que ver aquí también.

En una persona sana el camino de la panza a la diabetes se puede dar por uno de nuestros viejos enemigos, la inflamación crónica. La grasa abdominal inflama más que la obesidad. Las células grasas secretan sustancias proinflamatorias que dañan las células inmunes, haciéndolas senescentes y acortando sus telómeros. Claro, el sello distintivo de la senescencia celular es que no puede dejar de mandar sustancias proinflamatorias. Es un círculo vicioso.

Si tienes exceso de grasa abdominal (y más de la mitad de los adultos de Estados Unidos lo tienen) tal vez te preguntes cómo protegerte de la inflamación, del acortamiento telomérico y del síndrome metabólico. Antes de que empieces una dieta para eliminar la panza lee el resto de este capítulo, tal vez decidas que la dieta sólo empeorará las cosas. Y está bien, porque pronto te vamos a sugerir algunas alternativas para mejorar la salud de tu metabolismo.

LA DIETA ES DECEPCIONANTE (QUÉ ALIVIO)

Hay una relación entre la dieta, los telómeros y tu salud metabólica. Pero como todas las cosas relacionadas con el peso, es complicada. Aquí hay algunos resultados de investigaciones sobre la pérdida de peso y los telómeros

- La pérdida de peso lleva a una disminución del índice normal de desgaste de los telómeros.
- La pérdida de peso no tiene efecto en los telómeros.
- La pérdida de peso alienta a que los telómeros se alarguen.
- La pérdida de peso provoca que los telómeros se acorten.

Es una serie de descubrimientos complejos. En el último estudio, las personas que se sometieron a una cirugía bariátrica tuvieron acortamiento telomérico un año después del procedimiento, pero es posible que este efecto fuera resultado del estrés físico de la cirugía.[10]

De nuevo, creemos que estos resultados contradictorios nos dicen que el peso no importa en realidad. La pérdida de peso es sólo una forma simple de suplir los cambios positivos subyacentes en la salud metabólica. Uno de esos cambios es la pérdida de grasa abdominal. Baja de peso en general, y de manera inevitable lograrás parte del objetivo. Y es mejor si incrementas el ejercicio en lugar de sólo disminuir las calorías. Otro cambio positivo es mejorar la resistencia a la insulina. Un estudio dio seguimiento a voluntarios durante diez a doce años. Mientras las personas subían de peso (como todos tendemos a hacerlo), sus telómeros se acortaban. Entonces los investigadores buscaron qué era más importante, la ganancia de peso o la resistencia a la insulina que por lo general lo acompaña. Fue la resistencia a la insulina.[11]

Mejorar tu salud metabólica es más importante que perder peso, es vital. Al repetir dietas una y otra vez hay consecuencias en tu cuerpo. Existen unos mecanismos internos que hacen más difícil mantener un peso bajo. Nuestro cuerpo tiene un peso que defiende, y cuando lo perdemos hacemos más lento el metabolismo, pues se esfuerza en recuperarlo ("adaptación metabólica"). Aunque esto es bien conocido, aún no sabemos qué tan dramática puede ser dicha adaptación. Aquí hay una lección trágica de los valientes voluntarios que se unieron al show de televisión *The Biggest Loser*. En este programa, personas muy obesas compiten para perder la mayor cantidad de kilos en cerca de 7.5 meses, con dieta y ejercicio. El doctor Kevin Hall y sus colegas de los Institutos Nacionales de Salud decidieron examinar cómo esta pérdida rápida y masiva de peso afecta su metabolismo. Al final de la serie habían bajado 40% de su peso (cerca de 58 kg). Hall volvió a revisar su peso y metabolismo seis años después. La mayoría volvió a subir, aunque se mantuvieron en un rango de 12% debajo de su peso original. Ésta es la parte difícil: al final del programa su metabolismo se volvió tan lento que quemaban 610 calorías menos por día. En seis años, además de la ganancia de peso, sus adaptaciones metabólicas se habían vuelto más graves, quemaban cerca de 700 calorías menos que su estándar inicial.[12] Ups. Aunque esto es un ejemplo de pérdida de peso extrema, el indicador de ralentización metabólica ocurre en menor medida siempre que perdemos peso, y al parecer siempre que lo subimos.

En el fenómeno conocido como efecto rebote (o "efecto yo-yo"), los dietistas ganan kilos y los pierden, y los ganan y los pierden, y así siguen. Menos del 5% de las personas que tratan de perder peso se apegan a una dieta y mantienen los kilos perdidos durante cinco años. El restante 95% se da por vencido o empieza con el efecto yo-yo. Esto se ha convertido en una forma de vida para muchos de nosotros, en especial para las mujeres; es de lo que hablamos, de lo que nos reímos juntas. (Por ejemplo: "Sé que dentro de mi hay una mujer delgada que llora por salir, pero casi siempre la callo con galletas".) Y parece que el efecto rebote acorta los telómeros.[13]

El efecto yo-yo es tan poco saludable, y tan común, que creemos que todo el mundo debería entenderlo. Quienes lo padecen se restringen por un tiempo y después, cuando se salen de la línea, tienden a consentirse con dulces y otras comidas no saludables. Este ciclo intermitente entre la restricción y la complacencia es un gran problema. ¿Qué pasa con los animales cuando les dan comida chatarra todo el tiempo? Comen de más y se vuelven obesos. Pero si les dan sólo unos pocos días, sucede algo más perturbador. La química del cerebro de las ratas cambia, el sistema de recompensa del cerebro se empieza a parecer al de las personas que sufren adicción. Cuando a las ratas les quitan la comida chatarra dulce, desarrollan síntomas de abstinencia y su cerebro libera CRH (hormona liberadora de corticotropina). La CRH hace que las ratas se sientan tan mal que las orilla a buscar comida chatarra para calmar el estrés que sienten por la abstinencia. Cuando por fin obtienen su porción de chocolate se lo comen como si fuera el fin del mundo. Se atracan.[14]

¿Te suena conocido? ¿Como Peter que se come sus mil hojas de pan de camino a almorzar su ensalada saludable? Los estudios sobre personas obesas sugieren un aspecto compulsivo similar cuando comen de más, un trastorno en el sistema de recompensa del cerebro.

Las dietas pueden crear un estado de semiadicción igual de estresante. Monitorear las calorías causa una carga cerebral, es decir, usa toda la atención limitada del cerebro e incrementa el estrés que sientes.[15]

Piensa en Peter, que ha pasado años tratando de comer menos cosas azucaradas y calorías. Los investigadores en obesidad llaman restricción cognitiva a este tipo de mentalidad sobre la dieta a largo plazo. Los que se limitan dedican mucho de su tiempo a desear, querer e intentar comer menos, pero su consumo de calorías actual es casi igual que el de las personas que no están a dieta. Entrevistamos a un grupo de mujeres con preguntas como: "¿Tratas de comer menos de lo que te gustaría en tus horas de comida?" y "¿qué tan seguido tratas de no comer entre comidas porque cuidas tu peso?" Las mujeres que demostraron un alto nivel de restricción en su dieta tienen telómeros más cortos que quienes comen de manera libre, sin importarles cuánto pesan.[16] No es saludable pasarse la vida pensando en comer menos. No es bueno para tu atención (un preciado recurso limitado), ni para tus niveles de estrés, ni para tu envejecimiento celular.

En lugar de limitar tus calorías, concéntrate en tener más actividad física y consumir alimentos nutritivos. En el próximo capítulo te ayudaremos a escoger la comida que es mejor para tus telómeros y sobre todo para tu salud.

Azúcar: una historia amarga

Cuando queremos encontrar a los responsables de las enfermedades metabólicas, apuntamos directamente a las comidas procesadas, endulzadas y bebidas azucaradas.[17] (Los tenemos en la mira: pan de caja, dulces, galletas y refrescos.) Son los alimentos más asociados con los comedores compulsivos.[18] Prenden tu sistema de recompensas. Se absorben en la sangre casi de inmediato y engañan al cerebro pensando que estamos muriendo de hambre y necesitamos más. Aunque creíamos que todos los nutrientes tienen el mismo efecto en el peso y el metabolismo (después de todo "una caloría es una caloría"), no es cierto. El simple hecho de reducir el azúcar, aunque consumas las mismas calorías, te puede ayudar a mejorar tu metabolismo.[19] Los carbohidratos simples tienen más efectos en nuestro metabolismo y control sobre el apetito que cualquier otro tipo de comida.

RESTRICCIÓN CALÓRICA EXTREMA: ¿ES BUENO PARA LOS TELÓMEROS?

Estás en una cafetería, esperando en la fila con tu charola. Cuando llegas al mostrador notas que todos usan unas pinzas para escoger pequeños bocadillos que ponen con cuidado en una báscula. Una vez satisfechos con los gramos de comida que escogieron, llevan su charola (con mucho menos comida de la que tú normalmente escogerías) a una mesa y se sientan. Los acompañas y observas cómo comen su escaso almuerzo. Cuando sus platos están vacíos dicen con una sonrisa: "Me quedé con un poco de hambre".

¿Por qué comen porciones tan pequeñas? ¿Y por qué sonríen si aún tienen hambre? Éste es un ejercicio hipotético (esas cafeterías no existen en el mundo real), pero refleja los hábitos de las personas que creen que vivirán más por restringir su consumo de calorías y disminuirlas un 25 o 30% de lo que necesita un desayuno normal y saludable. Las personas que restringen su consumo de calorías aprenden a tener reacciones diferentes cuando tienen hambre. Si perciben esa sensación del estómago vacío no se sienten estresadas o tristes. Al contrario, se dicen: *"¡Sí! ¡Estoy logrando mi objetivo!"* Son buenas pensando y planeando su futuro. Por ejemplo, un practicante de la restricción calórica en uno de nuestros estudios estaba muy emocionado planeando su cumpleaños ciento treinta, aunque sólo tenía cerca de sesenta años en ese momento.[20]

Si tan sólo esas personas fueran gusanos. O ratones. Existe la creencia de que la restricción de calorías extrema alarga la vida de varias especies inferiores. Al menos en algunas crías de ratón con dietas restringidas, los telómeros parecen alargarse. Tienen menos células senescentes en el hígado, uno de los primeros órganos donde éstas se producen.[21] La restricción calórica también puede mejorar la sensibilidad a la insulina y reducir el estrés oxidativo. Pero es más difícil señalar el efecto de la restricción calórica en especies superiores. En un estudio, monos que consumían 30% menos calorías de lo normal tuvieron un periodo de vida saludable por más tiempo y una vida más larga, pero sólo cuando los compararon con el grupo de control, que eran monos que comían mucha azúcar y grasa. En un segundo estudio, simios con una dieta restringida similar se compararon con otros que comían sus porciones normales de comida saludable. Éstos no tuvieron una vida más larga, pero mantuvieron más tiempo su periodo de vida saludable. Además de la poca certeza, en ambos estudios los monos comían a solas. Pero son animales muy sociables; cuando son libres comen en manada. Quizá el hecho de que comieran en circunstancias fuera de lo normal y un poco estresantes afectó el resultado obtenido de maneras que aún no podemos comprender.

Por ahora parece que la restricción calórica no tiene efectos positivos en los telómeros humanos. Janet Tomiyama, ahora profesora de psicología en la UCLA, dirigió una investigación durante su posdoctorado en la UCSF. Reunió un grupo de personas de distintas partes de Estados Unidos que tuvieron éxito con la restricción calórica a largo plazo. Llevó a cabo un estudio intensivo donde también examinó los telómeros de diferentes tipos de células sanguíneas. (Como te puedes imaginar, estas personas no son comunes.) Para nuestra sorpresa, sus telómeros no fueron más largos que los del grupo de control. De hecho tendían a ser un poco más cortos en las células mononucleares de sangre periférica, los tipos de células inmunes que incluyen los linfocitos T. Otro estudio investigó monos Rhesus con restricción de 30% menos calorías que animales con dieta normal. Los investigadores midieron la longitud telomérica en células de varios tejidos, como adiposo y muscular (no sólo en las sanguíneas, que son la fuente típica de medición de telómeros). De nuevo, no hubo diferencias en la longitud telomérica de los monos con restricción calórica, en ningún tipo de célula.

Gracias a Dios. La mayoría de las personas no puede practicar una restricción calórica extrema, y muy pocos lo desean. Como dijo uno de nuestros amigos: "Prefiero comer bien en lo que llego a los ochenta, que matarme de hambre mientras llego a los cien". Tiene un buen punto. No tienes que sufrir el comer si lo haces de una manera que sea adecuada para tus telómeros y tu periodo de vida saludable. Para aprender más, ve al siguiente capítulo.

CONSEJOS PARA TUS TELÓMEROS

- Los telómeros piden que no nos enfoquemos en el peso. Más bien mide tu cintura y la sensibilidad que tienes a la insulina y tómalos como índice de qué tan saludable estás. (Tu médico puede evaluar tu sensibilidad midiendo tus niveles de insulina y glucosa en ayunas.)
- Obsesionarte con las calorías es estresante y tal vez dañino para tus telómeros.
- Comer y beber alimentos y bebidas bajos en azúcar y de bajo índice glucémico mejorará tu salud metabólica, lo verdaderamente importante (más que el peso).

SURFEA TUS ANTOJOS DE AZÚCAR

Disminuir tu consumo de azúcar tal vez sea el cambio más simple y benéfico que puedes hacer en tu dieta. La American Heart Association recomienda que limites la cantidad de azúcar a nueve cucharaditas si eres hombre y seis si eres mujer, pero el estadounidense promedio consume cerca de veinte al día. Una dieta alta en glucosa se asocia con el aumento de la grasa abdominal y resistencia a la insulina. Tres estudios descubrieron que existe una relación entre el acortamiento telomérico y el consumo de bebidas azucaradas. (En el siguiente capítulo hablaremos de las bebidas azucaradas con más detalle.)

Cuando se te antoja algo muy dulce (o cualquier otro tipo de comida que no es buena para ti) necesitas una herramienta que te ayude a salir adelante. Los antojos son fuertes, y los soporta la actividad de la dopamina del sistema de recompensas del cerebro. Por fortuna los antojos no son permanentes. Pasarán. El psicólogo Alan Marlatt aplicó la idea de "surfear el impulso" para ayudar a las personas adictas a que resistan su impulso de consumo hasta que éste se disipe. Andrea Lienerstein, una experta de la conciencia alimentaria, descubrió que esta práctica funciona mejor si agregas un enfoque personal al propósito, quitando la agudeza de los antojos con sentimientos de compasión y amabilidad.

Así es como puedes surfear tus antojos:

Surfea tus antojos

Siéntate en una posición cómoda y cierra los ojos. Imagina el bocadillo o golosina que se te antoja: recuerda su textura, color, olor. Mientras haces vívida esa imagen, siente el deseo de consumirlo. Deja que tu atención deambule por todo tu cuerpo y observa la naturaleza de este antojo.

Descríbelo. ¿Cuáles son sus cualidades? ¿Cuáles son las formas, sensaciones y cualquier sentimiento o pensamiento asociado con él? ¿En qué parte de tu cuerpo lo sientes? ¿Cambia mientras lo haces consciente o mientras exhalas? Siente cualquier malestar. Recuerda: no es una comezón que necesitas rascar. Es un sentimiento que cambia y pasará. Imagínalo como una ola que crece, llega a la playa y regresa al mar. Respira con esa sensación y deja que la tensión se relaje, mientras notas cómo la ola regresa tranquila.

Pon tu atención y tu mano en el corazón, imaginando un sentimiento de calidez y amabilidad que fluye hacia afuera. Deja que esta sensación se disperse por todo tu cuerpo, envolviendo el antojo con amor y ternura. Tómate un momento sólo para respirar y concentrarte en este sentimiento de amor por ti. Ahora regresa a la imagen de la comida. ¿Qué cambió? ¿De qué te das cuenta? Puedes experimentar el antojo sin actuar. Sólo nótalo, respira y envuélvelo con una sensación de amor y ternura.

Puedes grabar tu voz mientras lees este texto (por ejemplo, usa la aplicación de Nota de voz de iPhone) y escúchala cada vez que se te antoje algo. Otra opción es descargar el audio de nuestro sitio web.

AJUSTA LAS SEÑALES DE TU CUERPO DE HAMBRE Y SATISFACCIÓN

Al sintonizar de manera consciente las sensaciones de hambre y satisfacción de tu cuerpo, es posible disminuir el sobreconsumo. Cuando pones atención a tus niveles de hambre física eres menos propenso a confundirlos con la psicológica. El estrés, el aburrimiento y las emociones (incluso las felices) te hacen sentir como si tuvieras hambre aunque en realidad no sea así. En un pequeño estudio piloto dirigido por la psicóloga e investigadora Jennifer Daubenmier de la UCSF, descubrimos que cuando las mujeres entrenan para hacer un análisis consciente antes de cada comida, tienen niveles de glucosa y cortisol más bajos, en especial si son obesas. Y conforme mejora su salud mental y metabólica, sus telómeros se alargan.[22] En una prueba más profunda, la investigadora y psicóloga Ashley Mason descubrió que entre más practicaban el comer conscientes, hombres y mujeres comían menos cosas dulces y sus niveles de glucosa disminuyeron después de un año.[23] La alimentación consciente parece tener un efecto pequeño en el peso, pero puede ser crítico para romper los vínculos que existen con los antojos de glucosa y cosas dulces.

Más abajo están algunas estrategias para comer consciente que mis colegas y yo (Elissa) usamos para nuestros estudios sobre tratamiento de peso. Se basan en el programa de entrenamiento en alimentación consciente desarrollado por Jean Kristeller, una psicóloga de la Universidad de Indiana. (Busca más investigaciones de alimentación consciente en la página web de esta nota.)[24]

1. **Respira.** Concientiza todo tu cuerpo. Pregúntate: ¿Qué tan hambriento estoy en este momento? ¿Qué información y sensaciones me ayudarían a responder esta pregunta?
2. Selecciona tu nivel de hambre física en esta escala:

Sin hambre			Con hambre moderada				Con mucha hambre		
1	2	3	4	5	6	7	8	9	10

Trata de comer *antes* de llegar al número 8 para que seas menos propenso a comer de más. En definitiva no esperes hasta llegar a 10. Si estás muy hambriento es muy fácil que comas mucho y muy rápido.

3. Cuando comas, saborea al máximo la comida y la experiencia de consumirla.

4. Pon atención al hambre de tu estómago, a la sensación física de satisfacción y distención. (Llamamos a esto "escucha los receptores elásticos".) Después de que hayas pasado unos minutos comiendo, pregúntate: ¿Qué tan satisfecho me siento? Selecciona tu respuesta:

Nada satisfecho			Moderadamente satisfecho				Muy satisfecho		
1	2	3	4	5	6	7	8	9	10

Detente cuando tu puntaje llegue a 7 u 8, en otras palabras, cuando estás moderadamente satisfecho. Las señales biológicas de satisfacción causadas por el aumento de azúcar y las hormonas en la sangre son de efecto retardado y no lo sentirás sino hasta veinte minutos después. Detente antes de llegar a esas señales, antes de comer de más. Por lo general es la parte difícil, pero se vuelve más fácil cuando lo haces consciente.

10

La comida y los telómeros: comer para una salud celular óptima

---

Algunos alimentos y suplementos son saludables para nuestros telómeros y otros no. ¡Nos alegra informar que no necesitas dejar los carbohidratos o derivados de la leche para estar sano! Una dieta completa que integre frutas y verduras frescas, granos enteros, frutos secos, legumbres y ácidos grasos omega 3 no sólo es buena para tus telómeros, también te ayuda a reducir el estrés oxidativo, la inflamación y la resistencia a la insulina, factores que, como ya explicamos, pueden acortar tu periodo de vida saludable.

Pasa todos los días: llega la mañana. Yo (Liz) no soy una persona madrugadora, me levanto de la cama y voy adormilada a la cocina, despacio mientras despierto. Mi esposo, John, que es un pájaro mañanero por naturaleza, amablemente me sirve una taza de café.

—¿Leche? —dice.

Bueno, ésa es una pregunta difícil para horas tan tempranas, y se vuelve más difícil por los consejos de nutrición que por lo general son confusos. Sí, quiero leche en mi café. ¿Pero debería ponerle? La leche es sana, ¿cierto? Después de todo tiene calcio, proteínas y está fortificada con vitamina D. ¿Pero debería ser leche entera o *light*? ¿O no debería tomar nada?

Cada alimento que adiciones en tu desayuno tiene una serie de dilemas nutricionales:

Pan tostado. Muchos carbohidratos. ¿Aunque sea grano entero? ¿Y qué hay sobre una reacción potencial al gluten?

Mantequilla. ¿Un poco de grasa incrementará la sensación de satisfacción (bueno) o tapará las arterias (malo)?

Fruta. ¿Mejor cambiar la idea del pan tostado por un licuado? Pero ¿la fruta tiene muchos azúcares?

Éstas son demasiadas preguntas que responder cuando apenas estás despertando, y el café aún no te hace efecto. Los dos somos científicos, entrenados en escudriñar la evidencia complicada, pero a veces tenemos problemas para descubrir qué comida es la más sana.

En mañanas así, los telómeros ofrecen una guía fundamental sobre los mejores alimentos para nosotros. Creemos en su evidencia porque indica cómo responde el cuerpo en un micronivel. Y tomamos la información muy en serio, porque se adapta bien con el conocimiento emergente en la ciencia de la nutrición. Estos descubrimientos nos dicen que las dietas no funcionan y la mejor decisión es comer alimentos frescos y enteros en lugar de procesados. Así que alimentarse para tener unos telómeros sanos es muy placentero, satisfactorio y nada restrictivo.

TRES ENEMIGOS CELULARES Y CÓMO DEJAR DE ALIMENTARLOS

Ya te advertimos de la inflamación, la resistencia a la insulina y el estrés oxidativo, los cuales crean un entorno tóxico para los telómeros y las células. Piensa en esas enfermedades como los tres enemigos que acechan dentro de cada uno de nosotros. Puedes consumir alimentos que nutran a esos tres villanos o comer los que luchan contra ellos, cambiando el entorno celular a uno más sano para el mantenimiento telomérico.

El primer enemigo celular: inflamación

La inflamación y el daño telomérico tienen una relación mutua y nociva. Uno empeora al otro. Como ya lo explicamos, el envejecimiento celular, con sus telómeros cortos o dañados (más otras rupturas en el ADN que no se reparan), envían señales proinflamatorias que provocan que el sistema inmune del cuerpo se autoataque, dañando sus tejidos. La inflamación también suele provocar que las células inmunes se dividan y repliquen, con telómeros aún más cortos. Y así se inicia el círculo vicioso.

Investigadores tomaron un grupo de ratones y les quitaron parte de un gen que protege contra la inflamación; sin esa fracción de código genético, los ratones desarrollaron un grave caso de inflamación crónica muy rápido. Sus tejidos acumularon telómeros cortos y células envejecidas. Entre más células envejecidas tenían en su hígado e intestinos, más rápido morían.[1]

Una de las mejores formas para protegerte de la inflamación es dejar de alimentarla. La glucosa que se absorbe de las papas fritas, los carbohidratos refinados (pan blanco, arroz blanco, pasta), las golosinas, sodas, jugos y panes dulces, llega a tu torrente sanguíneo de manera fuerte y veloz. Esos aumentos de glucosa en sangre también causan el incremento de citoquinas, que son señales inflamatorias.

El alcohol actúa igual que los otros carbohidratos, y su consumo excesivo parece incrementar la proteína C reactiva (CRP, por sus siglas en inglés), una sustancia que se produce en el hígado y aumenta cuando hay mayor inflamación en el cuerpo.[2] El alcohol también se convierte en un químico (acetaldehído, un cancerígeno) que puede estropear el ADN y en altas dosis deteriorar los telómeros. Al menos daña los de las células en el laboratorio, no sabemos si algún humano habrá alcanzado esas dosis tan altas. Hasta ahora parece que los problemas de alcoholismo crónico se asocian con el acortamiento telomérico y otros signos de envejecimiento del sistema inmune, pero no hay una relación consistente entre el consumo moderado y los telómeros.[3] ¡Está bien disfrutar de un trago ocasional!

Otra buena noticia, en especial si te preocuparon esos ratones genéticamente modificados para tener una inflamación crónica. Cuando les dieron un antiinflamatorio o un medicamento antioxidante, la disfunción de sus telómeros se revirtió. Se recuperaron. Las células envejecidas dejaron de acumularse y continuaron su ciclo de división y renovación. Esto sugiere que todos somos capaces de proteger nuestros telómeros de la inflamación, pero es más seguro e inteligente hacerlo sin medicamentos. Para empezar podemos consumir alimentos que nos ayuden a prevenir la respuesta inflamatoria. Y qué maravillosa selección de frutos dulces y sabrosos tenemos para escoger: piensa en frambuesas, zarzamoras, arándanos rojos y azules; uvas rojas y moradas; manzanas; col; brócoli; cebollas amarillas; jugosos jitomates y cebollas de cambray. Todos contienen flavonoides y/o carotenoides, una amplia clase de químicos que les dan a las plantas su color. También son especialmente altos en antocianinas y flavonoles, subclases de flavonoides que se relacionan con la disminución de los niveles de inflamación y estrés oxidativo.[4]

Otros alimentos antiinflamatorios son el aceite de pescado, frutos secos, linaza, aceite de linaza, y verduras de hoja, porque todos son ricos en ácidos grasos omega 3. Tu cuerpo los necesita para reducir la inflamación y mantener los telómeros saludables. También ayuda a la formación de las membranas celulares de todo el cuerpo, manteniendo la estructura de la célula fluida y estable. Además, la célula convierte el omega 3 en hormonas que regulan la inflamación y coagulación; ayudando a determinar si las paredes de las arterias están rígidas o relajadas.

Ya tiene tiempo que sabemos que las personas con altos niveles de omega 3 en sangre tienen menos riesgos cardiovasculares. Los nuevos estudios sugieren una emocionante posibilidad adicional: tal vez el omega 3 ayuda porque evita que tus telómeros se acorten muy rápido. Recuerda: los telómeros se acortan con la edad, la meta es que este proceso se desarrolle lo más lento posible. Un estudio observó las células sanguíneas de 608 personas, todas de mediana edad y con enfermedades cardiacas estables. Entre más omega 3 había en sus células sanguíneas, el acortamiento telomérico disminuía durante los siguientes cinco años.[5]

Y entre menos acortamiento telomérico, era más probable que estos sujetos (que para empezar no eran los más saludables) sobrevivieran los próximos cuatro años.[6] De los que tuvieron acortamiento celular, 39% murió, mientras que quienes tuvieron un alargamiento aparente, sólo el 12% falleció. Entre menos se acorten tus telómeros, es menos probable que *tú* caigas en una enfermedad crónica y una muerte prematura.

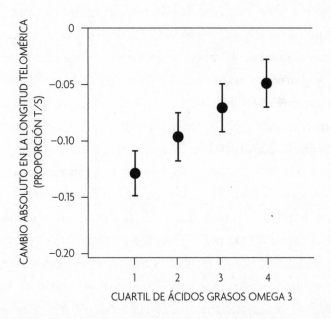

Figura 22: Ácidos grasos omega 3 y la longitud telomérica con el tiempo. Entre más altos son los niveles de omega 3 en sangre (EPA y DHA), el acortamiento telomérico disminuye durante los próximos cinco años. Cada desviación estándar sobre el promedio de niveles de omega 3 predijo 32% menos de posibilidad de acortamiento. Este efecto fue aún más fuerte en aquellos que empezaron con telómeros largos (pues se acortan más rápido).[7]

Así que disfruta el pescado fresco (incluyendo sushi), salmón, atún, verduras de hoja, aceite y semillas de linaza. (Para conocer las recomendaciones de pesca o producción menos dañinas para el medio ambiente, consulta el programa Seafood Watch del Monterey Bay Aquarium <http://www.seafoodwatch.org/seafood-recommendations/consumer-guides>. Sólo para Estados Unidos.) Pero ¿debes tomar suplementos de omega 3, mejor conocidos como cápsulas de aceite de pescado? Sólo existe una prueba aleatoria con suplementos de omega 3 y telómeros, un estudio de la psicóloga Janice Kiecolt Glaser de Ohio State, y los resultados fueron interesantes. Descubrió que las personas que tomaban suplementos durante cuatro meses no tenían telómeros más largos que las que ingerían un placebo. Como sea, en todos los grupos, a mayor incremento de omega 3 en sangre (relativo a sus niveles de ácidos grasos omega 6), telómeros más largos durante ese periodo.[8] Los suplementos de omega también redujeron la inflamación, lo que se asoció con el incremento de la longitud telomérica. (El omega 6 es una grasa poliinsaturada que proviene de fuentes como el aceite de maíz, soya, girasol, semillas y algunos frutos secos.) Aunque debemos notar que quienes toman suplementos tienen otro cambio significativo y amigable con sus telómeros: reducción de los niveles de estrés oxidativo e inflamación. Los resultados dependen del grado de absorción de ácidos grasos poliinsaturados omega 3 de los suplementos en cada persona.

Tus niveles de omega 3 en sangre, o cualquier nutriente, no siempre dependen de si los consumes dentro de tu dieta o en suplementos alimenticios. Existe un montón de factores complicados, y muchos de ellos desconocidos, que afectan estos números: qué tanto absorbes los nutrientes, qué tanto los usan tus células, qué tan rápido los metabolizas y desechas. (Es importante que recuerdes esto al leer recomendaciones de dietas y suplementos alimenticios.) En general, sugerimos que todos traten de obtener sus nutrientes de alimentos, pero cuando es imposible los suplementos pueden ser una alternativa razonable. Asegúrate de consultarlo con tu médico porque hasta los suplementos más inocentes pueden tener efectos secundarios o alterar la reacción de otros medicamentos que tomes. Incluso a veces están contraindicados para personas con ciertas enfermedades. En consenso general, la dosis diaria parece ser de al menos 1 000 miligramos de una mezcla de EPA y DHA, similar a la dosis probada en el estudio de Ohio State. Por razones sustentables, sugerimos la alternativa vegetariana, que es a base de algas. Los peces tienen omega 3 porque las comen. Cultivadas de manera sustentable contienen DHA. El océano no puede generar suficiente aceite de pescado para mantener la salud de los telómeros de todo el mundo. Además parece que el DHA de las algas produce efectos similares a la salud cardiovascular que el DHA de los peces.

Los investigadores de los telómeros sugieren que vuelvas prioridad tu consumo de omega 3. Pero también debes cuidar el balance entre omega 3 y 6, porque las dietas occidentales nos inclinan más por este último. Para mantener tus omegas balanceados, sugerimos que sigas consumiendo alimentos saludables y no procesados como frutos secos y semillas, pero reduce de manera radical tu consumo de alimentos procesados, galletas dulces o saladas, papas fritas y demás bocadillos, que por lo general contienen aceite hecho con altos niveles de omega 6, así como grasas saturadas, que son un riesgo para la salud cardiovascular.

Existe otro químico en nuestro cuerpo que vale la pena conocer: homocisteína, una sustancia relacionada con la cisteína (uno de los aminoácidos clave para las proteínas). Los niveles de homocisteína aumentan con la edad y se relacionan con la inflamación, causando estragos en el revestimiento de nuestro sistema cardiovascular (lo que provoca complicaciones cardiacas). En muchos estudios, la homocisteína alta se asocia con telómeros cortos. Pero los telómeros reflejan la participación de varios factores. Así que no es de sorprender que en una prueba la relación entre los telómeros y la mortalidad se deba a la alta inflamación y alta homocisteína, pero no sabemos cuál primero.[9] La buena noticia es que si tienes esta última alta, las pastillas de vitaminas (ácido fólico o B_{12}) pueden ayudar porque parecen reducirla.[10] (Consulta a tu médico para ver si debes tomar este suplemento.)

El segundo enemigo: estrés oxidativo

Los telómeros humanos tienen una secuencia de ADN que se ve así: TTAGGG. Ésta se repite una tras otra, más de mil veces en cada extremo del cromosoma. El estrés oxidativo (el peligroso estado donde hay demasiados radicales libres en tus células, pero no los antioxidantes suficientes) daña esta preciosa secuencia, en especial el segmento GGG. Los radicales libres apuntan hacia esa cadena grande y jugosa de piezas GGG, un objetivo muy susceptible. Después, la hebra de ADN se rompe; los telómeros se acortan más rápido.[11] Es como si la suculenta cena de GGG alimentara al enemigo celular, el estrés oxidativo. En células cultivadas en el laboratorio, el estrés oxidativo daña los telómeros y reduce la actividad de la telomerasa. Es un golpe doble.[12]

Pero si mejoras el medio de cultivo de las células (el líquido que soporta la vida de las células cuando están en los frascos de laboratorio) con vitamina C, los telómeros se protegen de los radicales libres.[13] La vitamina C y otros antioxidantes (como la vitamina E) son como carroñeros que devoran los radicales libres, evitando que dañen tus telómeros y células. Las personas con niveles de vitamina C y E más altos tienen telómeros más largos, pero sólo cuando tienen niveles bajos de unas moléculas conocidas como F2-isoprostanos, que son indicadoras del estrés oxidativo. Si la proporción entre los antioxidantes en sangre y F2-isoprostanos es más alta, el estrés oxidativo en el cuerpo es menor. Ésta es una de las muchas razones por las que debes comer frutas y verduras todos los días; te ofrecen una de las mejores fuentes de protección por su alto contenido de antioxidantes. Es importante consumir cítricos, bayas, manzanas, ciruelas, zanahorias, verduras de hoja, tomates y, en proporciones más pequeñas, papas (rojas o blancas, peladas o no).

Otras fuentes vegetales de antioxidantes son los frijoles, frutos secos, semillas, granos enteros y té verde.

Para este punto, si tu meta es la salud de tus telómeros no te sugerimos que obtengas antioxidantes de suplementos porque la evidencia de la conexión entre ellos y unos telómeros sanos aún es inconclusa. Algunos estudios descubrieron que entre más alto sea el nivel de ciertas vitaminas en la sangre son más largos los telómeros (lo enlistamos en la tabla de la página 255). Como sea, mientras algunos estudios descubrieron que el uso de multivitamínicos va acompañado de telómeros largos,[14] al menos uno encontró que tomarlos acorta los telómeros.[15] Incluso los altos niveles de antioxidantes provocaron que células humanas cultivadas en laboratorio tuvieran ciertas propiedades cancerígenas. De nuevo, este descubrimiento nos advierte que el exceso de una cosa buena puede ser negativo. En general los antioxidantes de la comida se absorben mejor en el cuerpo y pueden tener efectos más poderosos que los suplementos.

La nutrición temprana

¿Puedes alimentar los telómeros de tu bebé? Es posible, si te aseguras de alimentarlo sólo con leche materna en sus primeras semanas. Janet Wojcicki, una investigadora de salud de la UCSF que ha estudiado a mujeres embarazadas, descubrió que los bebés alimentados sólo con leche materna (sin fórmulas o alimentos sólidos) en sus primeras seis semanas de vida tenían telómeros más largos. Los alimentos sólidos pueden causar inflamación y estrés oxidativo cuando se dan a los pequeños cuyos sistemas digestivos aún no están listos.[16] Tal vez ésa es la razón por la cual alimentar a un bebé con alimentos sólidos antes de seis semanas de edad se vincula con telómeros cortos.

El tercer enemigo: resistencia a la insulina

Nikki, doctora y administradora de un hospital en su ciudad natal, tiene un vicio: consumo masivo del refresco Mountain Dew. Desarrolló el hábito en la residencia, donde aprendió a depender del azúcar y la cafeína para mantenerse despierta. Mantiene el hábito. Temprano cada mañana, saca una botella de un litro de Mountain Dew de un pequeño refrigerador en su cochera, cuyo único propósito es esconder su reserva. Pone la botella en el asiento del copiloto en su carro de camino al trabajo. En cada semáforo destapa la botella y le da un trago. Cuando llega al trabajo la botella va directo al refrigerador. Después de varias rondas: un trago. Después de una reunión: un trago. Después de acabar con algún papeleo: un trago. Para cuando su largo y agotador día termina la botella está vacía. "No podría hacerlo sin ella", dice Nikki, con un fatalista encogimiento de hombros.

Como médico, Nikki sabe que la dosis diaria de un litro de Mountain Dew no es un hábito saludable. Pero igual que cerca de la mitad de los estadounidenses, se la toma de todos modos. Estas personas también podrían dar al tercer enemigo (la resistencia a la insulina) un popote y decir: "Bebe; esta cosa te ayudará a ser tan grande y terrible como quieras".

He aquí una revisión paso a paso de lo que sucede cuando tomas bebidas azucaradas o "dulce líquido": casi de manera instantánea, el páncreas libera más insulina para ayudar a que la glucosa (azúcar) entre en las células. Dentro de treinta minutos, la glucosa se encuentra en el torrente sanguíneo y se eleva tu nivel de azúcar. El hígado empieza a transformarla en grasa. En sesenta minutos se cae tu nivel de azúcar en la sangre, y empiezas a querer más para reponerlo. Cuando esto pasa muy seguido, puedes terminar con resistencia a la insulina.

¿Los refrescos son los nuevos cigarros? Tal vez. Cindy Leung, una epidemióloga y nutrióloga de la UCSF y una de nuestras colaboradoras, descubrió que las personas que beben poco más de medio litro de refresco todos los días tienen el equivalente a 4.6 años más de envejecimiento biológico, medido por el acortamiento telomérico.[17] Resulta asombroso porque es casi el mismo nivel de acortamiento causado por fumar. Cuando las personas toman suficientes mililitros de soda, sus telómeros tienen el equivalente a dos años de vejez. Tal vez te cuestiones si las personas que beben refrescos tienen otros malos hábitos que afectan los resultados, y ésa es una muy buena pregunta. En este estudio, que buscó a cerca de cinco mil personas, hicimos todo lo posible para evitar factores de desviación. Revisamos algunos factores disponibles, incluyendo la dieta, tabaquismo, IMC, circunferencia de cintura (para evaluar la grasa abdominal), ingresos y edad, que pudieran afectar esta asociación. Y los resultados se mantuvieron. La asociación entre el refresco y los telómeros también existe en niños pequeños. Janet Wojcicki descubrió que a los tres años, niños que consumían cuatro o más refrescos a la semana tenían un alto índice de acortamiento telomérico.[18]

Las bebidas deportivas y cafés azucarados son dulces líquidos. Contienen tanta azúcar como un refresco (42 gramos en un Mocha Menta de 12 onzas de Starbucks), así que es de sabios mantenerse lejos de ellos, o tomarlos sólo de vez en cuando, como ocasión especial.[19] Los refrescos y todas las bebidas azucaradas son ejemplos dramáticos del daño del azúcar a los telómeros por su método de liberación. Es una rápida descarga de glucosa sin nada que la detenga. Casi cualquier cosa que se considere postre o dulce es una fuente de ella: galletas, dulces, pasteles, helados. De nuevo, los productos refinados como el pan, arroz blanco, pasta y papas a la francesa son altos en carbohidratos simples o de rápida absorción y también pueden afectar tus niveles de azúcar en la sangre.

Figura 23: Encuentra el equilibrio, guiado por los telómeros. Escoge alimentos altos en fibra, antioxidantes y flavonoides, como frutas y verduras. Incluye comidas ricas en aceites omega 3, como algas y pescado. Elige menos azúcares refinados y carne roja. Una dieta saludable y balanceada, como la de esta imagen, te llevará a cambios saludables en el cuerpo para aumentar los nutrientes y disminuir el estrés oxidativo, la inflamación y la resistencia a la insulina.

Para evitar los aumentos de glucosa que pueden llevar a la resistencia a la insulina, concéntrate en alimentos altos en fibra: pan y pasta de grano entero, arroz café, cebada, semillas, frutas y verduras son excelentes fuentes. Las frutas, aunque contienen carbohidratos simples, son saludables por su contenido de fibra y en especial por su valor nutricional, pero los jugos (a los que ya les extrajeron la fibra) por lo general no lo son. Estos alimentos también son llenadores, lo que te ayuda a evitar comer de más. Y además ayudan a disminuir la grasa abdominal tan asociada con la resistencia a la insulina y los desórdenes metabólicos.

Vitamina D y telomerasa

En general los niveles altos de vitamina D en sangre predicen una reducción del índice de mortalidad.[20] Algunos estudios descubrieron que esta sustancia se relaciona con telómeros más largos (en mujeres) y otros estudios no encuentran relación. Hasta ahora sólo hemos encontrado un estudio que prueba los efectos de los suplementos alimenticios: en un pequeño experimento, 2000 IU al día de vitamina D (en forma de vitamina D_3) durante cuatro meses incrementó los telómeros cerca de 20% comparado con el grupo que tomó placebos.[21] Aunque no se ha llegado a un acuerdo en la relación con los telómeros, es notable que los niveles de vitamina D por lo general son bajos, dependiendo de dónde vives y tu exposición al sol. Las mejores fuentes de vitamina D son salmón, atún, lenguado, platija, leche, cereales fortificados y huevos. Puede ser difícil obtener suficiente vitamina D sólo de la dieta y los rayos solares (según tu ubicación geográfica), así que en este caso considera el consumo de suplementos (consulta a tu médico).

UN PATRÓN DE ALIMENTACIÓN SALUDABLE

Platos de pescado fresco, tazones llenos de frutas y verduras, ricos colores, platos de frijoles calientes, granos enteros, frutos secos y semillas… es un menú de fiesta. También es una receta para mantener un ambiente celular sano. Estos alimentos reducen la inflamación, el estrés oxidativo y la resistencia a la insulina. Y entran dentro del patrón de alimentación saludable para los telómeros y la salud en general.

Alrededor de todo el mundo (desde Europa hasta Asia, pasando por América) los hábitos alimenticios, a grandes rasgos, se dividen en dos categorías. Las personas cuyas dietas contienen muchos carbohidratos refinados, refrescos y bebidas azucaradas, carne procesada y carne roja, y las que consumen grandes cantidades de frutas y verduras, granos enteros, legumbres y demás fuentes de proteínas bajas en grasa y de alta calidad, como pescados y mariscos. Esta dieta saludable a veces se conoce como mediterránea, pero muchas culturas alrededor del mundo tienen distintas versiones de este patrón de alimentación. Algunos detalles varían, unas culturas comen más lácteos o algas, pero la idea general es ingerir una variedad de alimentos frescos y enteros, y la mayoría de éstos provienen de un punto bajo en la cadena alimenticia. Algunos investigadores la llaman "el patrón de dieta prudente". Es una etiqueta exacta, aunque no captura lo deliciosa y saludable que es esta comida.

Las personas que siguen la dieta mediterránea tienen telómeros más largos, sin importar dónde vivan. En el sur de Italia, por ejemplo, gente de la tercera edad que la siguió presenta telómeros más largos. Entre más se apegaron a este tipo de dieta, es mejor su salud en general y su participación plena en las actividades de la vida diaria.[22] Y en un estudio de diez años de la población de edad media y adulta en Corea, las personas que siguieron la versión local de una dieta prudente (es decir, más algas y pescados) tenían telómeros más largos que aquellas con dietas altas en carnes rojas y alimentos refinados y procesados.[23]

Hemos hablado de amplios patrones de alimentación, pero ¿cuáles son los alimentos en realidad buenos para la salud de los telómeros? El estudio coreano nos da una pista. Entre mayor sea el consumo de legumbres, frutos secos, algas, frutas y productos lácteos, y menor el de carnes rojas, procesadas y bebidas azucaradas, son más largos los telómeros de los glóbulos blancos.[24]

Los beneficios de comer alimentos enteros y no procesados (y no tantas carnes rojas) se notan en todo el mundo, hasta la adultez y en todo el proceso de entrar a la tercera edad. En 2015 la Organización

Mundial de la Salud identificó la carne roja como la probable promotora del cáncer y la procesada como la causante.[25] Cuando se examinan tipos de carne en estudios sobre telómeros, la procesada parece peor para los telómeros que la roja.[26] Por procesada nos referimos a carne que fue alterada (ahumada, salada, curada), como salchichas, jamón, longaniza o carne enlatada.

Claro, lo mejor es comer bien durante toda la vida, pero nunca es tarde para empezar. La tabla que sigue te ayudará como guía en las elecciones diarias de alimentos. Aunque en general sugerimos que te preocupes menos por cualquier comida en particular (una actitud que le facilita las mañanas a Liz) y mejor te concentres en ingerir una variedad de alimentos frescos y enteros. Te descubrirás disfrutando los alimentos que atacan la inflamación, el estrés oxidativo y la resistencia a la insulina, sin la necesidad de planear con cuidado y por adelantado. Y descubrirás que de manera natural sigues un plan con el tipo de alimentación más saludable para tus telómeros. Además, ¡no acortarás tus telómeros al preocuparte demasiado sobre las decisiones de comida que haces todos los días!

¿Un cafecito?

Se han cuestionado los efectos del café en cientos de estudios. Quienes amamos nuestra taza en la mañana estaremos felices de escuchar que casi siempre resulta inocente. Por ejemplo, varios metaanálisis demuestran que el café reduce los riesgos del declive cognitivo, enfermedades hepáticas y melanoma. Sólo se ha hecho un estudio que relaciona al café con los telómeros, pero la noticia también es buena: los investigadores probaron si podía mejorar la salud de cuarenta personas con enfermedades hepáticas crónicas. Al azar se designaron dos grupos: el que bebería cuatro tazas de café al día por un mes y el de control, que se abstendría. Después de este periodo, el primer grupo tuvo telómeros más largos de manera significativa y bajó sus niveles de estrés oxidativo en sangre comparado con el grupo de control.[27] Además, en una prueba con cuatrocientas mujeres, las que bebieron café (pero no descafeinado) fueron más propensas a tener telómeros más largos.[28] Más razones para disfrutar el aroma de tu taza de café en la mañana.

Ya hablamos de los suplementos de vitamina D y omega 3 (los que muchas veces son deficientes). Como sea, fuera de esto, no hacemos recomendaciones específicas de ellos porque las necesidades de cada persona son distintas, y las conclusiones de los estudios nutricionales sobre suplementos no cambian de manera notoria con los nuevos estudios. Es difícil confiar en los efectos y la seguridad de altas dosis de lo que sea.

NUTRICIÓN Y LA SALUD DE LOS TELÓMEROS*

Alimentos, bebidas y la longitud telomérica	
Asociados con telómeros cortos	Asociados con telómeros largos
Carne roja o procesada[29] Pan blanco[30] Bebidas azucaradas[31] Refrescos[32] Grasas saturadas[33] Grasas poliinsaturadas omega 6 (ácido linoleico)[34] Alto consumo de alcohol (más de 4 tragos al día)[35]	Fibra (granos enteros)[36] Verduras[37] Frutos secos, legumbres[38] Algas marinas[39] Frutas[40] Omega 3 (salmón, trucha, sarda, atún o sardinas)[41] Antioxidantes en la dieta, incluyendo frutas, verduras, frutos secos, semillas, granos enteros y té verde[42] Café[43]
Vitaminas	
Asociadas con telómeros cortos	Asociadas con telómeros largos
Suplementos de hierro[44] (tal vez porque tienden a ser altas dosis)	Vitamina D[45] (evidencia en discusión) Vitamina B (ácido fólico) C y E Suplementos multivitamínicos (evidencia en discusión)[46][47]

* Nota que la literatura científica crece y cambia todo el tiempo. ¡Revisa nuestro sitio web para actualizarte!

CONSEJOS PARA TUS TELÓMEROS

- La inflamación, la resistencia a la insulina y el estrés oxidativo son tus enemigos. Para combatirlos sigue un patrón de alimentación "prudente": come muchas frutas, verduras, granos enteros, frijoles, legumbres, frutos secos y semillas, junto con fuentes de proteína bajas en grasa y de alta calidad. Este patrón también se conoce como dieta mediterránea.

- Consume fuentes de omega 3: salmón, atún, verduras de hoja, aceite y semillas de linaza. Considera tomar suplementos.

- Disminuye tu consumo de carne roja (en especial si está procesada). Deberías intentar con comida vegetariana al menos unos días a la semana. Eliminar el consumo de carne es benéfico para ti y para el medio ambiente.

- Evita las comidas y bebidas azucaradas, y alimentos procesados.

BOCADILLOS AMIGABLES CON LOS TELÓMEROS

Es importante tener a la mano bocadillos saludables, ya que por lo general las alternativas *no son saludables*. Los típicos *snacks* son procesados y contienen grasas insalubres, azúcares y sales. Recomendamos cualquier bocadillo alto en proteína y bajo en azúcares. Aquí te damos algunas ideas que incluyen altos niveles de antioxidantes o grasas poliinsaturadas omega 3.

Surtido rico casero. Hacerlo tú mismo es fácil y es la mejor manera de asegurarte que es bajo en azúcar. Por lo general los que compras en la tienda tienen azúcar agregada en los frutos secos. Esta mezcla es alta en omega 3 y antioxidantes. También es rico en energía, así que asegúrate de disfrutarlo en bajas cantidades.

Combina:

- 1 taza de nueces
- ½ taza de granos de cacao o chispas de chocolate oscuro
- ½ taza de bayas de Goji o arándanos secos

Opciones adicionales:

- ½ taza de ralladura de coco seco sin azúcar
- ½ taza de semillas de girasol crudas o sin salar
- 1 taza de almendras crudas

Pudín de chía casero. Las semillas de chía son altas en antioxidantes, calcio y fibra. Estas modestas semillas sudamericanas también tienen más de 50 gramos de omega 3 por kilo. El pudín de chía es un buen bocadillo y una parte deliciosa en el desayuno.

Combina:

- ½ de taza de semillas de chía
- 1 taza de leche de almendras o coco sin endulzantes
- ⅛ de cucharadita de canela
- ½ cucharadita de extracto de vainilla

Revuelve todos los ingredientes. Deja la mezcla reposar 5 minutos. Revuelve de nuevo y colócalo en el refrigerador durante 20 minutos, hasta que endurezca o toda la noche.

Guarniciones opcionales:

- Hojuelas de coco seco
- Bayas de Goji
- Granos de cacao
- Rebanadas de manzana
- Miel

Algas. Sí, algas. Son un alimento fácil y amigable con los telómeros. En tiendas de comida saludable encuentras bocadillos preparados a base de hojas de algas ligeramente tostadas en aceite de oliva con un toque de sal de mar (SeaSnax). Vienen en diferentes sabores (a nosotros nos gustan más los de wasabi o cebolla) y son un *snack* maravilloso para personas que buscan alimentos salados o con más sabor. Las algas marinas también son extremadamente ricas en micronutrientes, así que disfrútalas. Si estás cuidando tus niveles de sodio, escoge algas marinas sin sal.

DESHAZTE DE LOS MALOS HÁBITOS ALIMENTICIOS: ENCUENTRA TU MOTIVACIÓN

Agregar comida saludable a tu dieta es fantástico, pero es más importante evitar los alimentos procesados, azucarados y chatarra que alimentan a tus enemigos celulares. Es más fácil decir que vas a romper los malos hábitos alimenticios que hacerlo. Cuando las personas identifican su propia motivación para cambiar un hábito, son más propensas a lograrlo. Aquí hay algunas de las preguntas que hacemos a los voluntarios de nuestras investigaciones para ayudarlos a identificar sus metas más significativas cuando tratan de hacer cambios en su dieta:

- ¿Cómo te afecta la dieta? ¿Alguna vez alguien te ha impulsado para dejar de hacer algo? ¿Por qué? ¿Qué quieres cambiar?
- ¿Qué es lo que más te preocupa de tu consumo de comida rápida (chatarra, azucarada o cualquier otra no saludable)? ¿Tienes familiares con diabetes o enfermedades cardiacas? ¿Quieres perder peso? ¿Te preocupan tus telómeros?
- ¿Qué parte de ti quisieras cambiar? ¿Qué parte no? ¿Cuáles son las cosas por las que más te preocupas? ¿De qué manera hacer este cambio impactaría en ti y en las personas que te interesan?

Cuando identifiques tu mayor fuente de motivación, visualízala. Si ésta es tener una vida larga y saludable, crea una imagen vívida de ti mismo activo y sano a los noventa o feliz en la graduación de tus nietos. ¿Quieres asegurarte de estar ahí para ver a tus hijos crecer? Imagínate bailando en sus bodas. ¡Tal vez te motive pensar en esos telómeros pequeñitos y valientes que protegen el futuro de los cromosomas de billones de células a través de todo tu cuerpo! Cada vez que te enfrentes a una tentación recuerda esa imagen. El profesor Len Epstein de

SUNY Buffalo, colega nuestro, descubrió que pensar de manera vívida en el futuro ayuda a las personas a resistir las ganas de comer de más y otros comportamientos impulsivos.[48]

CONSEJOS EXPERTOS PARA LA RENOVACIÓN

Sugerencias basadas en la ciencia para hacer cambios duraderos

Un cambio conductual es simple, pero también difícil. Para algunas personas, saber de sus telómeros es una fuerte motivación. Los imaginan erosionándose y eso las motiva para hacer más ejercicio, adoptar una buena respuesta ante el estrés, entre otras acciones.

Pero a veces la motivación no es suficiente.

La ciencia de la conducta nos dice que si quieres hacer una transformación necesitas un porqué, y para que dure necesitas *más* que sólo conocimiento. Cuando se trata de cambios nuestra mente no funciona de manera racional. A cada rato operamos por patrones e impulsos automáticos. Así como la dona en lugar del omelette vegetariano, las firmes resoluciones se debilitan cuando es tiempo de hacer ejercicio o meditar. Como especie, los humanos tenemos mucho menos control personal de lo que nos gustaría pensar. Por fortuna la ciencia de la conducta nos dice cómo hacer cambios que duren.

Primero encuentra un cambio que quisieras hacer. **El test personal (Evaluación de la trayectoria de tus telómeros) que inicia en la página 171 te ayudará a ver en dónde necesitan más ayuda tus telómeros.** Escoge un área (como el ejercicio) y el cambio que quisieras hacer (como salir a correr). Antes de hacer el cambio pregúntate lo siguiente:

1. **En escala del 1 al 10, ¿qué tan preparado o preparada estás para hacer este cambio?** (1 es nada y 10 es muy preparado). Si tienes un puntaje de 6 o menos, ve a la siguiente pregunta para explorar lo que en realidad te motiva. Después de eso, vuelve a calificar tu preparación. Si tu puntaje no incrementa, escoge una meta diferente.

   Muchos tenemos comportamientos que nos gustaría cambiar, pero nos sentimos atorados o indecisos. Encuentra un pequeño comportamiento en el que por ahora te sientas listo para concentrarte. Una transformación lleva a otra, por eso es el lugar correcto para depositar tus esfuerzos. Para los comportamientos compulsivos y más difíciles de cambiar, como fumar, beber o comer en exceso consulta a un terapeuta profesional que se especialice en "intervenciones motivacionales", un diálogo que ayuda a las personas a desarrollar metas claras, superar los obstáculos y lograr sus objetivos.[1]

2. **Para ti ¿qué es lo más importante de hacer este cambio?** Pregúntate qué cosas son las más significativas para ti. Trata de relacionar tu meta con las prioridades más profundas de tu vida, como "quiero empezar a correr porque quiero estar sano e independiente, en mi propia casa, el mayor tiempo posible". O "quiero ser activo en la vida de mis hijos y nietos". Entre más fuerte sea la conexión entre tu meta y tus valores y prioridades, es más fácil que te apegues al cambio. Escoger objetivos internos (como los vinculados a tus relaciones, disfrutar ciertas cosas y encontrar el sentido en la vida) ayuda más que si son externos (que tienden a ser sobre salud, fama o cómo nos ven los demás), pues tienen un poder más duradero en un cambio de comportamiento y nos traen más felicidad.[2]

   Hazte la difícil pregunta del Laboratorio de renovación del capítulo 10 (página 237) sobre encontrar tu motivación. Después crea una imagen mental de la respuesta, aquello que represente lo que en realidad quieres. Esta fotografía imaginaria es un arma que puedes usar en esos momentos difíciles cuando una parte de ti se aferra a regresar al antiguo comportamiento.

3. **En escala del 1 al 10, ¿qué tanto confías en que puedes lograr el cambio?** Si tienes un 6 o menos, cambia tu objetivo para hacerlo más pequeño y fácil de lograr. Identifica cualquier cosa que te desanime y haz un plan realista para superarlo. Piensa en los obstáculos como si fueran "retos" (es una oportunidad de tener un poco de estrés positivo). Otra manera de incrementar la eficacia y el éxito es pensar en algún momento previo donde te sentiste orgulloso de superarlos.[3]

Estos niveles de autoeficacia son tu bola de cristal; han demostrado ser uno de los mayores indicadores de nuestro comportamiento futuro. La confianza que tenemos en poder lograr una tarea específica determina una cascada de eventos: para empezar, qué tanto siquiera intentaremos el nuevo comportamiento o qué tanto persistiremos al enfrentar dificultades.[4] Entra en el ciclo de una autoeficacia positiva: al tener pequeños logros en nuestra meta se estimula nuestra confianza, la cual nos ayuda a lograr el siguiente paso, y esto mejora nuestra seguridad futura.

Siguiente, considera si estás tratando de crear un nuevo hábito o de romper uno que ya tenías. La respuesta determinará qué estrategia aplicar.

CONSEJOS PARA CREAR NUEVOS HÁBITOS

Nuestro cerebro está equipado para funcionar en automático y así hacer el menor esfuerzo posible. Automatiza el trabajo a tu favor, no en tu contra. Aquí te enseñamos cómo:

■ **Pequeños cambios.** Deslízate en tu nuevo hábito sin dolor, en pequeñas dosis. Si quieres dormir más, no trates de acostarte una hora antes todas las noches. Eso es muy difícil. Empieza con quince minutos. Si eso no es factible, empieza con un objetivo más pequeño: diez minutos, cinco minutos… lo que sea que se sienta fácil y seguro. Desde este punto, puedes crear poco a poco el camino hasta tu meta.

- **Vincúlalo.** Adjunta tu pequeña transformación en una actividad que ya sea habitual en tu día.[5] De esa manera tendrás que pensar menos cuando hagas el cambio y con el tiempo también se volverá rutina. Por ejemplo, cada vez que yo (Liz) espero a que mi computadora termine de cargar mis correos, es el detonante para que haga mi micromeditación. Para otras personas el descanso de la hora de la comida es el detonante para salir a caminar. Enganchar el nuevo comportamiento a uno previo te ayudará a mantenerte en tu plan.

- **Las mañanas son caminos con semáforos en verde.** Trata de programar el cambio para que sea en la mañana. Entre más temprano es menos probable que otras prioridades urgentes saquen tu nuevo comportamiento del plan. Tal vez sientas más determinación, visualízala como un semáforo en verde que dice "SIGA".

- **No decidas, sólo hazlo.** Cuando es momento de ir al gimnasio (o hacer cualquier otro cambio), no te preguntes ¿debería? Tomar decisiones es muy cansado. Y en un momento de debilidad la respuesta será "mañana". Sólo ve. Camina hacia allá como un zombi si es necesario.

- **Celébralo.** Ten una minicelebración rápida cada vez que realices tu nuevo hábito. Di de manera consciente "¡genial!" o "¡lo hice!" Y siéntete orgulloso. O guarda unos veinte pesos cada vez para que te des un premio personal después de diez veces.

CONSEJOS PARA ROMPER LOS VIEJOS HÁBITOS

Para terminar con un hábito viejo e indeseado se necesita fuerza de voluntad, la cual, por desgracia, es un recurso limitado. Además, la mayoría de nuestros malos hábitos nos hace sentir bien, al menos por un momento. Por ejemplo, los alimentos y bebidas azucaradas hacen que se encienda el sistema de recompensas de tu cerebro. Podemos volvernos dependientes a nivel neurobiológico de esa descarga de azúcar. Romper el hábito requiere paciencia y perseverancia.

- **Incrementa la habilidad de tu cerebro para ejecutar tus planes.** Somos más capaces de ejercer control cuando las redes cerebrales que fomentan el pensamiento analítico están activas. Y cuando hay más actividad en la corteza prefrontal, algunas de las áreas más emocionales en la amígdala están deshabilitadas. Así que el ejercicio, la relajación, la meditación y alimentos que son altos en la calidad de las proteínas promueven este estado mental óptimo (por cierto, el estrés lo impide).

- **No intentes el cambio cuando te sientas cansado.** La falta de sueño, baja de azúcar o alto estrés emocional pueden agotar tu fuerza de voluntad. Espera a que las condiciones estén a tu favor.[6]

- **Modela tu entorno para reducir las tentaciones.** No tengas dulces, refrescos o cualquier recordatorio de tu antiguo hábito en la casa y menos a la vista. Las galletas y las papas fritas que lleguen deben estar en lo alto de la alacena, no en el frutero de la cocina. Puedes ser capaz de resistir la tentación una vez, pero hacerlo varias veces en un día es agotador. Y tal vez acabes con tu reserva limitada de fuerza de voluntad. Esto se llama control de estímulos, trata de modelar tu entorno lo más posible para no estar rodeado de tentaciones.

- **Sigue tus propios ritmos de alerta.** Tendrás más energía para estimular tu fuerza de voluntad. Si eres una lechuza nocturna serás más capaz de resistir la tentación en la tarde o noche, y más propenso a sucumbir temprano en la mañana. Planea de acuerdo a eso. Y come algún bocadillo saludable en tus momentos de debilidad (las veces del día en que tiendes a sentirte cansado). Esto mantendrá tu energía para el momento en que necesites recurrir a tu fuerza de voluntad.

Por último, aquí hay una estrategia que ayuda casi a todo mundo en todos los casos, sin importar si tratas de empezar o dejar algo: apoyo social. Pide a tu familia y amigos que te ayuden a mantener tu nueva meta. Diles lo que crees que te funcionaría. Transforma en una influencia positiva a quienes te ayudan a hacer exactamente lo que no quieres o... ¡Evítalos! Puedes encontrar un compañero con objetivos similares para que comparta el viaje contigo. Yo (Elissa) saldría a correr menos si no tuviera una pareja deportista que confía en mí.

Para ayudarte a pensar en formas de hacer pequeños cambios durante el día, creamos "Tu día renovador" en la siguiente página. Es una tabla de tiempos que te muestra cuáles comportamientos rutinarios arriesgan tus telómeros. También sugiere acciones saludables para los telómeros.

Tu día renovador

Cada día tienes la oportunidad de prevenir, mantener o acelerar el envejecimiento de tus células. Puedes estar en balance o prevenir la aceleración innecesaria del envejecimiento biológico comiendo bien, durmiendo lo suficiente para restaurarte, siendo activo, manteniendo un cuerpo sano y nutriéndote con un trabajo significativo, con ayudar a los demás o con relaciones sociales.

O puedes hacer lo contrario, consumir comida chatarra o demasiados dulces, dormir poco, ser sedentario o seguir con tu mala condición física. Agrega mucho estrés a la mezcla de un cuerpo vulnerable y tendrás un día de desgaste en tus células. Es posible que incluso pierdas unos cuantos pares de bases de longitud en tus telómeros. En *realidad* no sabemos qué tanto responden los telómeros a lo que haces en un día, pero sí sabemos que el comportamiento crónico a través del tiempo tiene efectos importantes. Todos nos podemos esforzar por tener días renovadores en lugar de desgastantes. Empieza con cambios pequeños. Por todo el libro hay sugerencias para transformaciones saludables e hicimos un ejemplo de cómo puedes adoptar algunos de esos comportamientos en tu día. Circula el que te gustaría intentar.

También incluimos un horario en blanco para tu día renovador. Adáptalo con los cambios saludables que deseas hacer. Cópialo o imprímelo desde nuestro sitio web, y pégalo en tu refrigerador o en el espejo para que te ayude a recordar las cosas fáciles que promueven la renovación celular saludable. ¿Qué quieres decirte cuando despiertas? ¿Te gustaría involucrarte en una actividad mente-cuerpo matutina, renovadora y rápida? Piensa en qué transiciones del día realizas mayor actividad física, desplaza tu conciencia al momento presente para promover la resistencia al estrés, conecta con los demás y agrega a tu dieta comida saludable para tus telómeros.

Sólo recuerda: el camino para un cambio perdurable es dar un paso pequeño a la vez.

TU DÍA RENOVADOR

Hora	Comportamiento que acorta los telómeros	Comportamiento que alarga los telómeros
Al despertar	Estrés o temor anticipado. Repaso mental a tu lista de cosas por hacer. Revisar el teléfono inmediatamente.	Reevalúa tu **respuesta al estrés** (página 73). Despierta con alegría: "¡Estoy vivo!" Establece una intención para el día. Busca cualquier aspecto positivo.
Temprano en la mañana	Lamentar que no tienes tiempo para hacer ejercicio.	Haz **entrenamiento de intervalos o cardiovascular** (página 199). O realiza un poco de **chi kung** energético (página 165).
Al desayunar	Comer salchichas y donas.	Avena con fruta; licuado de fruta con yogurt y frutos secos; omelette vegetariano.

Hora	Comportamiento que acorta los telómeros	Comportamiento que alarga los telómeros
De camino al trabajo	Tener prisa, pensamientos negativos, tal vez un poco de enojo al conducir o transportarte.	Practica la **pausa para respirar de tres minutos** (página 157).
Al llegar al trabajo	Correr para ponerte al día desde el momento en que llegas. Anticiparte, preocuparte por el trabajo del día.	Date un espacio de diez minutos para habituarte y poner todo en orden antes de iniciar el trabajo. Soluciona las cosas conforme aparecen.
Durante el día de trabajo	Pensamientos de autocrítica. Ser multitareas (*multitask*) para sacar la sobrecarga de trabajo.	Nota tus pensamientos. **Haz una pausa de autocompasión** (página 127) o **controla a tu asistente entusiasta** (página 128). Concéntrate en una tarea a la vez. (¿Puedes cerrar tu correo y apagar tu teléfono por una hora?)
Al comer	Ingerir comida rápida o embutidos. Comer rápido.	Disfruta un almuerzo hecho de alimentos frescos y enteros. Practica la **alimentación consciente** (página 238). Convive con alguien. Come o camina con un compañero; escríbele o llama a alguien con quien tengas una relación afectiva.

Hora	Comportamiento que acorta los telómeros	Comportamiento que alarga los telómeros
En la tarde	Caer en la tentación de antojos azucarados, refrescos, pastelitos o dulces.	**Surfea tus antojos** (página 237). Ten a la mano **bocadillos amigables con los telómeros** (página 257). **Estírate.**
De regreso a tu casa	Rumiar tus pensamientos. Mente errante negativa.	**Establece distancia mental** (página 100). Haz la **pausa para respirar de tres minutos** (página 157).
Al cenar	Comer alimentos procesados. Ver cualquier pantalla.	Cena de alimentos enteros (visita nuestra página web para ideas). Ofrece el regalo de poner atención a otros.
Al anochecer	Andar corriendo con tus actividades de la tarde y quehaceres sin descanso. Sufrir de un malestar en la cabeza por los efectos de un día sin parar.	**Ejercítate**, o practica una **técnica de reducción de estrés** (página 166). Cuestiónate: "¿Logré hacer lo que me propuse en este día?" Revisa tu día; intenta **revaluarlo como un reto** (página 90). Disfruta las cosas que te hicieron feliz. Realiza un **ritual para antes de dormir** (página 219).

MI DÍA RENOVADOR

Al despertar	
Temprano en la mañana	
Al desayunar	
De camino al trabajo	
Al llegar al trabajo	
Durante el día de trabajo	
Al comer	
En la tarde	
De regreso a tu casa	
Al cenar	
Al anochecer	

PARTE IV

EXPÁNDETE: EL MUNDO SOCIAL MODELA TUS TELÓMEROS

11

Lugares y rostros que ayudan a nuestros telómeros

Igual que los pensamientos y la comida, los factores más allá de nuestra piel, nuestras relaciones y los vecindarios afectan a los telómeros. Las comunidades donde las personas no confían las unas en las otras o se teme a la violencia dañan su salud. Pero los vecindarios tranquilos y agradables, con árboles frondosos y parques verdes, están relacionados con telómeros más duraderos, sin importar el nivel educativo, económico o social de sus habitantes.

Cuando yo (Elissa) era estudiante de posgrado en Yale, por lo regular trabajaba tarde durante las noches. Siempre estaba oscuro cuando caminaba de vuelta a casa desde el edificio de psicología. Debía pasar por una iglesia en la que unos años antes asesinaron a alguien, y aunque el área casi siempre estaba tranquila a las 11:00 de la noche, mi corazón latía más fuerte. Después daba vuelta en mi calle, donde la renta era costeable con una beca estudiantil. Era una calle larga conocida por sus asaltos ocasionales. Mientras caminaba escuchaba con cuidado los pasos detrás de mí. Podía sentir mi corazón golpeando más fuerte. Puedo apostar a que mi presión se elevaba y la glucosa se captaba desde sus depósitos en mi hígado para darme la energía por si era necesario correr.

Cada noche mi cuerpo y mi mente se preparaban para el peligro. Esta experiencia duraba por lo menos diez minutos. Imagina lo estresante que sería si el riesgo fuera mucho peor, la duración mayor y no tuvieras la oportunidad de mudarte.

El lugar en el que vivimos afecta nuestra salud. Los vecindarios modelan nuestra sensación de seguridad y vigilancia, lo que a su vez afecta los niveles del estrés fisiológico, estado emocional y longitud telomérica. Además de la violencia y falta de seguridad, hay otro aspecto crítico que convierte a los vecindarios en potentes influencias para la salud: el nivel de "cohesión social" (el pegamento, los lazos entre las personas que viven en la misma área). ¿Tus vecinos y tú se brindan ayuda mutua? ¿Se llevan bien y comparten valores? Si lo necesitaras ¿podrías contar con alguno?

La cohesión social no es necesariamente producto del ingreso o clase económica. Tenemos amigos que viven en hermosos vecindarios enrejados, donde las casas están en medio de acres de colinas ondulantes. Hay señales positivas de la cohesión social, como los picnics el 4 de julio y los bailes en fechas festivas. Pero también hay desconfianza y peleas, y no están exentos del crimen. Es un vecindario lleno de doctores y abogados, pero si vives ahí es posible que te despierte en medio de la noche el ruido de un helicóptero que persigue al sospechoso de un robo que saltó sobre la barda. Cuando sacas la basura, puede abordarte un vecino que no está contento con tus planes de remodelación. Al revisar tus mensajes puedes descubrir una pelea vía correo electrónico en la que los vecinos discuten si contratar o no una patrulla de seguridad y quién la va a pagar. Es posible que no conozcas a la persona que vive al lado de ti. También hay vecindarios pobres, pero que tienen personas que se conocen entre sí y poseen un fuerte sentimiento de comunidad y confianza. Aunque el salario juega un rol importante, la salud de un vecindario es mucho más importante que el ingreso.

Las personas en vecindarios con una baja cohesión social y que viven con temor al crimen presentan un mayor envejecimiento celular en comparación con los residentes de comunidades en las que hay más confianza y seguridad.[1] En un estudio en Detroit, Michigan, sentirte estancado en tu vecindario, querer mudarte pero no tener dinero o la posibilidad de hacerlo, se relaciona con telómeros más cortos.[2] En el estudio NESDA, 93% de la muestra evaluó su vecindario como bueno en general (o más alto). Aunque estas colonias eran entornos positivos, los resultados más específicos de calidad, incluyendo niveles de vandalismo y percepción de seguridad, se asociaron con la longitud telomérica.

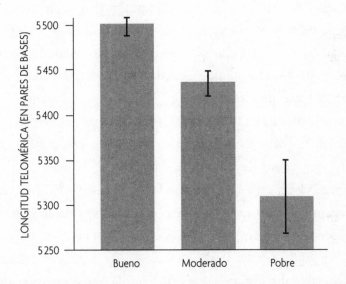

Figura 24: Telómeros y calidad del vecindario. En el estudio NESDA residentes de vecindarios con una mayor calidad tuvieron telómeros más largos que los de una calidad moderada o pobre.[3] Esto resultó incluso después de los ajustes de características como edad, género, demografía, comunidad, historia clínica y estilo de vida.

Tal vez la gente que vive en vecindarios de menor calidad sufre más depresión. ¿Se te ocurrió esa posibilidad? Tiene sentido que la gente que vive en colonias con baja cohesión social se sienta peor a nivel psicológico. Y sabemos que las personas deprimidas tienen telómeros más cortos. Los investigadores del NESDA pusieron esto a prueba y descubrieron que el estrés emocional provocado por vivir en una zona insegura tiene un efecto independiente del nivel de depresión o ansiedad de los residentes.[4]

Exactamente ¿cómo la cohesión social penetra tus células y telómeros? Una respuesta tiene que ver con la vigilancia, esa necesidad de estar en alerta para conservar tu seguridad. Un grupo de científicos alemanes realizó un estudio fascinante sobre vigilancia en personas del campo contra habitantes de ciudad. Se invitó a gente de ambos grupos a hacer uno de esos exasperantes exámenes de matemáticas diseñados para provocar estrés, del tipo en el que los voluntarios realizan operaciones matemáticas complejas mientras los investigadores dan una retroalimentación inmediata. En este caso los participantes estaban conectados a un escáner de resonancia magnética que permitió monitorear su actividad cerebral. Así los investigadores les anunciaban sus resultados por los audífonos, diciendo cosas como: "¿Puedes hacerlo más rápido?" O "¡error! Por favor hazlo desde el principio". Cuando los habitantes de ciudad hicieron la prueba de matemáticas tuvieron una respuesta de amenaza mayor en la amígdala (la diminuta estructura cerebral que establece nuestras reacciones de miedo) que las personas del campo.[5] ¿Por qué la diferencia entre estos dos grupos? La vida urbana tiende a ser menos estable, más peligrosa. La gente en las ciudades aprende a ser más vigilante; su cuerpo y cerebro está siempre preparado para enfrentar una grande y jugosa respuesta al estrés. Esta ultrapreparación es adaptativa pero no saludable y parte de la razón por la que gente que vive en entornos sociales amenazantes tiene telómeros más cortos. (Es interesante, y una fuente de alivio para nosotros, habitantes de ciudad, saber que el ruido y las multitudes de la vida urbana no se asocian con telómeros cortos.)[6]

Algunos vecindarios acortan los telómeros porque son lugares donde es difícil mantener hábitos saludables. Por ejemplo, la gente tiende a dormir menos cuando vive en colonias desordenadas e inseguras, con baja cohesión social.[7] Sin un sueño adecuado, tus telómeros sufren.

Yo (Liz), que también viví en New Haven por un tiempo, experimenté de primera mano otra forma en la que un vecindario puede inhibir los hábitos saludables. Antes de mudarme a New Haven estudié en Cambridge, Inglaterra. Con sus tierras planas, Cambridge es el paraíso del ciclismo y yo andaba en bicicleta para todas partes. Cuando llegué a New Haven para empezar una investigación posdoctoral en Yale me di cuenta de que el relieve era ideal. Una de las primeras preguntas que le hice a mis compañeros de laboratorio fue: "¿Dónde puedo conseguir una bicicleta para ir y venir al trabajo?"

Siguió un corto silencio. Alguien dijo: "Bueno, tal vez andar en bicicleta no sea buena idea porque se las roban".

Despreocupada, respondí que cuando eso me pasó en Cambrige lo único que hice fue comprar una bicicleta usada y barata para remplazarla. Otro silencio, y después alguien me explicó con amabilidad que cuando su colega dijo "se las roban" se refería a "mientras la persona aún andaba sobre ella". Por eso no anduve en bicicleta en New Haven.

Otros residentes de vecindarios desconfiables, con altos índices de criminalidad, pueden llegar a la misma conclusión. Para muchas personas es bastante difícil ajustar el ejercicio a sus horarios o resistir el llamado del sillón… para la gente de vecindarios inseguros, cierto tipo de ejercicio puede ser tan peligroso que ni siquiera lo consideran. La seguridad es sólo una barrera. Otra es la falta de parques y lugares para ejercitarse. El entorno social y el "ambiente de la construcción" de los vecindarios pobres atenta contra el ejercicio. Sin él los telómeros son más cortos.

¿LLENO DE ÁRBOLES O DE BASURA?

San Francisco es una de las mejores ciudades del mundo. Sus habitantes viven cerca de museos, restaurantes y teatros, pueden hacer caminatas para apreciar las espectaculares vistas de las colinas y la bahía. Pero como en muchas ciudades, hay partes de San Francisco bastante sucias. Tienen un problema de basura, lo cual no es bueno para los residentes, en especial para los más jóvenes. Los niños que habitan un vecindario físicamente desordenado, con edificios abandonados y basura en las calles, tienen telómeros más cortos. La presencia de desechos o vidrios rotos fuera de su casa es un fuerte indicador de problemas teloméricos.[8]

¿Alguna vez has ido a Hong Kong? Ahí se presenta un fuerte contraste entre el ajetreo de las multitudes, luces de neón brillantes y el caos de Kowloon (el centro de la ciudad) y las extensas colinas verdes de los Nuevos Territorios que se localizan fuera de la ciudad. Ahí los ciudadanos disfrutan de los árboles, parques y ríos. En 2009 un estudio observó a novecientos adultos mayores; algunos vivían en Kowloon y otros en los frondosos Nuevos Territorios. ¿Adivinas quiénes tenían telómeros más cortos? Los que vivían en la ciudad. (El estudio controló las variantes de clase social y hábitos relacionados con la salud.) Aunque otros factores podrían ser responsables de la asociación, este estudio sugiere que los espacios verdes juegan un rol en la salud de los telómeros.[9]

Cuando estás en lo profundo de un denso bosque y respiras el aire fresco y limpio, no es difícil creer que los telómeros pueden beneficiarse de la exposición a la naturaleza. Nos intriga esta posibilidad porque apoya lo que ya sabemos sobre el verdor y el fenómeno llamado restauración psicológica. Estar en un entorno natural genera un cambio dramático en el contexto. Puede inspirarnos con su belleza y tranquilidad. Nos aleja de los pensamientos sobre pequeños problemas. También nos alivia del ajetreado, parpadeante, chillón, estremecedor, tembloroso y ruidoso estímulo urbano que mantiene activo nuestro sistema de alerta. El cerebro descansa de tener que registrar docenas de sensaciones simultáneas que podrían representar peligro. La exposición a espacios verdes se asocia con menor estrés y regulaciones más sanas en la secreción diaria de cortisol.[10] Las personas en Inglaterra que están económicamente desposeídas presentan casi el doble (93%) de mortalidad prematura que los ricos del país, excepto cuando viven en vecindarios rodeados de áreas verdes. Entonces su mortalidad relativa disminuye, de modo que sólo el 43% tiene más posibilidades de morir joven por alguna causa.[11] La naturaleza reduce sus riesgos a la mitad. Esto es una triste estadística sobre la pobreza, pero nos lleva a creer que la conexión entre áreas verdes y los telómeros merece una mayor exploración.

¿EL DINERO PUEDE COMPRAR TELÓMEROS MÁS LARGOS?

No necesitas ser rico para tener telómeros largos, pero tener suficiente dinero para lo básico ayuda. Un estudio en alrededor de doscientos niños afroamericanos en Nueva Orleans, Luisiana, descubrió que la pobreza se asociaba con telómeros más cortos.[12] Cuando cubres las necesidades básicas, tener más dinero no parece ayudar mucho. No hay una relación consistente entre los gradientes de cuánto ganas y la longitud telomérica. Pero con el nivel educativo parece haber una relación de gradación, mientras más alto es el nivel más largos son los telómeros.[13] La educación es uno de los indicadores más consistentes de enfermedades prematuras, por lo que los resultados no son tan sorprendentes.[14]

En el Reino Unido el tipo de ocupación importó más que otros indicadores de estatus: los trabajos de cuello blanco (a diferencia de los trabajos físicos) se asociaron con longitudes más amplias de telómeros. Esto fue indiscutible incluso entre hermanos gemelos que se criaron juntos pero que tenían una ocupación diferente en la adultez.[15]

QUÍMICOS TÓXICOS PARA TUS TELÓMEROS

Monóxido de carbono: es inodoro, incoloro e insípido. Se forma sin ser detectado en lo profundo del subsuelo, las minas de carbón y en especial después de una explosión o incendio. A niveles altos de concentración puede causar la asfixia de los mineros. Por eso a inicios del siglo pasado empezaron a llevar jaulas con canarios. Los consideraban amigos que cantaban mientras ellos trabajaban. Si había monóxido de carbono en la mina los canarios presentaban angustia y se balanceaban, agazapaban o caían de sus perchas. Entonces los mineros sabían que la mina estaba contaminada y salían o usaban aparatos para respirar.[16]

Los telómeros son los canarios de nuestras células. Como los pájaros enjaulados, los telómeros están cautivos en el cuerpo. Son vulnerables a los cambios químicos del entorno y su longitud es un indicador de la exposición a toxinas a lo largo de nuestra vida. Los químicos son como la basura de nuestros vecindarios, son parte del entorno físico, y algunos… un veneno silencioso.

Empecemos con los pesticidas. Hasta ahora se han relacionado con telómeros más cortos en los agricultores que los emplean en los cultivos: alaclor, metaclor, trifluralina, ácido 2,4 diclorofenoxiacético (también conocido como 2,4-D), permetrina, toxafeno y DDT.[17] En un estudio, a mayor exposición acumulada a los pesticidas, menor longitud telomérica. No fue posible determinar si sólo un tipo de pesticida era mejor o peor para los telómeros que el resto; el estudio observó los siete en conjunto. Los pesticidas provocan estrés oxidativo, y cuando éste se acumula, acorta los telómeros. El estudio se fundamenta en otra investigación donde se descubrió que los agricultores expuestos a una mezcla de pesticidas, mientras trabajaban en una plantación de tabaco, presentaban telómeros más cortos.[18]

Por fortuna algunos de estos químicos se han prohibido en distintas partes del mundo. Por ejemplo, hay una prohibición mundial del uso del DDT en la agricultura (aunque aún se usa en la India). Pero una vez que estos químicos se liberan, no desaparecen. Permanecen mucho tiempo en la cadena alimenticia (bioacumulación), así que la esperanza de vivir libres de químicos es imposible. Es probable que haya muchas toxinas químicas en pequeñas cantidades en cada una de nuestras células. También llegan a la leche materna, aunque los beneficios de la lactancia siguen siendo mayores que la exposición. Por desgracia muchos componentes de la lista de tóxicos (alaclor, metacloro, 2,4-D, permetrina) aún se usan en las granjas y jardines y se producen en grandes cantidades.

Otro químico, el cadmio, es un metal pesado con grandes efectos en nuestra salud. El cadmio se encuentra en especial en el humo del cigarro, aunque todos cargamos con una pequeña pero potencial carga tóxica en nuestro cuerpo debido al contacto con fuentes productoras, como el polvo doméstico, la tierra, el humo de combustibles fósiles como carbón y petróleo y la incineración de desechos. El tabaquismo se relaciona con telómeros más cortos, no es una sorpresa, dados los otros efectos nocivos del cigarro.[19] Parte de esa relación se debe al cadmio.[20] Los fumadores tienen el doble de cadmio en sangre.[21] En algunos países e industrias la gente se expone al cadmio por el trabajo en las fábricas. En un pueblo donde se reciclan desechos electrónicos en China, famoso por sus altos niveles de contaminación de cadmio, las grandes concentraciones de éste en sangre coinciden con telómeros más cortos en la placenta.[22] En un amplio estudio en adultos de Estados Unidos, aquellos con peores exposiciones al cadmio sumaron once años a su envejecimiento celular.[23]

También tenemos que cuidarnos de otro metal pesado: el plomo. Se encuentra en algunas fábricas, casas antiguas y países en desarrollo que aún no regulan las pinturas y gasolinas que lo contienen, y es un potencial responsable del acortamiento telomérico. Aunque el estudio en la planta de reciclaje electrónico no encontró ninguna asociación entre los niveles de plomo y la longitud telomérica, otra investigación en empleados de una fábrica de baterías en China expuestos al plomo en su entorno de trabajo descubrió una impresionante relación.[24] En este estudio de ciento cuarenta y cuatro trabajadores casi 60% alcanzó un nivel de plomo suficiente como para considerar envenenamiento crónico. Además presentaron una reducción significativa en la longitud telomérica de sus células inmunes, comparados con los que tenían niveles normales o bajos de plomo. La única diferencia entre ellos era que el grupo envenenado trabajaba más tiempo en la fábrica. Por fortuna, una vez que se descubrió el envenenamiento las víctimas fueron hospitalizadas y se les dio un tratamiento (terapia de quelación para intoxicación por plomo). Durante el tratamiento se midió cuánto plomo se excretaba a través de la orina, una medida llamada "carga total corporal". Ésta indica la exposición a largo plazo de plomo. A mayor carga de plomo, menores telómeros. La correlación fue .70, lo cual es muy alto (la correlación más alta sólo puede ser de 1). Esta relación era tan fuerte que no se pudo detectar la relación usual entre telómeros y edad, sexo, tabaquismo y obesidad en los que se expusieron al plomo. La exposición anuló todos estos factores.[25]

Aunque los graves riesgos laborales tienen mayores efectos, es alarmante que en el hogar también pueda existir peligro genotóxico. A veces las casas antiguas todavía tienen pintura con plomo, lo cual es un peligro si ésta se desprende. Muchas ciudades usan tuberías de este elemento y puede viajar hasta nuestra casa en el agua potable. Considera la trágica y lamentable crisis en Flint, Michigan, en la que el suministro de agua era tan corrosivo que se filtraba por las tuberías. El agua se contaminó en altos niveles, así como la sangre de los habitantes. Mientras este drama perturbador se hacía público en nuestras pantallas, el mismo problema ocurría en silencio en muchas otras ciudades que usan viejas tuberías. La problemática particular es que los niños son más sensibles al plomo que los adultos. En un estudio, pequeños de ocho años expuestos a plomo tenían telómeros más cortos que los niños sin exposición.[26]

Una categoría de químicos, los **hidrocarburos aromáticos policíclicos (HAP)**, se transporta por el aire, por eso es muy difícil de evitar. Los HAP son productos de la combustión y pueden respirarse por el humo del cigarro, tabaco, carbón, hulla de alquitrán, estufas de gas, incendios forestales, quemas de desechos, asfalto y contaminación por tránsito. También puedes exponerte a los HAP si consumes alimentos cosechados en tierras afectadas o cocinados en una parrilla. Ten cuidado. Se demostró que mayor exposición a los HAP se asocia con longitud más corta de los telómeros.[27] Una investigación sobre los HAP advirtió a las mujeres embarazadas: mientras más cerca viva de una avenida grande y menos árboles y plantas haya en su vecindario (lo que reduce los niveles de contaminación), los telómeros en su placenta serán más cortos que el promedio.[28]

QUÍMICOS, CÁNCER Y TELÓMEROS MÁS LARGOS

Algunos químicos se asocian con telómeros *más largos*. Esto puede sonar bien, pero recuerda que en muchos casos dicha longitud se relaciona con un crecimiento celular sin control, en otras palabras, cáncer. Así que cuando químicos genotóxicos entran a nuestro cuerpo somos más propensos a desarrollar mutaciones y células cancerígenas. Si los telómeros de esas células son grandes, es mayor la posibilidad de que se dividan y se dividan y se dividan hasta convertirse en tumores cancerígenos. Por eso nos preocupa tanto el uso difundido y la publicidad alrededor de suplementos y otros productos que dicen agrandar tus telómeros.

Nos angustia que la exposición química y los suplementos que activan la telomerasa puedan dañar a las células o incrementen dicha enzima y modifiquen los telómeros en formas radicales o inapropiadas, a tal grado que nuestro cuerpo no sepa cómo lidiar con eso. Pero cuando practicas hábitos de salud naturales como manejo del estrés, ejercicio, buena nutrición, sueño apropiado, tu telomerasa aumenta de forma eficiente, lenta, estable y con el tiempo. Este proceso natural protege y conserva tus telómeros. En algunos casos los cambios de estilo de vida ayudan a que tus telómeros crezcan un poco más, pero de una forma que no desencadenará un crecimiento incontrolable de las células. Los factores de una vida saludable relacionados con telómeros más largos *nunca* han representado riesgo de cáncer. Los cambios en el estilo de vida influyen en los telómeros a través de mecanismos que son diferentes y más seguros que la exposición química y los suplementos.

¿Qué químicos pueden agrandar de más los telómeros de forma no natural? Las **dioxinas y furanos** (tóxicos resultados de varios procesos industriales y que por lo general se encuentran en productos de origen animal), **arsénico** (común en el agua potable y algunos alimentos), **partículas suspendidas, benceno** (la exposición ocurre vía humo del tabaco así como de la gasolina y otros derivados del petróleo) y **bifenilos policlorados** (PCB, un tipo de compuestos prohibidos que aún se encuentran en algunos productos saturados en grasas animales).[29] Resulta muy interesante que estos químicos también se relacionan con los riesgos de cáncer. Algunos se asocian con altos índices de cáncer en animales; otros se estudian en laboratorios, donde se agregan grandes dosis a células para generar cambios moleculares que provoquen esta patología. Es posible que los químicos originen un campo fértil para las mutaciones y células cencerígenas, así como generar mucha telomerasa o mayor longitud telomérica, promoviendo mayores posibilidades de que las células cancerígenas se repliquen. Por eso especulamos que los telómeros pueden ser un eslabón en la relación químicos-cáncer.

Para poner esto en perspectiva, el informe de la American Association for Cancer Research Cancer Progress informa que 33% de la contribución relativa a los riesgos totales de desarrollar cáncer es sólo del tabaco, y alrededor de 10% se atribuye a la exposición a contaminantes en el entorno laboral o ambiental.[30] Pero ese bajo porcentaje es sólo para Estados Unidos, no se sabe qué tan alto sea en países y regiones del mundo donde la contaminación ambiental y la exposición en el trabajo están mucho menos controladas. Además, un aumento del 10% de riesgo puede parecer pequeño. Pero ya que existen más de 1.6 millones de nuevos casos de cáncer sólo en Estados Unidos, ese 10% se traduce en ciento sesenta mil nuevos casos por año. Piensa en eso. Cada año la vida de ciento sesenta mil personas y sus familias cambia de forma irrevocable por un diagnóstico. Y es sólo en Estados Unidos. La Organización Mundial de la Salud estima que existen 14.2 millones de nuevos casos de cáncer alrededor del globo cada año, así que podemos estimar que 1.4 millones de esos casos proviene de la contaminación ambiental.[31]

TOXINAS TELOMÉRICAS

Químicos relacionados con telómeros más cortos	Químicos relacionados con telómeros más largos *(Los telómeros largos en estas condiciones indican el riesgo de un crecimiento celular incontrolable y algunas formas de cáncer)*
Metales pesados como el cadmio y el plomo	Dioxinas y furanos Arsénico Partículas suspendidas Benceno PCB
Pesticidas agrícolas y productos para el pasto: Alaclor Metolaclor Trifluralina Ácido 2,4 diclorofenoxiacético (también conocido como 2,4-D) Permetrina Poco producidos pero presentes en el ambiente: Toxafeno DDT	
Hidrocarburos aromáticos policíclicos (HAP)	

PROTÉGETE

¿Qué puedes hacer? Se necesita más investigación para entender por completo la conexión entre estos químicos y los daños celulares, pero mientras tanto, es razonable tomar todas las precauciones posibles. Yo siempre prefiero usar productos naturales, pero sólo cuando me conviene comprarlos. Después de descubrir que muchos de los productos de limpieza domésticos contienen químicos genotóxicos que dañan los telómeros, ahora busco a conciencia productos naturales.

Quizá quieras cambiar también la forma en la que comes o bebes. El arsénico se encuentra de manera natural en pozos y mantos freáticos, así que puedes pedir que examinen tu agua o usar un filtro. Evita las botellas y utensilios de cocina de plástico. A veces incluso las botellas de BPA (bisfenol A) libres de plástico contienen otro químico peligroso. Los sustitutos de BPA pueden ser inseguros, sólo que no han sido estudiados en la misma medida (además, pronto tendremos más plástico que peces en el agua si no reducimos nuestro uso). Evita meter este material al horno de microondas, incluso el que se recomienda para ese uso. Es cierto que no se deforma cuando lo calientas, pero no te asegura que no tendrás una dosis de plástico en tu comida.

¿Cómo puedes reducir tu exposición al humo, aire y contaminación por tránsito vehicular? No vivas en avenidas principales, si es posible. No fumes (otra buena razón para dejarlo) y evita ser fumador pasivo. Árboles, áreas verdes y hasta plantas domésticas pueden ayudar a reducir los niveles de contaminantes dentro de tu casa y en una ciudad, incluidas las partículas suspendidas. No hay evidencia directa que indique que vivir entre plantas conlleve a una mayor longitud telomérica, pero hay correlaciones que sugieren que incrementar tu exposición a la vegetación puede protegerte. Intenta caminar en parques, plantaciones de árboles y fomenta la forestación urbana.

Para aprender más formas de protegerte, revisa el Laboratorio renovación en la página 297.

AMIGOS Y AMANTES

Hace tiempo, cuando la mayor parte de la humanidad vivía en tribus, cada grupo delegaba a algunos de sus miembros el turno para vigilar por la noche. Los vigilantes permanecían alertas en caso de incendios, enemigos o depredadores y todos los demás dormían tranquilos, sabiendo que estaban protegidos. En aquellos peligrosos días, pertenecer a un grupo era una manera de garantizar tu seguridad. Si no podías confiar en los vigilantes nocturnos, no podías conciliar el sueño. ¡La versión del pobre capital social y la falta de confianza de nuestros ancestros!

Dando un salto a la vida contemporánea, cuando te metes a la cama por la noche, es probable que no te preocupe que una pantera te caiga encima, o que haya guerreros escondidos detrás de las cortinas. Aun así, el cerebro humano no ha cambiado mucho desde los días tribales. Todavía necesitamos a alguien que "cuide nuestras espaldas". Sentirse conectado a otros es una necesidad humana básica. La conexión social todavía es una de las formas más efectivas para aminorar el peligro, y su ausencia lo amplifica. Por eso se siente tan bien pertenecer a un grupo cohesivo y estar conectado con otros, para dar o recibir consejos, tomar prestado o prestar algo, trabajar juntos o compartir lágrimas, sentirse entendidos. Las personas con relaciones que permiten este apoyo mutuo tienden a una mejor salud. En lugares donde la gente está socialmente aislada hay más reacciones de estrés y depresión, y es más propensa a una muerte temprana.[32]

En una investigación, las ratas (animales sociales) sufren cuando se les encierra solas. Conocíamos muy poco sobre lo estresante que es el aislamiento para este animal social. Ahora sabemos que cuando están solas en una jaula no reciben las señales de seguridad que sienten cuando están cerca de las otras, y por lo tanto se estresan más. Presentan tres veces más tumores mamarios que las ratas que viven en grupo.[33] Sus telómeros no se midieron, pero en un experimento similar se descubrió que los pericos enjaulados solos acortaron sus telómeros más rápido que los que tenían pareja.[34]

A pesar de la decepción de mi bicicleta, yo (Liz) por lo general estaba feliz en el doctorado en Yale. Pero cuando llegó el momento de pensar en encontrar trabajo empecé a preocuparme. Me despertaba en medio de la noche bañada en sudor frío, producto de la ansiedad, me preguntaba cómo conseguiría un puesto. Uno de los obstáculos que tuve que superar fue preparar una ponencia de empleo, el discurso que daría cuando me entrevistaran para posiciones académicas. Al sentirme insegura, lo compliqué y exageré. Desesperada por lograr que el mundo escéptico se convenciera de lo válido de mis conclusiones científicas, puse en el texto todos y cada uno de los datos con los que contaba. Cuando practiqué la disertación frente a mis colegas, su reacción fue… mutismo, por así decirlo. La charla era tan densa que no se entendía. Volví a mi oficina compartida y lloré con desesperación. El jefe del laboratorio, Joe Gall, llegó y me ofreció palabras amables y alentadoras. Eso me ayudó. Luego apareció Diane Juricek (Lavett). Visitaba a un profesor que trabajaba en un laboratorio vecino y a veces coincidíamos en juntas y mesas de trabajo. Diane se ofreció como voluntaria para ayudarme a arreglar mi discurso, quitando las cantidades excesivas de datos descriptivos y así hacer un todo más coherente. Después me ayudó a ensayar la disertación en un viejo y anticuado salón cerca del edificio en el que yo trabajaba. Esta enorme generosidad para una colega más joven e inexperta me causó una gran impresión, Diane ni siquiera me conocía bien. Me di cuenta de lo que podía ser una comunidad científica.

En ese momento sólo estaba agradecida por la ayuda de Diane. No sabía que era posible que mis células respondieran al apoyo. Los buenos amigos son como los vigilantes nocturnos; cuando están cerca, tus telómeros están más protegidos.[35] Tus células emiten menos proteína C reactiva (CRP), señales proinflamatorias consideradas factor de riesgo para enfermedades cardiacas cuando aparecen en altas concentraciones.[36]

¿Hay alguien en tu vida cercano, pero que te incomode? Alrededor de la mitad de las relaciones tienen cualidades positivas combinadas con una interacción poco útil. El investigador Bert Uchino las llama "relaciones mixtas". Por desgracia, tener muchas de estas relaciones se asocia con una longitud telomérica corta.[37] Las mujeres con amistades mixtas tienen telómeros más cortos; si la relación mixta es con alguno de los padres, el acortamiento ocurre tanto en mujeres como en hombres. Tiene sentido. Estas relaciones se caracterizan por tener esos amigos que no saben cómo dar apoyo. Provoca estrés el que un compañero malinterprete tus problemas o no te dé el consuelo que estás buscando. (Por ejemplo, un camarada puede decidir que necesitas palabras de ánimo cuando lo único que quieres es un hombro para llorar.)

Los matrimonios vienen en todos sabores y colores, y a mejor calidad, mejores serán los beneficios en la salud, aunque estadísticamente los consideramos efectos pequeños.[38] Si pones a alguien que tenga un matrimonio satisfactorio en una situación difícil, es probable que muestre más patrones resistentes de reacción al estrés.[39] Además, la gente felizmente casada tiene menos riesgos de muerte temprana. Todavía no se examina la relación entre la calidad marital y la longitud telomérica, pero sabemos que las personas casadas, o las que viven en pareja, tienen telómeros más largos.[40] Este sorprendente descubrimiento surgió de un estudio genético realizado en veinte mil personas; la relación fue más alta en las parejas más antiguas.[41]

La intimidad sexual en el matrimonio también puede afectar los telómeros. En una de nuestras investigaciones más recientes les preguntamos a parejas casadas si tuvieron intimidad física en las semanas previas. Los que respondieron que sí tenían telómeros más largos. Este descubrimiento aplicó tanto en hombres como en mujeres. El efecto no se podría explicar al margen de la calidad de la relación u otros factores relacionados con la salud. La actividad sexual declina en las parejas más antiguas menos de lo que creíamos. Alrededor de la mitad de los casados de treinta a cuarenta años, y 35% de los de sesenta a setenta años, mantiene relaciones sexuales a la semana y unas cuántas al mes. Muchas parejas permanecen activas hasta los ochenta años.[42]

Por otro lado, las personas en relaciones infelices sufren de altos niveles de "permeabilidad", adoptan el estrés y los estados de ánimo negativos del otro. Si el cortisol de alguno de los esposos aumenta durante una pelea, también lo hace el de su pareja.[43] Si uno despierta con estrés por la mañana, el otro es más susceptible a hacerlo.[44] Ambos operan con niveles altos de estrés sin dejar que en la relación haya alguien que frene la tensión, ninguno se atreve a decir: "Espera, veo que estás enojado. Respiremos y hablemos sobre eso antes de que se salga de control". Es fácil imaginar que estas relaciones son desgastantes y agotadoras. Momento a momento nuestras respuestas fisiológicas están mucho más sincronizadas con las de nuestra pareja de lo que nos damos cuenta. Por ejemplo, en un estudio de laboratorio se monitoreó a los integrantes mientras tenían discusiones tanto positivas como estresantes: el ritmo cardiaco de uno seguía al del otro con un pequeño desfase.[45] Sospechamos que la siguiente generación que haga estudios sobre las relaciones de pareja revelará muchas más formas en las que nos conectamos fisiológicamente con la gente cercana.

DISCRIMINACIÓN RACIAL Y TELÓMEROS

Una mañana de domingo Richard, de trece años, decidió asistir a la iglesia de un amigo en un pueblo a unos kilómetros fuera de su ciudad en el Medio Oeste de Estados Unidos. Recuerda: "Para empezar, supongo que no había mucha gente negra en la iglesia, y además pienso que estábamos vestidos de diferente manera". Richard, negro, se sentó con su amigo blanco en el área de la recepción a esperar que empezara el servicio. Como hijo de un pastor, Richard creció en las iglesias, las conocía como lugares en los que siempre se sintió bienvenido, aceptado y seguro. Entonces, una mujer que coordinaba uno de los programas de la iglesia caminó hacia ellos.

—¿Qué hacen aquí, chicos? —les preguntó con un tono enfático.

Le explicaron que iban a asistir a la misa dominical.

—No creo que estén en el lugar adecuado —les contestó, y les pidió que se fueran. Ahora, cuando recuerda el incidente, comenta: "Me sentí muy incómodo. Hizo que me convenciera de que en realidad yo no pertenecía ahí. Terminamos por irnos de la iglesia y no asistir a misa. Apenas podía creer lo que había pasado, pero después mi papá le escribió al pastor y confirmó que los detalles eran ciertos. La mujer de verdad había dicho eso. Parecía inhumano que la gente llegara tan lejos para hacerme salir de la iglesia".

La discriminación es una forma seria de estrés social. Los actos de discriminación de cualquier tipo, ya sean por orientación sexual, género, etnia, raza o edad son tóxicos. Aquí dirigimos la atención hacia la raza porque es donde se ha enfocado la investigación de los telómeros. En Estados Unidos, ser negro, y en especial un hombre negro, significa que eres más vulnerable a encuentros como el que tuvo Richard. Él dice: "Cuando hablo de racismo, la gente piensa que me refiero a algo extremo. Pero puede ser pequeño, como cuando una madre toma a su hijo de la mano si ve a un chico afroamericano caminando a su lado. Eso duele".

Por desgracia, el racismo en extremo también es algo común. Los hombres afroamericanos son más propensos a ser acusados de un crimen y ser atacados por la policía. Ahora, dada la cantidad de cámaras y iPhones, con frecuencia vemos dolorosas imágenes de esto en nuestras pantallas. Los oficiales de policía son como cualquier otro humano: hacen juicios automáticos sobre la gente de un evidente grupo social diferente. Al conocer a alguien nuevo, en cuestión de milésimas de segundo tu cerebro está evaluando si esa persona es "igual" u "otro". ¿Este individuo se ve como yo? ¿Me es familiar en cierta forma? Cuando la respuesta es sí, por instinto lo juzgamos como alguien cálido, más amigable o más confiable. Si la persona nos parece diferente, nuestro cerebro la considera potencialmente hostil y peligrosa.[46]

Como ya mencionamos, ésta es una reacción inconsciente e instantánea. Es la razón por la que el color de la piel puede echar a andar juicios automáticos, pero no es una excusa para actuar a partir de ellos. Todos debemos trabajar de forma consciente contra estos prejuicios internos. Tim Parrish, criado en Lousiana entre los años sesenta y setenta dentro de una comunidad muy unida pero racista, ahora es un adulto en sus cincuenta. Tim, blanco, admite hacer conjeturas racistas, aun cuando no las quiera y ya no crea que son verdaderas. Pero como explicó en un artículo de opinión para el *Daily News* de Nueva York: "Lo que se nos inyecta como creencia no es nuestra decisión. Nuestra decisión es estar en constante alerta, deconstruir las suposiciones que hacemos, combatir los impulsos que tenemos y que nos llevan a pensar que somos víctimas o el color más civilizado".[47] En una situación de menor estrés, este trabajo mental en contra de los prejuicios puede ser más fácil de lograr que en un escenario tenso y ajetreado. Por eso "manejar si eres negro" significa que es más probable que te detengan. Si eres un hombre afroamericano en Estados Unidos y tu comportamiento parece peligroso o es difícil de interpretar, eres más propenso a que te disparen. Mi esposo (de Elissa), Jack Glaser, un profesor en la Universidad de California, en Berkeley, trabaja en el entrenamiento de policías para disminuir los prejuicios raciales. Ayuda a adaptar los procedimientos policiacos para que no estén influenciados por los juicios automáticos que llevan a la discriminación racial. Aunque él y sus colegas consideran esto sólo trabajo policial, yo lo veo como reducción de estrés a un nivel social y con posible relevancia en los telómeros.

El grado de sufrimiento de la gente discriminada llega a niveles muy profundos. Los afroamericanos tienden a desarrollar enfermedades crónicas de envejecimiento. Por ejemplo, tienen tasas más altas de embolia que otras razas y grupos étnicos en Estados Unidos. Algunas de estas estadísticas se explican por los malos hábitos de salud, la pobreza y la falta de acceso a servicios de salud de calidad, pero también se manifiestan por una vida entera de exposición a un gran estrés. En un estudio de adultos mayores, los afroamericanos que experimentaban más discriminación en su día a día presentaron telómeros más cortos, y esta relación no se mantuvo con los adultos blancos (quienes en primer lugar no experimentaban tanta discriminación).[48] Pero es probable que esto no sea una simple y directa relación; podría depender de actitudes que ni siquiera conocemos en nosotros mismos.

David Chae, en la Universidad de Maryland, llevó a cabo un estudio fascinante que tomó en cuenta a hombres negros jóvenes con bajos ingresos que vivían en San Francisco. Quería saber qué pasa con los telómeros cuando la gente interioriza los prejuicios, es decir, que llega a creer las opiniones negativas de la sociedad a un nivel inconsciente. La discriminación por sí misma tiene un efecto débil. Los hombres que fueron segregados y que interiorizaron las actitudes despectivas contra los negros tenían telómeros más cortos.[49] Los prejuicios interiorizados contra los negros se probaron por un programa de computadora que mide qué tan rápido la gente asocia palabras negativas con la palabra *negro*. Puedes probar tus propios prejuicios en el sitio web <https://implicit.harvard.edu/implicit/user/agg/blindspot/indexrk.htm>. No te molestes si haces juicios automáticos, le pasa a la mayoría. Sospechamos que tendremos más datos sobre discriminación y telómeros en los años que vienen.

Saber cómo los lugares y los rostros afectan la salud de tus telómeros puede ser tranquilizador o inquietante. Todo depende de tu situación, dónde vives, la calidad de tus relaciones personales y qué tanto has interiorizado la discriminación (hacia cualquier aspecto propio, raza, sexo, orientación sexual, edad, incapacidad). Pero *todos* podemos dar pasos que reduzcan nuestra exposición a toxinas, mejorar la salud de nuestros vecindarios, ser más conscientes de nuestros prejuicios contra otros grupos y crear conexiones sociales positivas. El Laboratorio de renovación al final de este capítulo te sugiere algunas maneras de empezar.

CONSEJOS PARA TUS TELÓMEROS

- Estamos interconectados en formas que no podemos ver y los telómeros revelan estas relaciones.
- Nos afecta el estrés tóxico de la discriminación.
- Nos dañan los químicos tóxicos.

- De un modo más sutil, nos aquejan la forma en que nos sentimos en nuestro vecindario, la abundancia de plantas verdes y árboles cerca y los estados emocionales y fisiológicos de los que nos rodean.

- Cuando sabemos cómo nos afecta nuestro entorno, podemos empezar a crear un ambiente más sano y favorable en nuestro hogar y en el vecindario.

REDUCE TU EXPOSICIÓN A QUÍMICOS

Ya describimos algunas precauciones básicas contra los pesticidas y contaminación que podrían acortar (o alargar de forma peligrosa) tus telómeros. Aquí hay algunos consejos más avanzados:

- **Consume menos grasas animales.** Las partes grasosas de la carne son donde se colectan y concentran ciertos componentes bioacumulativos. Lo mismo pasa en la grasa de pescados grandes, excepto los que tienen un peso balanceado. Los peces con grasa como el salmón y el atún contienen omega 3, que es bueno para los telómeros, así que cómelos con moderación.
- **Piensa en el aire cuando enciendas la lumbre para la carne.** Si cocinas carne en una parrilla o estufa de gas, usa ventilación. Intenta evitar la exposición directa de los alimentos al fuego y no carbonizar porciones, no importa lo bien que sepa. Es una buena idea para cualquier alimento.
- **Evita los pesticidas en tus productos.** Consume alimentos que estén libres de pesticidas siempre que sea posible; como última opción, lava a fondo los productos antes de consumirlos. Consigue frutas, verduras y carne orgánicas o planta las tuyas. Considera cosechar lechuga, albahaca, hierbas y tomates en tu balcón. Aquí puedes encontrar alternativas seguras para combatir plagas: <http://www.pesticide.org/ pests_and_alternatives>.
- **Utiliza productos de limpieza que contengan ingredientes naturales.** Puedes hacer muchos de ellos tú mismo. Nos gustan las "re-

cetas" para limpieza del hogar de <http://chemical-free-living.com/chemical-free-cleaning.html>.

- **Encuentra productos de cuidado personal seguros.** Lee con atención las etiquetas de los productos como jabón, shampoo y maquillaje. Visita <http://ww.ewg.org/ skindeep> para identificar qué químicos hay en tus productos de belleza. Cuando dudes, compra productos orgánicos o naturales.

- **Compra pintura para casa no tóxica.** Evita las pinturas que contengan cadmio, plomo o benceno.

- **Piensa y actúa en verde.** Compra más plantas para tu casa, dos por cada treinta metros cuadrados es lo ideal para mantener el aire filtrado. Los filodendros, helechos, alcatraces o hiedra inglesa son buenas opciones.

- **Apoya la forestación urbana** con dinero o trabajo. Los espacios verdes ofrecen muchos beneficios para la mente y el cuerpo, así como para la salud de la comunidad. **Una idea nueva se puede considerar en las megaciudades urbanas donde no se plantan suficientes árboles que se deshagan de las toxinas del aire.** Considera presionar a tu gobierno local para que instale paneles purificadores. Éstos hacen el trabajo de 1 200 árboles, limpiando un espacio de 100 000 metros cúbicos y remueven partículas de polvo y metales del aire.[50]

- Mantente al tanto de productos tóxicos y descarga la aplicación "Detox me" de Silent Spring. <http://www.silenspring.org/>.

AUMENTA LA SALUD DE TU VECINDARIO: LOS PEQUEÑOS CAMBIOS TAMBIÉN CUENTAN

Para alegrar una esquina de tu colonia sigue el ejemplo de nuestros vecinos en San Francisco y pon algunas bancas y mesas sobre la banqueta, a lo largo de una jardinera. Estos "parklets" atraen a los vecinos y promueven la socialización y el relajamiento. O considera alguna de estas opciones:

- **Incorpora arte.** Un mural o incluso un póster bonito puede darle esperanza, sentido y optimismo a un rincón gris. Los residentes de un vecindario en Seattle pintaron las ventanas tapiadas de locales comerciales vacíos con imágenes del negocio que les gustaría que fueran, como una heladería, un estudio de danza, una librería y demás. Las pinturas ayudaron a que los emprendedores vieran el potencial del vecindario. Llevaron sus pequeños negocios a la cuadra y revitalizaron el área con el crecimiento económico de la comunidad.[51]

- **Piensa y actúa más verde**, en especial si eres habitante de una ciudad. Los espacios verdes en un vecindario se asocian con niveles bajos de cortisol y menores tasas de depresión y ansiedad.[52] Convierte un terreno baldío en un huerto comunitario o planta árboles y flores en espacios pequeños. "Enverdecer" terrenos baldíos se asocia con la disminución de violencia con armas y vandalismo y aumenta la sensación de seguridad de los residentes.[53]

- **Haz más cálido a tu vecindario.** El capital social es un recurso invaluable que pronostica buena salud. Se define por el nivel de compromiso de una comunidad y las actividades positivas y recursos que existen en un vecindario. Uno de sus ingredientes más importantes es la confianza. Así que da el primer paso. Cocina u hornea un poco más de lo que necesitas y llévale un plato a tu vecino. Comparte las verduras o flores de tu jardín. Ayuda a remover nieve, llevar a una persona mayor en auto o empezar un grupo de vigilancia en el vecindario. Deja notas de bienvenida a los nuevos habitantes de la colonia u organiza una fiesta en la cuadra. También puedes unirte a la tendencia de las "pequeñas bibliotecas ambulantes" frente a tu casa si pones un mueble en el que compartas libros. (Véase <https://LitlleFreeLibrary.org>.)

■ **Las sonrisas importan.** Saluda a la gente con la que te cruzas en la calle. Como animales sociales, somos bastante sensibles a las señales y notamos las de aceptación, y en especial las de rechazo. Cada día interactuamos con extraños o conocidos y podemos sentirnos lejanos a ellos o conectarnos en pequeñas formas que tienen un efecto positivo. Mirar a la nada (no hacer contacto visual) hace que los otros se sientan desconectados. Al ofrecer una sonrisa y verlos a los ojos se sentirán más conectados.[54] Además, cuando les sonríes a las personas, es más probable que después ayuden a alguien más.[55]

FORTALECE TUS RELACIONES CERCANAS

Por otro lado hay personas con las que convivimos todos los días, nuestra familia y colegas de trabajo. La calidad de estas relaciones es importante para nuestra salud. Es fácil ser neutral, ignorar a quien vemos todo el tiempo. Investiga lo que significa conocer de verdad y de una forma significativa a las personas cercanas.

■ Muestra gratitud y aprecio. Di: "Gracias por lavar los platos" o "gracias por apoyarme en la reunión".

■ Sé presente. Esto significa no estar viendo una pantalla o alrededor. Ofrece tu entera y sincera atención. Es un regalo que puedes darle a otra persona y no te cuesta ni un centavo.

■ Abraza o toca a tus seres queridos con más frecuencia. El tacto libera oxitocina.

12

Embarazo: el envejecimiento celular empieza en el vientre materno

Cuando yo (Liz) supe que estaba embarazada, de inmediato adopté un espíritu protector hacia mi futuro bebé. Dejé de fumar en cuanto tuve los resultados. Por suerte lo hacía muy poco, unos cuantos cigarros al día. La transición fue muy fácil, en especial porque me preocupaba el bienestar del bebé. Nunca volví a fumar. También me interesé mucho por lo que comía. Escuché a mi obstetra y a su equipo, puse más atención en recibir nutrientes de la comida (como pescado, pollo y hojas verdes). Además tomé los suplementos de micronutrientes de hierro y vitaminas que me recomendaron.

Ahora, muchos años después, tengo un entendimiento mucho más profundo de cómo la nutrición de una madre y su estado de salud afectan el desarrollo del bebé. También estamos aprendiendo lo que pasa en los telómeros del bebé dentro del vientre. Hace años no tenía mucha idea de cómo mis decisiones ayudarían a proteger los telómeros de mi hijo. O mejor, cómo las decisiones que tomé y los eventos que me pasaron años antes de que el bebé naciera pudieron afectar el punto de partida de sus telómeros.

Los telómeros continúan formándose durante la edad adulta. Nuestras decisiones los hacen más saludables o aceleran su reducción. Pero mucho antes de que seamos maduros lo suficiente como para tomar nuestras decisiones sobre qué comer o cuánto ejercitarnos, y antes de que el estrés crónico empiece a amenazar los pares de bases de nuestro ADN, empezamos la vida con un número establecido. Algunos llegamos al mundo con telómeros cortos. Otros tienen más suerte y telómeros más largos.

Como podrás imaginar, la longitud telomérica en el nacimiento está influenciada por la genética, pero no es toda la historia. Hemos aprendido cosas sorprendentes sobre cómo los padres modelan los telómeros de sus hijos antes de que nazcan. Y esto es importante, la longitud telomérica del nacimiento y la infancia es el mayor indicador de lo que tendremos cuando seamos adultos.[1] Los nutrientes que una mujer embarazada consume y los niveles de estrés que experimenta influyen en la longitud telomérica de su bebé. Incluso es posible que la historia de la vida de los padres tenga efecto sobre la longitud telomérica de la siguiente generación. En pocas palabras: el envejecimiento inicia en el útero.

LOS PADRES PUEDEN HEREDAR LOS TELÓMEROS CORTOS

Chloe, que ahora tiene diecinueve, se embarazó hace dos años. Sin mucho apoyo o entendimiento de sus padres, abandonó su hogar y se mudó con una amiga. Para ayudarse a pagar parte de la renta, abandonó la preparatoria y obtuvo un trabajo con un salario mínimo. A pesar de las circunstancias, Chloe tenía la determinación de darle a su bebé un buen inicio en la vida. Mientras estuvo embarazada, hizo lo que pudo para tener cuidados prenatales. Tomó las vitaminas que le prescribieron, aunque la hicieran sentirse enferma. Cuando su hijo nació, ella prometió que él siempre, siempre se sentiría amado.

Chloe estaba determinada a darle a su hijo lo que ella no tuvo (mejor salud y más satisfacciones) y sacarlo adelante como parte de la siguiente generación. Pero hay evidencia impactante que sugiere que el bajo nivel educativo de Chloe pudo modelar de forma indirecta los telómeros de su bebé *mientras estaba en su vientre*. Los bebés cuyas madres nunca completaron la preparatoria tienen telómeros más cortos en el cordón umbilical, comparados con los de madres que tienen un título. Es decir, tienen telómeros más cortos desde el primer día de su vida.[2] Los niños más grandes cuyos padres tienen niveles bajos de educación también tienen telómeros más cortos.[3] Estos descubrimientos se basan en estudios donde se controlaron otros factores que podrían influir en los resultados, como un peso alto o bajo.

Adentrémonos en esto por un momento, porque las implicaciones son revolucionarias (si se comprueban en estudios subsecuentes). ¿Cómo puede el nivel educativo de los padres afectar los telómeros del bebé en desarrollo?

La respuesta es que los telómeros son transgeneracionales. Claro, los padres pueden transmitir *genes* que afecten la longitud telomérica. Pero el mensaje más profundo es que los progenitores tienen una segunda forma de pasar la longitud telomérica y es la *transmisión directa.* A causa de ésta, los telómeros de los padres, sin importar su longitud a la hora de la concepción, se heredan al bebé en desarrollo (una forma de epigenética).

La transmisión directa de los telómeros fue descubierta cuando los investigadores estudiaban los síndromes teloméricos. Éstos, como recordarás, son desórdenes genéticos que llevan al envejecimiento prematuro. Sus víctimas tienen telómeros muy cortos. Las personas con síndromes teloméricos (cómo Robin, de un capítulo anterior) a menudo ven cómo su cabello se vuelve gris cuando apenas son adolescentes. Sus huesos pueden volverse frágiles, sus pulmones dejar de funcionar bien o desarrollar algunos tipos de cáncer. En otras palabras, provocan una trágica y temprana entrada al periodo de enfermedad. Los síndromes teloméricos son hereditarios y ocurren cuando los padres pasan un solo gen mutado relacionado con los telómeros.

Pero había un misterio. Algunos niños de estas familias tuvieron la suerte suficiente para no heredar ese gen defectuoso causante del síndrome telomérico. Cualquiera pensaría que escaparon al envejecimiento prematuro, ¿no? Pues de todos modos mostraron signos (leves a moderados) no tan graves como los que puedes encontrar en síndromes teloméricos completos, pero que van más allá de lo normal, como el encanecimiento prematuro. Los investigadores decidieron medir los telómeros de estos niños y descubrieron que eran, de hecho, más cortos de lo normal. Los niños escaparon al gen que causa el síndrome telomérico pero de alguna manera nacieron con telómeros que siguieron siendo más cortos (heredaron telómeros más cortos, pero no el gen defectuoso). Aunque crecieron con genes de mantenimiento telomérico normal, como sus telómeros se acortaron desde bebés, no pudieron reponerse lo suficientemente rápido para alcanzar longitudes normales.[4]

¿Cómo pasa esto? ¿Cómo los niños heredan telómeros cortos de sus padres si no es por los genes? La respuesta, una vez que la sepas, es bastante obvia. Resulta que los padres pueden transmitir de forma directa la longitud telomérica en el vientre. Sucede así: un bebé empieza con el óvulo de la madre fertilizado por el esperma del padre. Ese óvulo contiene cromosomas. Dichos cromosomas contienen material genético. Así es como pasa al bebé. Pero el material de los cromosomas de un óvulo fertilizado también incluye telómeros al final. Como el bebé nace del óvulo, recibe todos esos telómeros de forma directa, con la longitud que tengan en ese momento. **Si los telómeros de la madre son cortos en todo su cuerpo, cuando aporta el óvulo los del bebé también serán cortos. Lo serán desde el momento en que empiece a desarrollarse.** Así es como los bebés sin genes defectuosos reciben telómeros cortos. Y eso sugiere que si la madre se expone a factores de la vida que se los acorten, los pasará de forma directa al bebé. Por otro lado, una mujer que logre mantener sus telómeros largos y estables podrá heredárselos a su hijo.

¿En qué contribuye el padre? Después de la fertilización del óvulo, los cromosomas que vienen por vía del esperma se unen a los cromosomas de la madre. El esperma, como el óvulo, también lleva consigo sus propios telómeros que se transmiten de forma directa al bebé en desarrollo. Los datos de las investigaciones sugieren que un padre *puede* transmitir telómeros cortos de forma directa pero no como lo haría una madre. En un nuevo estudio de cuatrocientos noventa recién nacidos y sus padres, los telómeros del cordón umbilical de los bebés estaban más relacionados con la longitud telomérica de la madre que con los del padre; aunque los dos tenían una clara influencia.[5]

Hasta ahora hay pocos estudios sobre la transmisión directa de telómeros en humanos. Implican medir tanto la genética de los telómeros como los telómeros en sí, para poder separar los efectos de la genética de los de la experiencia de vida. Las investigaciones se han enfocado en familias con síndrome telomérico.[6] Pero nosotras, y otros investigadores, sospechamos que esto también sucede con la población normal.[7] Como estás a punto de ver, la ciencia de la transmisión directa sugiere cómo la pobreza y las desventajas tienen efectos a través de las generaciones.

¿LAS DESVENTAJAS SOCIALES SE HEREDAN?

¿Tus padres sufrieron estrés prolongado y extremo antes de que nacieras? ¿Eran muy pobres o vivían en un vecindario peligroso? Ya sabes que la forma en que tus padres vivieron antes de concebirte afecta sus telómeros. También puede afectar los tuyos. Si los de tus padres se acortaron por el estrés crónico, la pobreza, vecindarios peligrosos, exposición química u otros factores, pudieron heredarte telómeros cortos por transmisión directa en el vientre. Incluso existe la posibilidad de que ahora tú los heredes a tus hijos.

La transmisión directa tiene implicaciones fuertes y escalofriantes para todos aquellos que nos preocupamos por las futuras generaciones.

Provoca una idea controversial. Desde nuestro punto de vista, la evidencia de las familias con síndromes teloméricos sugiere que los efectos de las desventajas sociales se acumulan a lo largo de las generaciones. Ya podemos ver un patrón en los amplios estudios epidemiológicos: las desventajas sociales se asocian con la pobreza, muy mala salud y telómeros cortos. Los padres afectados por ellas pueden transmitir de forma directa sus telómeros cortos al bebé en el útero. Esos niños nacerán un paso atrás, o pares de bases atrás, con telómeros más cortos debido a las circunstancias de sus padres. Ahora imagina que esos niños al crecer también se exponen a la pobreza y el estrés. Sus telómeros, que ya son cortos, se dañarán aún más. En una espiral decreciente, cada generación le transmite sus telómeros cortos a la siguiente. Cada nuevo bebé puede nacer más y más rezagado, con células que son más vulnerables al envejecimiento prematuro y a las enfermedades tempranas. En el raro síndrome telomérico ocurre este patrón: con cada generación sucesiva el acortamiento telomérico progresivo hace que las peores enfermedades (y las más prematuras) tengan un impacto mayor que en la generación pasada.

Figura 25: ¿Envejecimiento al nacer? "Mamá, ¿qué pasó con la igualdad de condiciones?" Los bebés nacen con telómeros más cortos dependiendo de los genes de su madre, pero también de su salud biológica, niveles de estrés y quizá nivel de educación.

Desde los primeros momentos de la vida los telómeros pueden ser una medida de la desigualdad social y salud. Ayudan a explicar la disparidad entre los diferentes códigos postales. La gente con cierto código que representa un área más rica tiene una expectativa de vida diez años mayor que la gente de zonas más pobres. Muchas veces la diferencia se explica por las conductas peligrosas o la exposición a la violencia. Pero la biología de los bebés nacidos en estos vecindarios también puede ser diferente. Por desgracia, los retos que representa la salud de un vecindario a veces se agravan de generación en generación. Pero la biología no es el destino, hay muchas cosas que podemos hacer para mantener los telómeros durante nuestra vida.

NUTRICIÓN EN EL EMBARAZO: ALIMENTAR LOS TELÓMEROS DEL BEBÉ

"Ahora comes por dos." Las mujeres embarazadas escuchan esto todo el tiempo. Es cierto: un bebé en desarrollo obtiene sus calorías y nutrientes de los alimentos que consume su madre (y no es verdad que deba comer el doble). Parece que la comida de la madre también afecta los telómeros de su bebé. Aquí veremos los nutrientes que se relacionan con la longitud telomérica en el útero.

Proteínas

La investigación en animales sugiere que una pequeña privación de proteína en las embarazadas causa un acortamiento telomérico en los tejidos del bebé, incluyendo el sistema reproductor, lo que puede llevar a la mortalidad prematura.[8] Cuando una rata madre se alimenta con una dieta baja en proteínas durante el embarazo, sus hijas tendrán telómeros más cortos en los ovarios. También presentan más estrés oxidativo y un número mayor de copias de ADN mitocondrial. Esto indica que las células están bajo mucho estrés y para enfrentarlo producen mitocondrias con rapidez.[9]

El daño puede llegar hasta una tercera generación. Cuando los investigadores analizaron a las nietas de las ratas, descubrieron que los tejidos de sus ovarios sufrieron un envejecimiento acelerado. Tenían más estrés oxidativo, copias mitocondriales y telómeros más cortos en los ovarios. Las nietas fueron víctimas de un envejecimiento prematuro por una dieta baja en proteínas dos generaciones atrás.[10]

Coenzima Q

Existe fuerte evidencia en modelos humanos y animales indicando que la desnutrición durante el embarazo puede aumentar los riesgos de enfermedades cardiacas en los hijos. Si una mujer embarazada no recibe suficientes nutrientes o no se alimenta de forma adecuada, su bebé podrá nacer con un peso bajo. Muchas veces hay un efecto de rebote, donde en un juego de estira y afloja el niño termina con sobrepeso y obesidad. Los pequeños que nacen con peso bajo tienen mayor riesgo de sufrir enfermedades cardiovasculares mientras crecen y los que experimentan ese rápido rebote posnatal corren un riesgo aún mayor.

Como dijimos, este escenario relaciona la malnutrición de la madre con enfermedades cardiacas (y uno de los eslabones en la cadena puede ser el acortamiento telomérico). Las crías de las ratas que nacen de hembras que no tienen suficientes proteínas tienden a presentar un peso bajo (como sus contrapartes humanas). Y al igual que los niños pequeños, a menudo experimentan un rebote tardío y ganan peso. Susan Ozanne en la Universidad de Cambridge descubrió que estas crías de rata acortaron sus telómeros en células de varios órganos, incluyendo la aorta. También tenían niveles bajos de la enzima conocida como CoQ (Ubiquinona). La CoQ es un antioxidante natural que se encuentra sobre todo en nuestra mitocondria, la cual juega un rol importante en la producción de energía. El déficit de CoQ se asocia con el envejecimiento prematuro del sistema cardiovascular. Pero cuando la dieta de las crías se suplementó con CoQ, los efectos negativos de la privación de proteínas desaparecieron, incluyendo los de sus telómeros.[11] Ozanne y sus colegas concluyeron que "la intervención temprana con CoQ en individuos en riesgo puede ser una forma efectiva, económica y segura de reducir la carga global [de enfermedades cardiovasculares]".

Claro, hay una gran distancia entre una rata y un humano. Lo bueno para uno puede no serlo para el otro. Incluso en dichos animales, no sabemos si los beneficios se restringen a crías cuyas madres fueron privadas de proteínas. La CoQ debería figurar en la lista de nutrientes para estudios posteriores sobre sus posibles efectos positivos en los telómeros. Si esos beneficios existen, los bebés de madres con una alimentación inadecuada podrían verse beneficiados, incluso los adultos con riesgo de contraer enfermedades cardiacas. Hay que notar que no tenemos conocimiento de ningún estudio que haya usado CoQ durante el embarazo o evaluado su seguridad, así que no lo estamos recomendando.

Ácido fólico

El ácido fólico es otro nutriente fundamental durante el embarazo. Es probable que sepas que este tipo de vitamina B disminuye los riesgos de contraer espina bífida, un defecto de nacimiento, pero también previene daños del ADN al proteger la región del cromosoma conocida como centrómero (el centro del cromosoma) y el subtelómero (la región del cromosoma al lado del telómero). Cuando los niveles de ácido fólico caen, el ADN se vuelve hipometilado (pierde sus marcas epigenéticas) y los telómeros se hacen muy cortos o, en pocos casos, se prolongan de manera anormal.[12] Bajos niveles de ácido fólico pueden provocar que un químico inestable, el uracilo, se incorpore al ADN y quizá al telómero, causando una prolongación temporal.

Los bebés de madres que tienen deficiencia de ácido fólico durante el embarazo tienen telómeros más cortos, lo que indica que esta sustancia es vital para un mantenimiento telomérico óptimo.[13] En algunos estudios, las variantes genéticas que dificultan que el cuerpo use el ácido fólico se asocian con telómeros más cortos.[14]

El Departamento de Salud y Servicios Humanos de Estados Unidos recomienda que las mujeres embarazadas consuman entre 400 y 800 microgramos de ácido fólico al día.[15] Sólo no asumas que consumir más es mejor. Por lo menos un estudio sugiere que una madre que consume suplementos de ácido fólico de más, disminuye la longitud telomérica en su bebé.[16] Repetiremos una idea de este libro: la moderación y el balance son esenciales.

LOS TELÓMEROS DEL BEBÉ ESCUCHAN EL ESTRÉS DE SU MADRE

El estrés psicológico de una madre puede afectar el desarrollo de los telómeros. Nuestros colegas Pathik Wadhwa y Sonja Entringer de la Universidad de California, en Irvine, nos pidieron que colaboráramos en un estudio de estrés prenatal y telómeros. Estuvimos encantadas de hacerlo e investigar así el inicio de la vida. El estudio era pequeño, pero mostró que cuando las madres experimentan un estrés grave y ansiedad durante el embarazo, sus bebés tienden a presentar telómeros más cortos en el cordón umbilical.[17] Los telómeros de un bebé suelen sufrir estrés prenatal. Un estudio reciente amplió estos descubrimientos al examinar experiencias de vida estresantes. Los investigadores tomaron en cuenta los eventos angustiantes que ocurren un año antes de dar a luz. Las madres con el número mayor de estas experiencias tuvieron bebés con telómeros mil setecientos sesenta pares de bases más cortos al nacer.[18]

Sonja y Pathik querían saber cuánto tiempo puede durar el efecto del estrés prenatal en el bebé. Reclutaron a un grupo de adultos y les preguntaron si sus madres habían experimentado algún evento de estrés grave mientras estaban embarazadas. Los voluntarios entrevistaron a sus madres sobre eventos importantes como la muerte de un ser querido o un divorcio. Los sujetos expuestos a estrés prenatal fueron diferentes de muchas formas (incluso después de controlar factores que podrían influir en su salud en ese momento). Tenían más resistencia a la insulina. Eran más propensos al sobrepeso y obesidad. Al realizar el test de estresores en el laboratorio, liberaron más cortisol. Cuando estimularon sus células inmunológicas, respondieron con niveles más altos

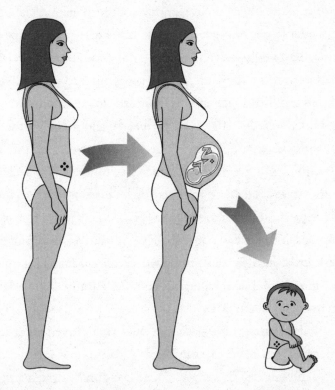

Figura 26: Transmisión de telómeros. Hay por lo menos tres formas de transmitir los telómeros de un padre hasta un nieto. Si la madre tiene telómeros cortos en sus óvulos se pueden transmitir de forma directa al bebé (conocido como transmisión por línea germinal). Todos los telómeros del bebé serán más cortos, incluyendo sus propias células germinales (esperma u óvulos). Durante el desarrollo fetal, el estrés materno o una mala salud suelen generar pérdidas de telómeros en el bebé, gracias a la exposición excesiva de cortisol y otros factores bioquímicos. Después del parto, es posible que las experiencias de vida del niño acorten sus telómeros, mismos que pueden ser heredados a sus futuros hijos. Mark Haussman y Britt Heidinger describen dichas vías de transmisión en animales y humanos.[21]

de citoquina proinflamatoria.[19] Al final, tenían telómeros más cortos.[20] El estrés crónico de una mujer embarazada parece tener ecos en la siguiente generación, afectando la trayectoria del crecimiento del telómero durante décadas en la vida de su hijo.

Estamos hablando de un estrés muy grave. Casi todas las madres experimentan estrés de leve a moderado, no por estar embarazadas sino por ser humanas. En este punto, no hay razón para creer que esos niveles sean dañinos para los telómeros del bebé.

La sustancia principal estudiada en el estrés del embarazo es el cortisol. Esta hormona se libera en las glándulas suprarrenales de la madre y a veces atraviesa la placenta y afecta al feto.[22] En las aves, el cortisol se abre camino hasta el huevo y daña a la cría. Tanto inyectar cortisol al huevo como estresar a la madre genera acortamiento telomérico en los pollos. Estos estudios sugieren la posibilidad de que el estrés de una madre humana se herede al bebé en forma de telómeros cortos. De nuevo, lo que puede pasar en las aves puede no pasar en los humanos, pero sabemos suficiente sobre estrés crónico y telómeros para decir que las mujeres embarazadas deben protegerse de los estresores. Éstos incluyen cualquier tipo de abuso emocional o físico, violencia, guerra, exposición a químicos, inseguridad alimenticia y pobreza. Al final, podemos apoyar los esfuerzos locales para promover servicios y ayudar a que las mujeres embarazadas superen amenazas como el hambre o la violencia en los primeros días del embarazo.

Es claro que los padres, en especial las madres, influyen en la salud de los telómeros de sus bebés. Y como estás a punto de ver, la salud de los telómeros también está determinada por la forma en que criamos a nuestros niños y adolescentes.

Aunque la salud de las futuras generaciones es importante en cualquier sociedad, en la realidad no se le presta mucha atención. Nuestra inversión en los jóvenes más vulnerables ahora puede pensarse en términos de inversión en los pares de bases de los telómeros para un futuro colectivo de salud fuerte y periodo de vida saludable largo.

CONSEJOS PARA TUS TELÓMEROS

■ Algunas vías de transmisión de la longitud telomérica están fuera de nuestro control. Esto incluye la genética y la transmisión directa de los óvulos y espermas. La herencia de telómeros a los niños puede suceder cuando uno de los padres tiene telómeros muy cortos a pesar de la genética. Es una posibilidad real que sin saberlo estemos pasando disparidades en la salud por medio de esta transmisión directa.

■ Algo de lo que heredamos está bajo nuestro control. El estrés crónico de una mujer embarazada, fumar y el consumo de ciertos nutrientes como el ácido fólico se relacionan con la longitud telomérica.

■ La transferencia de fuertes desventajas sociales puede bloquearse mediante políticas que protejan la salud de las mujeres en edad fértil, en especial las embarazadas, de estresores tóxicos e inseguridad alimenticia.

LABORATORIO DE RENOVACIÓN

ENVERDECER EL VIENTRE

La pediatra Julia Getzelman de San Francisco recomienda que las madres embarazadas piensen en "enverdecer el vientre" así como su casa. Si estás encinta, revisa las ideas de nuestro Laboratorio de renovación en el capítulo anterior (página 297) para minimizar la exposición a químicos. Aquí te presentamos algunas ideas para hacer tu vientre más verde:

■ Evita el **estrés negativo** como las relaciones tóxicas en las que sabes que existe conflicto, fechas límite poco realistas y otras situaciones que te quiten el sueño o no te dejen comer bien por días. Mientras estás embarazada la vida continúa, incluso los eventos importantes, pero intenta controlar lo que puedas y prioriza las relaciones favorables.

■ Aumenta el tiempo de **bienestar**. Toma clases de yoga prenatal o ve un video. Encuentra formas de socializar con otras mujeres embarazadas. Disfruta salir a caminar, de preferencia en áreas verdes.

■ Cómete un "arcoíris" al ingerir alimentos de gran variedad de ricos y fuertes colores. Aumenta los **nutrientes que protegen la salud del bebé en desarrollo.** Asegúrate de consumir proteínas, vitaminas D, B, ácido fólico y probióticos.

■ **Evita pesticidas y químicos en la comida llevando una dieta orgánica.** Limita tu consumo de pescados grandes de criadero porque muchas veces contienen metales pesados y otros químicos industriales. Restringe la sacarina y otros endulzantes artificiales ya que pueden atravesar la placenta (también los más recientes pueden hacerlo, estamos en espera de más y más descubrimientos alarmantes). Los alimentos enlatados contienen BPA (bisfenol), un disruptor endócrino. Confórmate con lo que la naturaleza te da y haz una dieta que incluya todos los alimentos. Evita los alimentos empacados, pues contienen aditamentos sospechosos.

- **Evita la exposición a químicos en casa.** Limpiando con frecuencia, usando una mezcla de agua y vinagre para la mayoría de las superficies. Revisa la seguridad de tus productos de limpieza y cosméticos en http://www.ewg.org/consumerguides. Además, el plástico PVC en las cortinas del baño, los perfumes y otros productos con fragancias como las velas aromáticas son una fuente importante de toxinas.

13

La importancia de la infancia en nuestra vida: cómo los primeros años dan forma a los telómeros

---

La exposición al estrés, violencia y mala nutrición en la niñez afectan los telómeros. Pero hay factores que parecen proteger a los niños vulnerables del daño (incluyendo parentalidad sensible y un leve "estrés positivo").

En el año 2000 Charles Nelson, psicólogo y neurocientífico de Harvard, entró en uno de los horribles orfanatos de Rumania, un legado de las políticas brutales del régimen de Nicolae Ceausescu. La institución albergaba alrededor de cuatrocientos niños, separados por edad y discapacidad. Había una sala llena de pequeños con hidrocefalia sin tratar, un trastorno en el que el cráneo se expande por el exceso de fluido, y espina bífida, un defecto de la columna vertebral. Había otra sala de enfermedades infecciosas que albergaba a los que tenían VIH y sífilis tan avanzada que les había llegado al cerebro. Ese mismo día Nelson entró a una sala llena de infantes sanos de entre dos y tres años de edad. Todos tenían el mismo corte de cabello y su ropa era igual, así que era difícil identificarlos por género. Uno de ellos estaba parado en medio del piso, con los pantalones empapados y sollozando. Nelson preguntó a una de las cuidadoras por qué lloraba.

—Su madre lo abandonó esta mañana —dijo—. Ha llorado todo el día.

Con tantos niños bajo su cuidado, el *staff* no tiene tiempo para consolar o calmar. Dejar a los recién abandonados solos era una manera de detener los comportamientos no deseados… como el llanto. Olvidaban a los bebés y niños pequeños en sus cunas durante días, sin nada que hacer más que mirar el techo. Cuando pasaba un extraño levantaban sus brazos a través de los barrotes de sus camas, rogando que los cargaran. Aunque estaban bien alimentados y protegidos, no recibieron afecto ni estimulación. Cuando Nelson y su equipo construyeron un laboratorio dentro del orfanato para estudiar los efectos del abandono sobre el cerebro en desarrollo, se tuvieron que poner una regla para evitar agregar más angustia a los residentes: no llorar frente a los infantes.

Nelson y su colega, la doctora Stacy Drury, aprendieron algo desgarrador y esperanzador de sus estudios en el orfanato: el abandono en la primera infancia acorta los telómeros, pero hay intervenciones que ayudan a los niños desatendidos o traumatizados si se hacen a edades tempranas. Aunque las condiciones de los orfanatos en Rumania han mejorado, todavía hay alrededor de setenta mil huérfanos y pocas adopciones internacionales para rescatarlos.[1] En la actualidad hay una crisis global en el cuidado institucional de niños. La guerra y las enfermedades como el VIH y el ébola los privan de sus padres y han dejado alrededor de ocho millones de huérfanos en el mundo. No debemos darle la espalda a esta historia[2] porque puede tener relevancia dentro de nuestros hogares.

El conocimiento de los telómeros guía nuestras acciones como padres, iluminando el camino para educar a nuestros hijos de manera saludable. Para los adultos que experimentaron traumas de niños, entender los efectos celulares perdurables del pasado ofrece motivación para tratar los telómeros con más cuidado ahora, en el presente.

LOS TELÓMEROS SIGUEN LAS CICATRICES DE LA NIÑEZ

Cuando estabas creciendo ¿tuviste un padre que bebía mucho? ¿Alguien en tu familia estaba deprimido? ¿Tenías miedo de que tus padres te humillaran o lastimaran?

En un estudio que pintó un inquietante panorama de la niñez en Estados Unidos, se les pidió a diecisiete mil personas que respondieran diez preguntas muy similares a las de arriba. Alrededor de la mitad de la muestra había vivido al menos un evento o situación adversa en la infancia y el 25% había experimentado dos o más. El 6% sufrió al menos *cuatro*. El abuso de sustancias en la familia era lo más común, luego el abuso sexual y las enfermedades mentales. Los eventos adversos en la infancia suceden en todos los niveles económicos, sociales y educativos. Entre más sucesos marcaba de la lista una persona (en especial cuatro o más), era más probable que tuviera problemas de salud en la adultez: obesidad, asma, enfermedades cardiovasculares, depresión y otras.[3] Aquellos con cuatro o más eventos adversos eran doce veces más propensos a intentar suicidarse.

Los efectos de la adversidad infantil que se alojan en el cuerpo se conocen con el nombre de *incrustación biológica*. Cuando se midieron los telómeros de adultos sanos que experimentaron sucesos adversos en la niñez, muchas veces se observó una relación de dosis-respuesta. Entre más traumáticos fueron sus eventos de pequeño, más cortos eran sus telómeros de adulto.[4] Así se incrusta la adversidad temprana en tus células.

Y puede tener efectos profundos en un niño. Si tomas a un grupo de pequeños con telómeros cortos y, años después, observas su sistema cardiovascular, descubrirás que son más propensos a un gran adelgazamiento en las paredes de sus arterias. Estamos hablando de *niños*, y para ellos los telómeros cortos podrían significar un gran riesgo de enfermedades cardiovasculares prematuras.[5]

Este daño empieza a una edad muy temprana, aunque se puede detener, incluso revertir, si los infantes son rescatados de la adversidad muy pequeños. Charles Nelson y su equipo compararon a los que vivían en los orfanatos de Rumania con los que habían pasado a hogares temporales de crianza donde los cuidaban con más calidad. Entre más tiempo vivieron en el orfanato, más cortos eran sus telómeros.[6] Muchos mostraron bajos niveles de actividad cerebral en los encefalogramas (EEG). Nelson comentó: "En vez de un foco de cien watts, era de cuarenta".[7] Su cerebro era considerablemente más pequeño y su IQ (coeficiente intelectual) promedio era de 74, ubicándolos en el límite del retraso mental. La mayoría de los internados presentaba un lenguaje con retraso y en algunos casos con trastornos; el crecimiento era atrofiado: tenían cabeza pequeña y comportamiento de apego anormal, lo que afecta la habilidad para formar relaciones duraderas. Pero Nelson dijo: "Los niños en hogares de crianza mostraron recuperaciones importantes", con avances notables, aunque no alcanzaron a los que nunca estuvieron en un orfanato. Por ejemplo, aunque su coeficiente intelectual estuviera debajo de un pequeño jamás internado, tenían diez o más puntos arriba que los de la institución.[8] Parecía haber un periodo crítico en el desarrollo del cerebro: "Los niños colocados en hogares de crianza antes de los dos años tuvieron avances en muchos dominios que los hacían mejores que los colocados después de esa edad", dijo Nelson.[9] Drury, Nelson y su equipo les dieron seguimiento después de los años, y hasta ahora los adolescentes que vivieron su infancia en el orfanato tienen un acortamiento telomérico a una velocidad acelerada.

¿Y qué hay de aquéllos expuestos a condiciones violentas, pero no tan brutales? Los científicos Idan Shalev, Avshalom Caspi y Terri Moffitt, de la Universidad Duke, tomaron muestras de las mejillas de pequeños británicos de cinco años. (Los telómeros se pueden obtener de las células bucales.) Un lustro más tarde, cuando los infantes tenían diez años, volvieron a tomar muestras de la mucosa de las mejillas. Durante ese periodo los investigadores preguntaron a las madres si sus hijos habían sufrido *bulling*, sido lastimados o heridos por alguien en casa, o si habían presenciado violencia doméstica entre los padres. Los niños más expuestos a la violencia tuvieron un acortamiento telomérico mayor en este periodo.[10] Quizá este efecto es a corto plazo o puede cambiar si mejoran las circunstancias de su vida. Eso esperamos. Aunque el análisis de la información emitida por quienes se les pidió que recordaran si habían sufrido adversidad de pequeños, también mostró que los que tuvieron experiencias negativas de niños presentaban telómeros más cortos, revelando lo que quizá es una huella permanente de adversidad infantil.[11] En los Países Bajos se hizo un amplio estudio en adultos; uno de los pocos indicadores para un rápido acortamiento telomérico de adulto fue reportar muchos eventos traumáticos en la niñez.[12] Además, los traumas de la infancia, en especial el maltrato, se relacionan con una mayor inflamación y una corteza prefrontal más pequeña.[13]

Esta huella de los traumas infantiles cambia la forma de pensar, sentir y actuar. Las personas que han enfrentado la adversidad temprana no son tan flexibles en sus respuestas a las diversas experiencias de la vida. Tienen más días malos, y además los sienten aún más angustiantes. Cuando algo bueno sucede, también se sienten más alegres.[14] Este patrón no es dañino por sí solo, sino que guía a vivencias más intensas y dinámicas. Pero esta intensidad hace más difícil superar las transiciones entre emociones. La gente con una infancia traumática tiende a mayores dificultades en las relaciones. Son más propensos a involucrarse en comportamientos adictivos, emocionales o compulsivos.[15] No son tan buenos para cuidar de sí. Estos ecos psicológicos de abuso suelen continuar deformando la salud física y mental a lo largo de la vida. De esta manera, la adversidad temprana puede plantar las semillas para un alto índice de acortamiento telomérico, a menos que se detengan los patrones de comportamiento resultantes de los traumas infantiles.

HAZ LA CUENTA DE TUS EAI
(experiencias adversas en la infancia)

He aquí una versión del test EAI (ACE, por sus siglas en inglés) que se usa para medir el número de experiencias adversas en la infancia. Hazlo ahora mismo para evaluar las tuyas.

Cuando eras niño (menor a dieciocho años):

1. De manera frecuente alguno de tus padres u otro adulto en la casa ¿te maldecía, insultaba, rechazaba o humillaba? O ¿actuaba de forma que te hacía temerle porque pensabas que te haría daño físico?

   No _____

   Si fue así, escribe 1 _____

2. De manera frecuente alguno de tus padres u otro adulto en la casa ¿te empujó, sacudió, golpeó o arrojó algo? O ¿te golpeó tan fuerte que te dejó marcas o heridas?

   No _____

   Si fue así, escribe 1 _____

3. Algún adulto o una persona mínimo cinco años mayor que tú ¿te tocó, acarició o te hizo que lo tocaras de forma sexual? O ¿intentó tener (o tuvo) relaciones sexuales orales, vaginales o anales contigo?

   No _____

   Si fue así, escribe 1 _____

4. De manera frecuente ¿sentías que en tu familia nadie te quería o pensaba que eras importante o especial? O ¿sentías que los miembros de tu familia no te apoyaban, no eran personas cercanas, ni siquiera te miraban?

   No _____

   Si fue así, escribe 1 _____

5. De manera frecuente ¿sentiste que no tenías lo suficiente para comer, tuviste que usar ropa sucia y no había nadie que te protegiera? O ¿tus padres estaban demasiado borrachos o drogados para cuidarte o llevarte al doctor en caso de necesitarlo?

No _____

Si fue así, escribe 1 _____

6. ¿Perdiste a algún padre biológico por divorcio, abandono u otras razones?

No _____

Si fue así, escribe 1 _____

7. De manera frecuente, tu madre o madrastra ¿te empujó, te sacudió o golpeó? Alguna vez o de manera frecuente ¿te pateó, mordió, golpeó con el puño, con algo duro o aventó algo? O ¿te golpeó de manera repetida durante unos minutos? O ¿te amenazó con una pistola o un cuchillo?

No _____

Si fue así, escribe 1 _____

8. ¿Viviste con alguien que fuera bebedor problemático, alcohólico o drogadicto?

No _____

Si fue así, escribe 1 _____

9. ¿En tu casa había alguien deprimido, enfermo mental o intentó suicidarse?

No _____

Si fue así, escribe 1 _____

10. ¿Algún miembro de tu familia estuvo en prisión?

No _____

Si fue así, escribe 1 _____

Puntaje total _____

Por lo general, una experiencia adversa no se relaciona con la salud, pero tres o cuatro es más probable que sí. Si tuviste varias y sientes marcas duraderas en tu estilo de vida o "de pensar" actual, no te asustes. Tu infancia no determina tu futuro. Por ejemplo, si desarrollaste hambre emocional como mecanismo de defensa, puedes descartarla como adulto. Se trata de entender por qué desarrollaste ese patrón y saber que no es la solución para salir adelante. Pero antes de que puedas deshacerte de esa conducta es importante descubrir un mecanismo de defensa que funcione para ti y practicar una y otra vez maneras más saludables de tolerar los sentimientos dolorosos. Hay muchas formas de amortiguar los efectos residuales de los traumas infantiles. Si todavía te molestan los pensamientos sobre tu pasado, busca ayuda de un profesional en salud mental.

Recuerda: No estás indefenso ni solo. Los terapeutas suelen ayudarte a deshacer algunos de los daños que no pudiste detener. Y recuerda que todavía tienes atributos positivos, por ejemplo, la adversidad grave se relaciona con mayor sensación de compasión y empatía hacia los demás.[16]

¡NO ME PISES! LOS EFECTOS DE UN CUIDADO MATERNAL HORRIBLE

Dr. Frankenstein… quítate. En la actualidad los investigadores saben cómo tomar una rata muy linda y convertirla en un monstruo materno. En el laboratorio pueden "construir" una madre que maltrate a sus propias crías. Éste es un tema difícil de procesar para los amantes de los animales, pero es una lectura útil para cualquiera que quiera entender la fisiología de la adversidad infantil.

Una de las circunstancias más estresantes para una rata mamá es la falta de un nido cómodo. Las ratas no necesitan un colchón lujoso para estar cómodas, pero las de laboratorio dependen de cosas como pañuelos faciales y tiras de papel para construir un nido pequeño para sus familias. Otra causa de estrés para las ratas es moverse a un lugar nuevo sin tiempo suficiente para habituarse. Al privar a la madre de material para hacer su nido y cambiarla de jaula de repente, los científicos producen demasiado estrés a los animales. Imagina lo angustioso que sería llegar del hospital a casa con tu nuevo bebé y que *en ese momento* tu casero te diga: "¡Qué bueno que llegó! Antes de que baje al bebé, déjeme explicarle: se irá a una nueva casa. Tuvimos que tirar toda su ropa y los muebles. Que esté bien. ¡Adiós!" Bueno, ya tienes una idea de lo que sienten las ratas madre.

Así que maltratan a sus crías. Las dejan caer, las pisan, pasan menos tiempo alimentándolas, lamiéndolas y preparándolas (actividades de apoyo materno que tranquilizan a las crías y producen cambios a largo plazo en la respuesta neural al estrés). Las pobres crías chillan muy fuerte, indicando su angustia. Este entorno violento oscurece su desarrollo neural. Comparadas con las criadas por madres que sí las amamantaron bien, estas crías tienen telómeros más largos en una parte de su cerebro llamada amígdala, la cual gobierna la respuesta de alarma.[17] La respuesta de alarma aparentemente ha sido prendida tan seguido que los telómeros ahí son fuertes y robustos. No es señal de una crianza feliz.

Tener una conexión fuerte entre la amígdala y la corteza prefrontal, que amortigua esa respuesta, es fundamental para una buena regulación de las emociones. Por desgracia, las crías maltratadas tuvieron telómeros más cortos en una parte de la corteza prefrontal. Ya sabemos que el estrés grave hace que las células nerviosas de la amígdala se ramifiquen, se alarguen y se conecten con las células nerviosas de otras partes del cerebro. Lo opuesto tiende a ocurrir en las neuronas de la corteza prefrontal, así que la conexión entre las dos áreas se vuelve débil, y las ratas no pueden apagar la respuesta al estrés.[18]

FALTA DE CUIDADO MATERNO

El abandono de los padres es otra condición que daña los telómeros. Steve Suomi de los National Institutes of Health en Bethesda, Maryland, estudió la crianza de monos Rhesus durante los últimos cuarenta años. Ha descubierto que cuando son criados desde el nacimiento separados de su madre, pero socializando con otros monos, muestran varios problemas. Son menos juguetones y más impulsivos, agresivos y reactivos al estrés (y tienen menos niveles de serotonina en su cerebro).[19] Quería investigar si también presentaban mayor desgaste telomérico. En fechas recientes él y sus colegas tuvieron la oportunidad de trabajar con un grupo pequeño de monos. Seleccionaron al azar dos grupos, unos criados por sus madres y otros sin ellas durante los primeros siete meses de vida, cuatro años antes. Cuando midieron sus telómeros, los monos criados por las madres tenían los telómeros mucho más largos, alrededor de dos mil pares de bases más largos.[20] La longitud más corta que vimos en los niños desfavorecidos quizá existió desde el nacimiento, pero en este caso los monos se seleccionaron al azar justo después de nacer, así que las diferencias fueron única y exclusivamente derivadas de las primeras experiencias. Por fortuna, las vivencias correctivas posteriores (por ejemplo, ser cuidado por un abuelo) pueden revertir algunos de los problemas de monos sin padres.

CRIAR A LOS NIÑOS PARA TENER TELÓMEROS MÁS SALUDABLES Y MEJOR REGULACIÓN DE LAS EMOCIONES

Es deprimente leer sobre el maltrato de las crías de ratas o los monos sin madre. Pero hay un lado bueno: los criados por sus madres tuvieron telómeros más saludables. Y claro, la crianza parental también es esencial para los humanos. Ayuda a que los niños desarrollen una buena regulación emocional, es decir, que tengan sentimientos negativos sin abrumarse.[21] Piensa un momento y seguro recordarás ejemplos de adultos que luchan por regular sus emociones. Son las personas que explotan a la menor provocación. ¿Alguien que se enoje al conducir?

Quizá conoces a gente en el otro extremo, personas que tienen tanto miedo a sus emociones que prefieren terminar una amistad que resolver una discusión. Se apartan de cualquier cosa que les provoque sentimientos difíciles (carrera profesional, amistades, hasta el mundo fuera de casa). La mayoría de nosotros espera que nuestros hijos aprendan medios más efectivos para hacer frente a las dificultades.

Podemos enseñarles. Desde una edad temprana, los seres humanos aprenden a regular sus emociones a través del cuidado de sus padres o cuidadores. El bebé llora; al mostrar preocupación el padre actúa como un copiloto emocional y guía al niño para que entienda sus emociones. Al calmar al bebé y atender sus necesidades, el padre le enseña que es posible cuidar los sentimientos y confiar en los demás. El pequeño aprende que las situaciones angustiosas pasarán con el tiempo.

Por fortuna para todos los que a veces nos enojamos en el tráfico o nos escondemos bajo las sábanas cuando las emociones son muy fuertes, los padres no debemos tener una regulación perfecta de las emociones para ayudar a los hijos. En las palabras tranquilizadoras del gran pediatra e investigador inglés D. W. Winnicott, sólo se necesita que sean "suficientemente buenos". Cariñosos, amorosos y con buena salud psicológica, pero en definitiva no deben ser perfectos. Sin embargo, los niños criados en orfanatos y otras instituciones no reciben ni siquiera algo cercano al "suficientemente bueno" de los padres; no obtienen la atención necesaria para desarrollar una expresión y regulación normal de sus emociones. Tienden a una expresión emocional cortante que les puede durar toda la vida.

El delicioso acto de acurrucarse con un bebé ofreciendo afecto, consuelo y cuidado, tiene efectos fisiológicos maravillosos en el infante. Los científicos creen que un pequeño bien criado aprende a usar su corteza prefrontal (el lugar del juicio del cerebro) como un freno para la amígdala y su respuesta al miedo. Sus niveles de cortisol están mejor regulados. Sube a estos niños a uno de esos carritos que brillan y giran en las ferias o diles que deben hacer un examen importante y sentirán una cantidad saludable de emoción o preocupación. Para eso están las hormonas del estrés, para activarnos. Cuando el carrito se detiene o bajan el lápiz, el cortisol empieza su retirada. No están nadando en una corriente de hormonas de estrés de manera constante.

Los niños criados de esa forma también experimentan los placeres de la oxitocina, la hormona que se libera cuando te sientes cercano a alguien. Es una hormona que combate el estrés, reduce nuestra presión arterial y nos llena de una brillante sensación de bienestar.[22] Las mujeres que están amamantando pueden experimentar la avalancha de oxitocina de forma intensa y palpable. Ay, pero es una pena que el efecto antiestrés de tener a los padres cerca parece disminuir cuando los niños llegan a la adolescencia.[23]

Un poco de adversidad puede ser protector

La adversidad infantil grave no tiene ningún aspecto positivo, sólo hay sufrimiento y un riesgo mayor de depresión y ansiedad en el futuro. También telómeros más cortos. Pero la desgracia moderada puede ser saludable. Los adultos que reportan tener un poco (sólo *poco*) de experiencias adversas en su juventud tienen una respuesta cardiovascular saludable ante el estrés. Sus corazones bombearon más sangre y los prepararon para enfrentar la situación; en otras palabras, experimentaron una respuesta vigorosa al reto. Se sintieron emocionados, revitalizados (tal vez porque sus primeras experiencias les habían dado la confianza en su habilidad para superar obstáculos). De hecho, la gente sin eventos adversos empeoró. Se sintió más amenazada, con más vasoconstricción en las arterias periféricas. Por otra parte, los que vivieron las desgracias más terribles tuvieron una reacción excesiva a la amenaza.[24] No estamos prescribiendo ninguna dosis de adversidad para los niños, sólo señalamos que es común. Si ocurre en *una cantidad moderada y el niño tiene el apoyo suficiente para salir adelante*, puede haber un beneficio. La clave es enseñar al pequeño cómo enfrentar el estrés, en vez de protegerlo de todas las decepciones. Como dijo Hellen Keller: "El carácter no se puede desarrollar de forma fácil y tranquila, sólo a través de las experiencias, pruebas y sufrimientos se puede fortalecer el alma, aclarar la visión, inspirar la ambición y lograr el éxito".

LOS ABCS DE LA CRIANZA DE NIÑOS VULNERABLES

En los niños que empezaron su vida bajo circunstancias traumáticas, mejorar las técnicas parentales ayuda a curar parte del daño telomérico ocasionado por el maltrato temprano. Mary Dozier, de la Universidad de Delaware, ha estudiado pequeños expuestos a la adversidad. Algunos vivían en lugares inadecuados, abandonados, presenciaron o sufrieron violencia doméstica, tenían padres que abusaban de sustancias o se lastimaban entre sí. Dozier y sus colegas descubrieron que estos niños tenían telómeros más cortos... excepto cuando sus padres interactuaban con ellos de manera sensible y responsable.[25] Para darte una idea de cómo es este tipo de crianza, he aquí un pequeño test:

1. Si tu hijo pequeño se golpea la cabeza contra la mesa de centro y parece que va a llorar. ¿Qué le dices?
   - "Cariño, ¿estás bien? ¿Necesitas un abrazo?"
   - "Estás bien. Sóbate."
   - "No deberías estar tan cerca de la mesa. Quítate de ahí."
   - No dices nada y esperas que siga haciendo otra cosa.

2. Tu hija llega de la escuela y dice que su mejor amiga ya no quiere ser su amiga. Tú le dices:
   - "Ay, lo siento mucho, mi amor, ¿quieres hablar de ello?"
   - "No te preocupes, tienes muchos amigos."
   - "¿Qué hiciste para que ya no quisiera ser tu amiga?"
   - "¿Por qué no traes tu bici y vamos a dar la vuelta?"

Todas estas respuestas suenan razonables, y bajo ciertas circunstancias individuales cualquiera podría serlo. Pero sólo hay una correcta para un niño que ha sufrido un trauma. Y en ambos casos es la primera. En condiciones normales, a veces es bueno enseñar a un niño que no debe darle importancia a un golpe o raspón, pero un pequeño que ha sufrido adversidad es diferente. Tiene más dificultad para regular sus emociones. Necesita unos padres que sean copilotos emocionales para asegurarle que notaron sus problemas y puede confiar en ellos para calmarlos. Quizá necesite esta reafirmación una y otra vez. Es tardado, pero con el tiempo aprenderá a responder a los problemas de una manera más flexible y adaptable. Y cuando sea grande será más probable que recurra a sus padres si tiene un problema que le preocupa.

Dozier desarrolló un programa conocido como Attachment and Biobehavioral Catch-Up, o ABC, para enseñar este tipo de sensibilidad maravillosa a los padres de niños en riesgo. Un grupo estuvo formado por adultos estadounidenses que estaban adoptando huérfanos internacionales. No eran personas que carecieran de habilidades de crianza. Eran cuidadosos y comprometidos. Pero según las estadísticas, los pequeños que estaban adoptando eran mucho más propensos a sufrir mala regulación de las emociones por haber vivido en una institución y tener daño telomérico (todo el paquete de problemas que viene con la adversidad infantil). Durante el programa, entrenan a los padres para *seguir el liderazgo de su hijo*. Por ejemplo, cuando un niño empieza a jugar golpeando una cuchara, el padre está tentado a decir: "Las cucharas son para mover la sopa" o "vamos a contar cuántas veces le pegas al plato". Pero estas respuestas reflejan las intenciones ocultas de los padres, no las del infante. En el programa de Dozier se invita a los adultos para que se unan al juego o comenten lo que el niño está haciendo: "¡Estás haciendo sonidos con tu cuchara y el plato!" Estas interacciones suaves con el padre ayudan al niño en riesgo a regular sus emociones.

Es una intervención simple, pero los resultados son dramáticos. Dozier también enseñó el programa ABC a un grupo de padres reportados ante Servicios Protectores de Niños (CPS, por sus siglas en inglés) por descuidar a sus hijos. Antes del curso los niveles de respuesta de cortisol de los infantes estaban rotos, característica del agotamiento por uso excesivo. Después de que los padres tomaron este pequeño curso los niños tuvieron una respuesta de cortisol mucho más normal. Subía en la mañana (señal buena y saludable de que estaban listos para empezar el día) y bajaba durante toda la jornada. El efecto no fue temporal. Duró *años*.[26]

TELÓMEROS Y NIÑOS SENSIBLES AL ESTRÉS

¿Rose fue una bebé difícil? Sus padres sonríen ante la pregunta. "Rose tuvo cólicos durante *tres años*", responden, riendo de su exageración y de la difícil verdad que se oculta tras ella. Los cólicos, en los cuales los bebés lloran de manera incesante durante más de tres horas al día, tres días a la semana, por lo general empiezan a las dos semanas de edad y tienen aumentos a las seis semanas. Rose tuvo cólicos, está bien. Como recién nacido, lactaba, dormía una siesta breve, tenía unos cinco minutos de tranquilidad... y empezaba a llorar otra vez. A pesar de su nombre, no fue una flor tímida. Sus padres, desesperados por calmar el llanto de su hija, la sacaban a dar un paseo por el vecindario (sólo para que las señoras de más edad exclamaran: "¡Algo debe estar mal con su hija! ¡Los niños sanos no lloran de esa manera!")

Nada estaba mal. Rose estaba limpia, alimentada, cuidada y llena de cariño. Sólo era muy, muy sensible. Era rápida para llorar y lenta para tranquilizarse o dormir, por eso la broma de los padres sobre un cólico que duró años. Le molestaban hasta los ruidos suaves como el motor del refrigerador. Cuando un extraño la cargaba, gritaba y trataba de escapar de sus brazos. Conforme crecía no podía usar ropa con etiquetas porque le picaban demasiado. Cuando la familia contrató una sesión fotográfica profesional, Rose cerró los ojos por las luces brillantes. Además, cualquier cambio en su rutina diaria era terrible.

¿Rose era sensible por la forma en que la educaron sus padres? ¿Fueron demasiado indulgentes? ¿Debieron enseñarle una lección al insistir que usara la ropa que le habían escogido picara o no? Podemos empezar a contestar estas preguntas hablando de temperamento. El temperamento es el conjunto de rasgos de personalidad con los que nacemos, es como los cimientos profundos de un edificio. Nos da estabilidad, nos inclina o nos sacude, en especial durante un "terremoto". Podemos reconocerlo y aprender a lidiar con él, pero no cambiarlo desde los cimientos. El temperamento se determina de manera biológica.

Un aspecto del temperamento es la sensibilidad al estrés. Los niños sensibles son más "permeables", esto significa que (para bien o para mal) el entorno no rebota en ellos, sino que los penetra. Tienen mayores reacciones a la luz, al ruido y a las irritaciones físicas. Las transiciones les afectan, como ir a la escuela después de un fin de semana (el "efecto lunes"), o situaciones nuevas como quedarse a dormir con los abuelos. Tienen una respuesta más intensa a los cambios del ambiente, incluso perciben cosas pequeñas que otros niños no. Algunos reaccionan con enojo o agresión; otros interiorizan sus sentimientos, volviéndose tranquilos u hoscos. Los telómeros tienden a ser más cortos en los que interiorizan sus emociones.[27] Pero cuando tienen trastornos graves de exteriorización o mal comportamiento, como el trastorno de déficit de atención con hiperactividad (TDAH) y trastorno negativista desafiante (ODD, por sus siglas en inglés), también presentan telómeros más cortos.[28]

Tom Boyce, pediatra del desarrollo, dio seguimiento a un grupo de jardín de niños durante la transición a su primer año de primaria (una época difícil para los pequeños sensibles al estrés). Él y sus colegas les pusieron sensores y midieron sus reacciones fisiológicas a situaciones inofensivas pero angustiantes, como ver un video de miedo, poner gotas de limón en la lengua y (claro) decir algo de memoria. La mayoría mostró algunos signos de estrés. Pero unos cuantos arrancaron al máximo sus respuestas al estrés, tanto en las reacciones hormonales como en el sistema nervioso autónomo. Era como si su cuerpo y su cerebro sintieran y pensaran que la habitación estaba en llamas. Entre más grande es la respuesta al estrés, más pequeños son los telómeros.[29]

¿TIENES UN NIÑO ORQUÍDEA?

Quizá todo suena bastante trágico. Parece que la gente que nació con alta sensibilidad al estrés sacó el palillo corto de la mala suerte (o en este caso, el telómero corto). De hecho, Boyce y otros descubrieron que algunos entornos permiten que las personas muy sensibles se desarrollen bien, incluso mejor que sus iguales menos sensibles.

En muchos estudios Boyce descubrió que los niños sensibles al estrés se desempeñan mal en salones de clases muy grandes y llenos de gente o en ambientes familiares difíciles, pero cuando están en aulas o con familias con adultos cariñosos y cuidadosos, trabajan mejor que el promedio de su edad. Se enferman menos de gripa; tienen menos síntomas de depresión y ansiedad, incluso se lastiman menos que otros.[30]

Boyce los llama "orquídeas". Una orquídea no florecerá sin un cuidado y atención exquisitos, pero si la pones en las condiciones óptimas de un invernadero produce flores de belleza sorprendente. Más o menos 20% de los niños tienen un temperamento tipo orquídea. Esto no es algo que los padres crean. Estas semillas de orquídea se plantan mucho antes del nacimiento.

Una forma de entender estas "semillas" es analizar la firma genética de los niños orquídea. Los seres humanos con mayor variación en los genes de los neurotransmisores que regulan el humor (como la dopamina y serotonina) tienden a ser más sensibles al estrés. Son orquídeas. Los más sensibles (basados en la genética) aprovecharán mejor las intervenciones de apoyo y se desarrollarán bien.[31] Para probar si esta firma genética afecta la manera en que sus telómeros responden a la adversidad, un estudio pequeño y preliminar examinó a cuarenta niños. Una mitad provenía de hogares estables y la otra de círculos sociales difíciles caracterizados por pobreza, padres irresponsables y estructuras familiares en constante cambio. Los expuestos a estos últimos ambientes presentaron telómeros más cortos, en especial si tenían más genes sensibles al estrés. La desventaja obvia de ser permeable al entorno es que una situación difícil o dolorosa te hará un daño profundo. Pero los niños también revelaron el otro lado de la moneda: la belleza de la permeabilidad. Si vivían en ambientes estables sus telómeros no sólo estaban bien, eran más largos y saludables que los de pequeños sin variaciones en los genes de los neurotransmisores que regulan el humor. Estos estudios sugieren que ser sensible y permeable puede ser un beneficio cuando se vive en un ambiente positivo.[32]

Ésta es un área fascinante en la investigación de la personalidad y uno de los temas más atractivos en el campo del estrés. La sensibilidad no es un rasgo bueno o malo, sólo es una de las cartas que te tocaron. Es mejor identificar con claridad nuestra carta para saber cómo jugar la partida. Los niños orquídea se benefician de la amabilidad, las correcciones suaves y las rutinas consistentes. Necesitan apoyo y paciencia cuando hacen una transición. Como reactivos altos al estrés, aprovechan el aprendizaje de la respuesta de reto y puedes enseñarles técnicas de respiración y pensamiento consciente, que les ayudarán a poner algo de distancia entre sus pensamientos y sus respuestas activas al estrés.

CRIANZA DE ADOLESCENTES CON TELÓMEROS SALUDABLES

Padre: Mira lo que encontré hoy bajo el desorden de tu escritorio. ¿Es lo que creo? ¿Tienes que entregar un trabajo de historia?

Adolescente: No sé.

Padre: Lo tienes que entregar *mañana*. ¿Ya lo empezaste?

Adolescente: No sé.

Padre: ¡Respóndeme con respeto! Empecemos de nuevo ¿Tienes que entregar un trabajo de historia mañana?

Adolescente: ¡No tengo que escuchar esto! Estás celoso porque nunca te divertiste cuando tenías mi edad. ¡No sabías cómo!

Padre: Sólo te conseguiste un castigo. No saldrás el viernes en la noche, te quedarás en casa.

Adolescente [gritando]: ¡Vete al diablo!

Padre [también gritando]: ¡Y todo el sábado!

Hasta ahora hemos hablado sobre niños pequeños, pero ¿qué hay de los adolescentes? Son muy comunes los conflictos como el anterior, donde surge un problema (la tarea), las personas discuten y el asunto queda sin solución. Esto deja al chico con mucho enojo. Los psicólogos saben que la rabia provoca muchas cosas en la olla de las respuestas fisiológicas conocidas como sopa de estrés. La cólera calienta la sopa hasta hervir y acorta los telómeros. Por suerte, esto puede modificarse a través de un cambio en el estilo de crianza.

Gene Brody, un investigador de estudios familiares en la Universidad de Georgia, nos da una idea del rol del apoyo parental durante la adolescencia y cómo reforzarlo. Dio seguimiento a un grupo de estadounidenses en el sur rural y pobre de Estados Unidos. Es un área donde los jóvenes dejan la escuela sólo para descubrir que hay escasos trabajos de cualquier tipo y recursos insuficientes para ayudarlos a hacer la transición a la vida adulta. En particular, el uso del alcohol es alto. Brody reclutó a un grupo de adolescentes para su programa Adults in the Making, en el que se les da apoyo emocional y consejos laborales. Los instructores también ofrecen estrategias para manejar el racismo. Además, el programa incluye a los padres. Por ejemplo, se les enseña cómo decirles a sus hijos con términos claros y enérgicos que se alejen de las drogas y el alcohol. Tienen seis clases donde padres y adolescentes aprenden habilidades en grupos separados y luego practican juntos al final. La mitad no tomó esas clases. Cinco años después, Brody midió sus telómeros. Primero, tener una crianza sin apoyo (muchas discusiones y poco apoyo emocional) se asoció con telómeros más cortos y mayor uso de sustancias. Pero entre este grupo vulnerable los adolescentes que recibieron apoyo emocional tuvieron telómeros más largos comparados con los que no. Este efecto en parte se explica porque sintieron menos enojo.[33]

El estudio de Brody consideró a los adolescentes en un escenario muy particular y con un cierto nivel de ingresos. Pero sus descubrimientos son fuente de reflexión para nosotros. Sin importar dónde vivan o qué

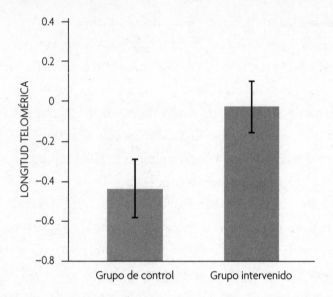

Figura 27: Clases de resistencia familiar y telómeros. Entre los adolescentes con padres que no les ofrecieron apoyo durante la crianza, los que estuvieron en el grupo intervenido con apoyo emocional tuvieron telómeros significativamente más largos cinco años después. (El resultado es posterior al ajuste de factores como estatus social, eventos estresantes, tabaquismo, alcoholismo e índice de masa corporal.)[34]

tan ricos o pobres sean, *todos* los cerebros y cuerpos de los niños padecen grandes cambios durante la adolescencia. Es común que sigan un camino escarpado durante un tiempo, en especial porque su cerebro experimenta el peligro de manera diferente. Tienden a reaccionar ante las amenazas con entusiasmo y emoción; cuando toman un riesgo, se sienten bien.[35] Claro que los mismos comportamientos son aterradores para la mayoría de los adultos. Abren la puerta a preocupaciones parentales, rumiaciones a media noche y miedos que explotan en peleas entre padres y adolescentes. Unos cuantos conflictos son inevitables. Pero cuando son constantes o cuando las tensiones se vuelven tan tóxicas que contaminan el aire del hogar, los adolescentes se tornan rebeldes y enojados (o deprimidos y ansiosos si son de los que esconden sus sentimientos bajo tierra). El Laboratorio de renovación al final de este capítulo te ofrece algunas sugerencias para estar en armonía con los chicos cuando se ponen de un humor hiperreactivo y difícil.

Hemos hablado sobre cómo ayudar a los niños a curar el daño telomérico causado por la adversidad. Las intervenciones tempranas, el apoyo y la sintonía emocional ofrecen amortiguadores para pequeños en riesgo. Pero quizá has tenido un estrés grave y prolongado en tus primeros años de vida. Si creciste en un vecindario peligroso, en una casa abusiva o tu familia tenía problemas para conseguir techo y comida, tus telómeros quizá experimentaron algún daño. Usa este conocimiento como motivación para cuidarlos en el presente. Reconoce antiguos patrones, como buscar consuelo en la comida. Ahora, como adulto tienes más control de lo que te pasa y sabes cómo proteger los pares de bases que te quedan. En especial, tal vez quieras aprovechar las técnicas que ayudan a mitigar la respuesta al estrés. Al ser menos reactivo, protegerás tus telómeros (un bono extra). Te volverás más tranquilo y fuerte para los niños (y otros seres queridos) que están en tu vida.

CONSEJOS PARA TUS TELÓMEROS

- Los traumas graves en la niñez se relacionan con telómeros más cortos. Esas lesiones también suelen ocasionar comportamientos nocivos y relaciones difíciles en la adultez, las cuales siguen acortando los telómeros. Si sufriste de pequeño, ahora intenta acciones para amortiguar sus efectos en tu bienestar y en tus telómeros.
- Aunque las adversidades sean dañinas, el estrés moderado en la niñez puede ser saludable, siempre y cuando el niño tenga apoyo suficiente durante el momento estresante.
- Los padres consiguen apoyar los telómeros de sus hijos al practicar una sintonía cariñosa y cuidadosa. Esta capacidad de respuesta es muy importante para los niños que han experimentado traumas o que nacieron con temperamento "orquídea".

ARMAS DE DISTRACCIÓN MASIVA

El programa ABC enseña a los padres a evitar los comportamientos in-diferentes, incluyendo algo de lo que casi todos somos culpables: dis-tracción. No importa cuál sea la situación o el temperamento del niño, estar conectado a una pantalla significa que no estás conectado con el niño. Y distraerse es más fácil de lo que crees. Cuando un celular está presente en una mesa cerca, el involucramiento en una conversación es más superficial y la atención está más dividida.[36] Los diálogos digitales limitan la oportunidad de empatizar y conectar por completo. Con ra-zón el escritor Pico Iyer dice que los teléfonos celulares son "armas de distracción masiva".

Este Laboratorio de renovación te invita a involucrarte con tus niños *sin* la interferencia de las pantallas. *Observa qué sucede si pasas veinte mi-nutos hablando, jugando o sólo disfrutando de la presencia de un niño, sin un celular o tableta cerca. También limita el tiempo de pantalla de los niños. Hazlo a propósito (a veces ponerle nombre a algo le da más poder y lo hace más efectivo. Aunque tu hijo se resista a este "screen-free", tal vez en secreto también le dé la bienvenida. Establece minutos sin pantalla en momentos críticos como la comida, el trayecto a la escuela y la primera media hora al regresar a casa (que es cuando la atención debe centrarse en conectar de nuevo con la familia).* Si este tiempo libre de pantallas se vuelve una regla establecida, no necesitarás engancharte en negociaciones complicadas cada día. Para consejos de cómo "burlar y ser más listo que las pantallas inteligentes" y limitar su uso en tus hijos, revisa la página de Harvard's

Prevention Research Center que tiene una guía para padres: <http://www.hsph.harvard.edu/prc/2015/01/07/outsmarting-the-smart-screens/>. Además, tu familia puede participar en la Semana Libre de Pantallas, una campaña organizada cada primavera por la Campaign for a Commercial Free Childhood (<http://www.screenfree.org/>).

SINTONIZA CON TU HIJO

Los niños vulnerables necesitan una armonía parental y muy sensible. Puedes suavizar algunas de sus frustraciones al conectarte con sus sentimientos. Por ejemplo, la tarea. A veces los pequeños se molestan o estresan con la tarea y con los padres cuando tratan de ayudar. Daniel Siegel, autor de *The Whole-Brain Child* y coautor de *Brainstorm*, ofrece formas de armonizar, en especial cuando hay que domar grandes olas de emociones. Explica que los padres no son capaces de ayudar a sus hijos con cosas como la tarea o cualquier otra actividad estresante hasta que conozcan y empaticen con los sentimientos del niño.

Así que la próxima vez que tu hijo esté estresado trata de decir algo que reconozca sus sentimientos como: "Te ves frustrado". También intenta ayudarlo a identificar sus emociones, por ejemplo, etiquetar sentimientos y ponerlos juntos en una historia que cuente lo que pasó, baja el volumen de las emociones. A esta estrategia Siegen la llama: "nómbralo y domínalo". Puedes decir cosas como: "¡Wow!, parecía una situación difícil. ¿Cómo te sentiste?" Si quieres llegar al pensamiento racional del niño, primero tienes que conocer sus emociones, con empatía.[37] Siegel lo nombró: "Conecta y redirecciona".

NO EXAGERES ANTE TU ADOLESCENTE REACTIVO

No dejes que el cerebro emocional y busca-emociones-fuertes de tu adolescente te ponga en un conflicto cada vez más intenso. Si tu hijo te grita, tienes otras opciones además de la reacción automática. Una pelea no puede intensificarse si no eres parte de ella. A veces ayuda decir que necesitas tiempo, un momento en un lugar diferente. Debido al corto periodo de vida de las emociones, las tuyas y las de tu hijo desaparecerán y reanudarán la conversación con ambos lados del cerebro funcionando.

En la parte más difícil, recuerda que aunque los adolescentes parezcan adultos en el exterior, todavía son niños en el interior. Necesitan que seas claro y tranquilo, no que te enredes en su drama. Recuerda que *tú eres* el único que tiene el cerebro adulto (y tienes el poder de permanecer calmado y evitar que la discusión se haga más grande). Además, sé curioso en los momentos de calma. En vez de decirle a tu adolescente qué hacer, pregúntale cosas.

SÉ UN EJEMPLO DE APEGO AMOROSO

Una relación amorosa con tu pareja no sólo es maravillosa, también es una herramienta para criar mejor a los hijos. Un estudio monitoreó las reacciones (resonancia o reflejo emocional) de los niños hacia las interacciones diarias de los padres durante tres meses. Cuando se mostraban amor y el pequeño sentía un afecto más positivo, tendía a telómeros más largos. Por el contrario, si los padres tenían un conflicto y el infante respondía con emociones negativas, tendía a telómeros más cortos.[38] Recuerda que las emociones son permeables, en especial para los niños sensibles. Considera enriquecer con amor tu entorno familiar y mostrar tu afecto. Es difícil si las emociones de enojo son muy fuertes, pero al mostrar cariño a tu pareja promueves bienestar en tu hijo (y quizá también en sus telómeros).

CONCLUSIÓN

Interconectados:
Nuestro legado celular

El ser humano es una parte limitada en el tiempo y espacio del todo que llamamos "Universo". Pero percibe sus pensamientos, sensaciones y a sí mismo como algo separado del resto (como una ilusión óptica de su conciencia). Esta ilusión es una especie de prisión que nos limita sólo a nuestros deseos y al afecto por unas cuantas personas cercanas. La tarea es liberarnos de esta prisión al ampliar nuestro círculo de compasión hasta abrazar a todas las criaturas vivientes y a toda la naturaleza en la plenitud de su belleza. Nadie es capaz de lograr esto por completo, pero el esfuerzo es parte de la liberación y una base para la seguridad interna.

ALBERT EINSTEIN, *New York Times*, 29 de marzo de 1972

Esperamos que tengas una vida larga llena de salud y bienestar. El estilo de vida, la salud mental y el medio ambiente contribuyen de manera significativa a la salud física. Eso no es nuevo. Lo nuevo es que estos factores impactan en los telómeros, lo que nos permite cuantificar su contribución de manera clara y poderosa. El hecho de que veamos los impactos transgeneracionales de estas influencias hace que el mensaje de los telómeros sea más urgente. Nuestros genes son como el hardware de una computadora, no podemos cambiarlos. Los telómeros son parte del epigenoma, y éste es como el software, necesita programación. Nosotros somos los programadores. Hasta cierto punto, controlamos las señales químicas que hacen los cambios. Nuestros telómeros son sensibles, escuchan, nivelan y calibran las circunstancias actuales en el mundo. Juntos podemos mejorar el código de programación.

Las páginas anteriores estuvieron llenas de nuestras mejores sugerencias (recopiladas de cientos de estudios) sobre cómo proteger tus preciosos telómeros. Ya viste cómo tu mente, tus hábitos de movimiento, el sueño y la comida los afectan y modelan. También el mundo más allá de tu mente y cuerpo influye en ellos, ya que el vecindario y las relaciones personales fomentan una sensación de seguridad que puede dar forma a la salud de tus telómeros.

A diferencia de los humanos, los telómeros no juzgan. Son objetivos e imparciales. Su reacción al entorno es cuantificable en pares de bases. Esto los convierte en el índice ideal para medir los efectos del ambiente interno y externo sobre nuestra salud. Si los escuchamos con atención, nos darán conocimiento sobre cómo prevenir el envejecimiento celular prematuro y promover nuestro periodo de vida saludable (cuya historia también es la historia de lo hermosos que pueden ser la vida y el mundo). Lo que es bueno para nuestros telómeros, también lo es para nuestros niños, comunidad y gente alrededor del mundo.

LOS TELÓMEROS SUENAN LA ALARMA

Los telómeros nos enseñan que desde los primeros días de vida, el estrés y la adversidad grave tienen eco toda la vida hasta la edad adulta, propiciando una existencia arruinada por probabilidades más altas de enfermedades crónicas. En particular aprendimos que la exposición en la niñez a los factores de estrés (estresores) como la violencia, traumas, abuso y dificultades socioeconómicas se relaciona con telómeros más cortos en la adultez. El daño puede empezar incluso antes de nacer: mucho estrés materno se transmite al feto en desarrollo en forma de telómeros más cortos.

Esta huella temprana de estrés en los telómeros es una señal de alarma. Llamamos a los que hacen las políticas para que agreguen una nueva frase al vocabulario de la salud pública: **reducción del estrés social**. No estamos hablando de ejercicio o clases de yoga, aunque son útiles para mucha gente. Nos referimos a las políticas sociales amplias que tienen como objetivo amortiguar los estresores crónicos socioambientales y económicos enfrentados a diario, en todas partes y por mucha gente.

Los peores estresores (violencia, traumas, abuso y enfermedades mentales) están formados por un factor sorprendente: el nivel de desigualdad económica en una región. Por ejemplo, los países con la brecha más grande entre los ciudadanos ricos y pobres tienen la peor salud y la mayor violencia. Como verás en la figura 28, estos países también tienen los índices más altos de depresión, ansiedad y esquizofrenia.[1]

Un número sustancial de investigaciones ha demostrado estas relaciones. Y no sólo los países pobres sufren por esta disparidad. En las sociedades estratificadas, todos presentan un mayor riesgo de deterioro de salud mental y física, y entre más desigual es la sociedad, menor es el bienestar infantil. Entre los países ricos, Estados Unidos tiene la brecha más grande. Y se ha ido incrementando de manera que el 3% de la población posee 50% de la riqueza.[2] De manera reveladora, Suecia, que presenta la brecha más chica, tiene el bienestar más alto, incluyendo el de los niños. Pero también es uno de los países con el crecimiento de desigualdad más rápido y disminución de bienestar infantil (debido a una reducción del efecto redistributivo del sistema de impuestos y prestaciones).[3]

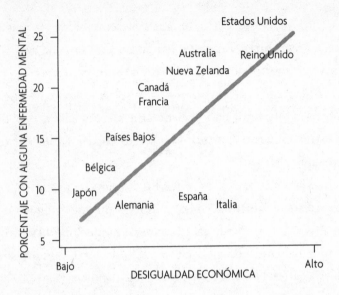

Figura 28: Desigualdad económica y salud mental. Un gran cúmulo de investigaciones ha mostrado que la inequidad en los sueldos en las regiones y países está asociada a comportamientos malos (menos confianza, más violencia, abuso de drogas) y peor salud para todos (física o mental). Kate Pickett y Richard Wilkinson han resumido este enorme conjunto de hallazgos[4] y mostraron las relaciones con la salud mental. En esta gráfica, Japón tiene la menor diferencia y la menor tasa de enfermedad mental, mientras que Estados Unidos tiene la más alta de cada uno.

Creemos que la discrepancia de ingresos influye en la diferencia entre la probabilidad de telómeros sanos, largos y estables en la vejez y los cortos de las células senescentes. Esta brecha representa el estrés social excesivo, competitivo y los problemas en la sociedad que llevan a un periodo de enfermedad prematuro y prolongado para ricos y pobres. Un elemento esencial de la reducción del estrés social es cerrar esta enorme grieta. Entender cómo estamos interconectados es el combustible que impulsará este trabajo.

INTERCONECTADOS EN TODOS LOS NIVELES

Estamos conectados con todos los seres vivos y a todos los niveles, desde el macro hasta el micro, desde el social hasta el celular. La separación que todos sentimos, como si cada uno fuera una parte sola, es una ilusión. La realidad es: todos compartimos mucho más de lo que podemos comprender, tanto en la mente como en el cuerpo. Estamos interconectados profundamente con cada uno y con la naturaleza de maneras fenomenales.

Dentro de nuestro cuerpo y células nos relacionamos con otros organismos vivos. Nuestro cuerpo está hecho de células eucariontes. Se cree que hace mil quinientos millones de años, mucho tiempo antes de que evolucionaran los humanos, la única célula eucarionte agrupó los organismos bacterianos que vivían juntos interdependientemente en una sola. Hoy en día, las mitocondrias de nuestras células son el legado de esas bacterias y su interdependencia. Somos criaturas simbióticas.

Dentro de nuestro cuerpo llevamos una parte compartida con el mundo exterior. Entre un kilo y kilo y medio de nuestro peso está formado por otros seres: los microbios. Los microbios viven en comunidades complejas dentro de nuestro intestino y en la piel. Lejos de ser nuestros enemigos, nos mantienen balanceados. Sin las colonias de microbios, nuestro sistema inmune sería débil y subdesarrollado. Envían señales a nuestro cerebro y pueden deprimirnos cuando están desbalanceados. Y también funciona a la inversa, cuando nos sentimos deprimidos o estresados, afectamos la microbiota, lo que deteriora su equilibrio y nuestras mitocondrias.[5]

Los humanos cada vez están más interrelacionados entre sí, desde la tecnología o los mercados financieros hasta los medios de comunicación o las redes sociales y laborales. Siempre estamos inmersos en una cultura social y nuestros pensamientos y sentimientos están modelados por el entorno social y físico inmediato.[6] Las percepciones de qué tan apoyados y conectados estamos son importantes para nuestra salud. Esto siempre ha sido cierto, pero ahora estas conexiones se han vuelto más amplias. Una banda ancha global pronto rodeará todo el mundo, permitiendo que toda la gente del planeta se enlace vía internet de manera muy económica. El año pasado, en un día cualquiera una de cada siete personas en todo el mundo inició sesión en Facebook.[7] Esta creciente interconexión abre oportunidades para unirnos alrededor de los temas más significativos para nosotros.

Además, también compartimos el mismo ecosistema físico. La contaminación de un lado del planeta puede viajar hasta el otro extremo soplando en el aire o flotando en el agua. Juntos estamos calentando el globo y esto nos afecta a todos. Es otra señal de cómo estamos relacionados, un recordatorio urgente de que nuestro comportamiento diario es importante.

Por último, estamos conectados de generación en generación. Ahora sabemos que los telómeros se transmiten a través de las generaciones. Los desfavorecidos transmiten esas desventajas sin saberlo (a través de los problemas económicos y sociales, pero también por medio de telómeros más cortos y otras vías epigenéticas). De esta forma, los telómeros son nuestro mensaje para la sociedad futura. Peor, los niños expuestos a estrés tóxico a niveles epidémicos quedan con telómeros más cortos y envejecimiento celular prematuro. Como nos recordó J. F. Kennedy: "Los niños son los mensajes vivos que enviamos al futuro, a la época que no veremos". No queremos que ese mensaje incluya enfermedades crónicas prematuras. Por eso es tan importante cultivar nuestro sentimiento innato de compasión. Debemos reescribir ese mensaje.

LOS MENSAJES VIVOS

La ciencia de los telómeros se ha transformado en una llamada de auxilio. Nos dice que los estresores sociales, en especial los que afectan a los niños, producirán costos más altos de manera exponencial en un futuro (costos personales, físicos, sociales y económicos). Para responder a esta llamada, primero cuida bien tu salud.

La señal de alarma no termina allí. Ahora que sabes cómo proteger tus telómeros, queremos proponerte un reto amistoso: ¿qué harás con todas tus décadas futuras llenas de buena salud? Un largo periodo de vida saludable hace posible una existencia más energética, y esta vitalidad puede propagarse, permitiéndonos pasar parte de nuestro tiempo creando condiciones para una mejor salud y bienestar en otras personas.

Claro, no podemos eliminar el estrés y la adversidad, pero hay formas de mitigar un poco de la presión extrema sobre las poblaciones más vulnerables. Te hemos hablado de los aspectos dolorosos en la vida de algunas personas, pero eso reorientó el sentido de su vida. Robin Huiras, la mujer con el síndrome telomérico hereditario, ayudó a reclutar algunas de las mejores mentes en la ciencia de los telómeros para escribir el primer manual clínico para el tratamiento de los trastornos teloméricos, y está ayudando a aliviar el sufrimiento. Peter, el investigador médico que lucha con un cerebro propenso a comer en exceso, viaja alrededor del mundo en misiones médicas para personas con acceso limitado a los servicios de salud y ha llenado su vida de propósito y contribución. Tim Parrish, el hombre que creció en una comunidad racista en Luisiana, escribe y da conferencias sobre este lamentable tema, arriesgando su comodidad para ayudarnos a enfrentar nuestros prejuicios de manera más efectiva.

¿Cuál es tu legado celular? Cada uno de nosotros tiene una oportunidad para dejar un legado. Así como tu cuerpo es una comunidad de células individuales pero dependientes unas de otras, el mundo es un conjunto de personas interdependientes. Todos impactamos en el planeta, nos demos cuenta o no. Las grandes transformaciones son vitales (como la aplicación de políticas para la reducción del estrés social), pero los cambios pequeños también son importantes. La manera en que interactuamos con otras personas forma sus sentimientos y su confianza. *Cada día, cada uno de nosotros tiene la oportunidad de influir de manera positiva en la vida de otra persona.*

La historia de los telómeros puede inspirar la determinación de elevar nuestra salud colectiva. Ayudar a cambiar nuestra vida y el medio ambiente nos da el sentimiento vital de misión y propósito, el cual por sí solo mejora el mantenimiento telomérico.

El fundamento para un nuevo entendimiento de la salud en nuestra sociedad no se trata de un "yo" sino de un "nosotros". Redefinir el envejecimiento saludable no sólo es aceptar el cabello gris y concentrarse en la salud interior, también se trata de nuestras conexiones con los demás y la construcción de comunidades seguras y confiables. La ciencia de los telómeros ofrece la prueba molecular de la importancia de la salud social para nuestro bienestar individual. Ahora tenemos una forma de medir y registrar las intervenciones creadas para mejorar dicha salud. Empecemos.

El manifiesto
de los telómeros

Tu salud celular se refleja en el bienestar de tu mente, cuerpo y comunidad. A continuación presentamos los elementos del mantenimiento telomérico que consideramos más importantes para un mundo saludable:

CUIDA TUS TELÓMEROS

- Evalúa fuentes de estrés persistente e intenso. ¿Qué puedes cambiar?
- Transforma las amenazas en retos.
- Vuélvete más compasivo con los demás y contigo mismo.
- Inicia una actividad restauradora.
- *Practica el pensamiento consciente y la atención plena. La conciencia abre la puerta al bienestar.*

MANTÉN TUS TELÓMEROS SANOS

- ¡Actívate!
- Desarrolla un ritual antes de ir a dormir para lograr un sueño más profundo, largo y restaurador.

- Come de manera consciente para reducir los atracones, sobreconsumos y surfear los antojos.
- Elige comida saludable para los telómeros: alimentos enteros, omega 3 y (por favor) omite el tocino.

CONECTA TUS TELÓMEROS

- Deja espacio para la conexión: desconéctate de las pantallas durante una parte del día.
- Cultiva pocas relaciones, pero buenas y cercanas.
- Pon atención de calidad a los niños y dales una buena cantidad de "estrés positivo".
- Genera capital social en tu vecindario. Ayuda a los extraños.
- Piensa y actúa en verde. Pasa tiempo en la naturaleza.
- *La atención plena hacia las otras personas permite que las conexiones florezcan. La atención es tu regalo para ofrecer.*

GENERA SALUD EN LOS TELÓMEROS DE TU COMUNIDAD Y DEL MUNDO

- Mejora el cuidado prenatal.
- Protege a los niños de la violencia y otros traumas que dañan sus telómeros.
- Reduce la desigualdad.
- Limpia las toxinas del entorno.
- Mejora las políticas alimenticias para que todos tengan acceso a comida fresca y saludable.

La salud futura de nuestra sociedad se está formando en la actualidad y podemos medir parte de ese futuro en pares de bases.

Agradecimientos

No podríamos escribir este libro sin recurrir a las décadas de trabajo duro de muchos científicos. Agradecemos a todos ellos por sus contribuciones a nuestro entendimiento de los telómeros, envejecimiento y comportamiento humano, aunque no pudimos hacer referencia a cada una de las contribuciones importantes de nuestros colegas. Gracias infinitas a los innumerables colaboradores científicos y estudiantes con los que hemos trabajado en las últimas décadas. Nuestra investigación no habría ocurrido sin ustedes. En especial, ambas nos sentimos en deuda con el doctor Jue Lin, quien ha trabajado de manera incansable y con gran talento durante más de diez años en todos nuestros estudios sobre telómeros humanos. Jue ha realizado decenas de miles de meticulosas mediciones de longitud telomérica y telomerasa para estos estudios, y ha servido como un ejemplo del investigador trasnacional al trabajar en todos los niveles, desde la mesa de laboratorio hasta la comunidad.

Queremos agradecer a las siguientes personas que han contribuido en este libro de diversas formas, a través de discusiones reveladoras, ofreciendo perspectivas o sirviendo como inspiración o apoyo a nuestro trabajo, (aunque cualquier error de contenido es nuestro). Extendemos nuestra gratitud más profunda a: Nancy Adler, Mary Armanios, Ozlum Ayduk, Albert Bandura, James Baraz, Roger Barnett, Susan Bauer-Wu, Peter y Allison Baumann, Petra Boukamp, Gene Brody, Kelly Brownell, Judy Campisi, Laura Carstensen, Steve Cole, Mark Coleman, David Croswell, Alexandra Croswell, Susan Czaikowski, James Doty, Mary Dozier, Rita Effros, Sharon Epel, Michael Fenech, Howard Friedman, Susan Folkman, Julia Getzelman, Roshi Joan Halifax, Rick Hecht, Jeannette Ickovics, Michael Irwin, Roger Janke, Oliver John, Jon Kabat-Zinn, Will y Teresa Kabat-Zinn, Noa Kageyama, Erik Kahn, Alan Kazdin, Lynn Kutler, Barbara Laraia, Cindy Leung, Becca Levy, Andrea Lieberstein, Robert Lustig, Frank Mars, Pamela Mars, Ashley Mason, Thea Mauro, Wendy Mendes, Bruce McEwen, Synthia Mellon, Rachel Morello-Frosch, Judy Moskowitz, Belinda Needham, Kristen Neff, Charles Nelson, Lisbeth Nielsen, Jason Ong, Dean Ornish, Bernard y Barbro Osher, Alexsis de Raadt St. James, Judith Rodin, Brenda Penninx, Ruben Perczek, Kate Pickett, Stephen Porges, Aric Prather, Eli Puterman, Robert Sapolsky, Cliff Saron, Michael Scheier, Zindel Segal, Daichi Shimbo, Dan Siegel, Felipe Sierra, el fallecido Richard Suzman, Shanon Squires, Matthew State, Janet Tomiyama, Bert Uchino, Pathik Wadhwa, Mike Weiner, Christian Werner, Darrah Westrup, Mary Whooley, Jay Williams, Redford Williams, Janet Wojcicki, Owen Wolkowitz, Phil Zimbardo y Ami Zota. Un gran agradecimiento a los miembros del laboratorio Aging, Metabolism, and Emotions (AME), en especial a Alison Hartman, Amanda Gilbert y Michael Coccia, por apoyarnos en varios aspectos del libro. Gracias a Coleen Patterson de Coleen Patterson Design por sus inspiradoras ilustraciones y la increíble transferencia que hizo de las imágenes de nuestra cabeza al libro.

Gracias a Thea Singer por tratar la conexión de los telómeros y el estrés de manera tan hermosa en su obra *Stress Less* (Hudson Street Press, 2010). Además, agradecemos a nuestros dedicados lectores del grupo que hicimos para el libro, quienes nos dieron las tardes de sus domingos y aportes invaluables: Michael Acree, Diane Ashcroft, Elizabeth Brancato, Miles Braun, Amanda Burrowes, Cheryl Church, Larry Cowan, Joanne Delmonico, Tru Dunham, Ndifreke Ekaette, Emele Faifua, Jeff Fellows, Ann Harvie, Kim Jackson, Kristina Jones, Carole Katz, Jacob Kuyser, Visa Lakshi, Larissa Lodzinski, Alisa Mallari, Chloe Martin, Heather McCausland, Marla Morgan, Debbie Mueller, Michelle Nanton, Erica "Blissa" Nizzoli, Sharon Nolan, Lance Odland, Beth Peterson, Pamela Porter, Fernanda Raiti, Karin Sharma, Cori Smithen, la hermana Rosemarie Stevens, Jennifer Taggart, Roslyn Thomas, Julie Uhernik y Michael Worden. Gracias a Andrew Mumm de Idea Architects por su magia y paciencia al conectarnos a través de los retos geográficos y técnicos.

También queremos agradecer a las personas que hablaron con nosotros de manera generosa sobre sus experiencias personales, algunas de forma anónima y otras nombradas más adelante. No pudimos incorporar cada una de las historias maravillosas que escuchamos, pero a lo largo del proceso de escritura su espíritu nos informó y conmovió profundamente. Estamos en deuda con Cory Brundage, Robin Huiras, Sean Johnston, Lisa Louis, Siobhan Mark, Leigh Anne Naas, Chris Nagel, Siobhan O'Brien, Tim Parrish, Abby McQueeney Penamonte, Rene Hicks Schleicher, Maria Lang Slocum, Rod E. Smith y Thulani Smith.

Extendemos un *enorme* agradecimiento a Leigh Ann Hirschman, de Hirschman Literary Services, nuestra escritora colaborativa. Su gran experiencia editorial y redacción ayudó mucho a este libro. Fue un placer trabajar con ella: se unió a nuestra inmersión en el mundo de los telómeros, fue paciente con todo lo que traíamos: ese flujo constante de nuevos estudios que aparecían en la literatura científica conforme escribíamos, y además era una voz tranquila cuando pensábamos que nunca saldríamos de los matorrales de la investigación.

Muchas gracias también a nuestra editora Karen Murgolo de Grand Central Publishing, por su fe en este libro y por su experiencia, tiempo y cuidado en cada decisión que se necesitó a lo largo del proceso. Nos sentimos afortunadas de contar con su sabiduría y paciencia.

Sentimos una profunda gratitud hacia Doug Abrams de Idea Architects. Él fue el primero en percibir la necesidad de un libro que no veíamos. Gracias por su dedicación y trabajo maravilloso y sabio como editor de desarrollo. Y por lograr que lo que casi acortaba los pares de bases de nuestros telómeros se convirtiera en un proceso delicioso y la base de una amistad duradera.

Por último, muchas gracias a nuestras familias (nucleares y ampliadas) por su entusiasmo y apoyo amoroso durante todo el proceso de escritura y las temporadas que sentaron las bases científicas para ella.

También estamos agradecidas por la oportunidad de compartir este trabajo contigo, lector, y esperamos sinceramente que promueva tu bienestar, salud y alargue tu periodo de vida saludable.

Información sobre pruebas teloméricas comerciales

Si quieres calcular la salud de tus telómeros, realiza la evaluación de la página 171. También puedes hacer una prueba comercial para determinar tu longitud telomérica. Pero ¿deberías? ¡No necesitas hacerte una biopsia de pulmón para tomar la sabia decisión de dejar de fumar! Seguro muchos realizan las mismas actividades restauradoras en la vida sin importar si se hicieron o no un estudio.

Nos preguntamos cómo reaccionaría la gente a los resultados de sus pruebas teloméricas. Por ejemplo, si una persona se entera de que tiene los telómeros cortos, ¿se deprimiría? Por eso hicimos pruebas en voluntarios y les dijimos sus resultados. Después dimos seguimiento para preguntar sus reacciones. La mayoría fueron neutrales o positivas y ninguno fue muy negativo, aunque los que los tenían cortos experimentaron pensamientos angustiantes en los meses siguientes. Medir los telómeros es una decisión personal. Sólo tú puedes decidir si saber su longitud te beneficiará. Imagina que te enteras de que tus telómeros son cortos, ¿sería más terrible que motivante? Aprender que tus telómeros son cortos es como ver la luz de "revisar el motor" en el tablero; por lo general, sólo es una señal de que necesitas tomar en serio tu salud y tus hábitos e intensificar tus esfuerzos.

Muchas veces nos preguntan si ya nos medimos los telómeros:

Yo (Liz) lo hice, por curiosidad. Mis resultados fueron bastante tranquilizadores, pero siempre tuve en mente que la longitud telomérica es un indicador de salud estadístico, no un predictor del futuro.

Yo (Elissa) todavía no lo hago. No me gustaría saber si los tengo cortos. Trato de involucrarme en tantas actividades positivas para los telómeros como sea posible en esta vida ocupada. Con el tiempo, las mediciones de la longitud telomérica serán más valiosas que un cheque. Nos dicen algo único (que ningún otro indicador puede) sobre el potencial de las células para replicarse. Pero sólo son un marcador. Es probable que los algoritmos incluyendo muchos biomarcadores y variables del estatus de salud serán más benéficos para el uso personal cuando estén mejor desarrollados. Cuando las mediciones tengan un valor más predictivo y sean más fáciles de obtener de manera repetida, estaré más interesada en hacerme las pruebas.

Al momento de escribir este libro, sólo algunas empresas ofrecen pruebas teloméricas comerciales.

No tenemos ningún conocimiento sobre la exactitud y fiabilidad de las mediciones realizadas por esas compañías. Como esas empresas cambian bastante rápido, la lista se encuentra en nuestro sitio web de libros. En esta época una prueba cuesta entre cien y quinientos dólares (dos mil a diez mil pesos).

Advertencia: las pruebas que miden los telómeros son un negocio no regulado, es decir, ninguna agencia gubernamental comprueba si las compañías con fines de lucro utilizan métodos y valores precisos o si dicen la verdad sobre los riesgos. Puede ser interesante conocer los resultados de una prueba telomérica, pero advertimos que no predicen el futuro. Fumar no garantiza que tendrás una enfermedad pulmonar, y no fumar no asegura que estarás libre de enfermedades. Pero existen las estadísticas y el mensaje es claro: entre más fumas, mayores posibilidades de contraer enfisema, cáncer y otros problemas de salud graves. Hay muchas razones para dejar ese vicio. De igual manera, los innumerables estudios sobre la relación entre la longitud telomérica y la salud y enfermedad humanas nos ofrecen los datos necesarios para crear guías que mantengan más saludables a nuestros telómeros (y por lo tanto a nosotros). Quizá disfrutes conocer la longitud telomérica, pero no necesitas esa información para prevenir el envejecimiento celular prematuro.

Notas

Testimonios

1. *En busca de la memoria: El nacimiento de una nueva ciencia de la mente*, Katz, 2007. [N. de la T.]
2. *Mindsight: La nueva ciencia de la transformación personal*, Paidós Ibérica, 2011. [N. de la T.]
3. *Tormenta cerebral: El poder y el propósito del cerebro adolescente*, Alba, 2014. [N. de la T.]
4. *Vivir con plenitud las crisis*, Kairos, 2016. [N. de la T.]

Nota de las autoras: por qué escribimos este libro

1. "Oldest Person Ever", Guinness World Records, <http://www.guinness worldrecords.com/world-records/oldest-person>, revisado el 3 de marzo de 2016.
2. C. R. Whitney, "Jeanne Calment, World's Elder, Dies at 122", *New York Times*, 5 de agosto de 1997, <http://www.nytimes.com/1997/08/05/world /jeanne-calment-world-s-elder-dies-at-122.html>, revisado el 3 de marzo de 2016.
3. E. Blackburn, E. Epel y J. Lin, "Human Telomere Biology: A Contributory and Interactive Factor in Aging, Disease Risks, and Protection", *Science* 350, núm. 6265 (4 de diciembre de 2015): 1193-1198.

Introducción. Una historia de dos telómeros

1. G. A. Bray, "From Farm to Fat Cell: Why Aren't We All Fat?", *Metabolism* 64, núm. 3 (marzo de 2015): 349-353, doi:10.1016/j.metabol. 20 14.09.012, Epub 22 de octubre de 2014, PMID: 25554523, p. 350.

2. K. Christensen, G. Doblhammer, R. Rau y J. W. Vaupel, "Ageing Populations: The Challenges Ahead", *Lancet* 374, núm. 9696 (3 de octubre de 2009): 1196-1208, doi:10.1016/S0140-6736(09)61460-4.

3. Reino Unido, Oficina de Estadísticas Nacionales, "One Third of Babies Born in 2013 Are Expected to Live to 100", 11 de diciembre de 2013, The National Archive, <http://www.ons.gov.uk/ons/rel/lifetables/historic-and-projected-data-from-the-period-and-cohort-life-tables/2012-based/sty-babies-living-to-100.html>, revisado el 30 de noviembre de 2015.

4. M. Bateson, "Cumulative Stress in Research Animals: Telomere Attrition as a Biomarker in a Welfare Context?", *BioEssays* 38, núm. 2 (febrero de 2016): 201-212, doi:10.1002/bies.201500127.

5. E. Epel, E. Puterman, J. Lin, E. Blackburn, A. Lazaro y W. Mendes, "Wandering Minds and Aging Cells", *Clinical Psychological Science* 1, núm. 1 (enero de 2013): 75-83, doi:10.1177/2167702612460234.

6. L. E. Carlson *et al.*, "Mindfulness-Based Cancer Recovery and Supportive-Expressive Therapy Maintain Telomere Length Relative to Controls in Distressed Breast Cancer Survivors", *Cancer* 121, núm. 3 (1° de febrero de 2015): 476-484, doi:10.1002/cncr.29063.

Capítulo uno. Cómo el envejecimiento celular prematuro te hace lucir, sentir y actuar más viejo

1. E. S. Epel y G. J. Lithgow, "Stress Biology and Aging Mechanisms: Toward Understanding the Deep Connection Between Adaptation to Stress and Longevity", *Journals of Gerontology, Series A: Biological Sciences and Medical Sciences* 69 supl. 1 (junio de 2014): S10-S16, doi:10.1093/gerona/glu055.

2. D. J. Baker *et al.*, "Clearance of p16Ink4a-positive Senescent Cells Delays Ageing-Associated Disorders", *Nature* 479, núm. 7372 (2 de noviembre de 2011): 232-236, doi:10.1038/nature10600.

3. D. Krunic *et al.*, "Tissue Context-Activated Telomerase in Human Epidermis Correlates with Little Age-Dependent Telomere Loss", *Biochimica et Biophysica Acta* 1792, núm. 4 (abril de 2009): 297-308, doi:10.1016/j.bbadis.2009.02.005.

4. M. Rinnerthaler, M. K. Streubel, J. Bischof y K. Richter, "Skin Aging, Gene Expression and Calcium", *Experimental Gerontology* 68 (agosto de 2015): 59-65, doi:10.1016/j.exger.2014.09.015.

5. P. Dekker *et al.*, "Stress-Induced Responses of Human Skin Fibroblasts in Vitro Reflect Human Longevity", *Aging Cell* 8, núm. 5 (septiembre de 2009): 595-603, doi:10.1111/j.1474-9726.2009.00506.x, y P. Dekker *et al.*, "Relation between Maximum Replicative Capacity and Oxidative Stress-Induced Responses in Human Skin Fibroblasts in Vitro", *Journals of Gerontology, Series A: Biological Sciences and Medical Sciences* 66, núm. 1 (enero de 2011): 45-50, doi:10.1093/gerona/glq159.

6. B. A. Gilchrest, M. S. Eller y M. Yaar, "Telomere-Mediated Effects on Melanogenesis and Skin Aging", *Journal of Investigative Dermatology Symposium Proceedings* 14, núm. 1 (agosto de 2009): 25-31, doi:10.1038/jidsymp.2009.9.

7. M. Kassem y P. J. Marie, "Senescence-Associated Intrinsic Mechanisms of Osteoblast Dysfunctions", *Aging Cell* 10, núm. 2 (abril de 2011): 191-197, doi:10.1111/j.1474-9726.2011.00669.x.

8. T. A. Brennan *et al.*, "Mouse Models of Telomere Dysfunction Phenocopy Skeletal Changes Found in Human Age-Related Osteoporosis", *Disease Models and Mechanisms* 7, núm. 5 (mayo de 2014): 583-592, doi:10.1242/dmm.014928.

9. K. Inomata *et al.*, "Genotoxic Stress Abrogates Renewal of Melanocyte Stem Cells by Triggering Their Differentiation", *Cell* 137, núm. 6 (12 de junio de 2009): 1088-1099, doi:10.1016/j.cell.2009.03.037.

10. M. Jaskelioff *et al.*, "Telomerase Reactivation Reverses Tissue Degeneration in Aged Telomerase-Deficient Mice", *Nature* 469, núm. 7328 (6 de enero de 2011): 102-106, doi:10.1038/nature09603.

11. S. Panhard, I. Lozano y G. Loussouarn, "Greying of the Human Hair: A Worldwide Survey, Revisiting the '50' Rule of Thumb", *British Journal of Dermatology* 167, núm. 4 (octubre de 2012): 865-873, doi:10.1111/j.1365-2133.2012.11095.x.

12. K. Christensen *et al.*, "Perceived Age as Clinically Useful Biomarker of Ageing: Cohort Study", *BMJ* 339 (diciembre de 2009): b5262.

13. R. Noordam *et al.*, "Cortisol Serum Levels in Familial Longevity and Perceived Age: The Leiden Longevity Study", *Psychoneuroendocrinology* 37, núm. 10 (octubre de 2012): 1669-1675; R. Noordam *et al.*, "High Serum Glucose Levels Are Associated with a Higher Perceived Age", *Age (Dordrecht, Netherlands)* 35, núm. 1 (febrero de 2013): 189-195, doi: 10.1007/s11357-011-9339-9, y M. Kido *et al.*, "Perceived Age of Facial

Features Is a Significant Diagnosis Criterion for Age-Related Carotid Atherosclerosis in Japanese Subjects: J-SHIPP Study", *Geriatrics and Gerontology International* 12, núm. 4 (octubre de 2012): 733-740, doi:10.1111/j.1447-0594.2011.00824.x.

14. Esta palabra proviene de la union de *inflammation* (inflamación) y *aging* (envejecimiento). Significa envejecimiento de origen inflamatorio. [N. de la T.]

15. V. Codd *et al.*, "Identification of Seven Loci Affecting Mean Telomere Length and Their Association with Disease", *Nature Genetics* 45, núm. 4 (abril de 2013): 422-427, doi:10.1038/ng.2528.

16. P. C. Haycock *et al.*, "Leucocyte Telomere Length and Risk of Cardiovascular Disease: Systematic Review and Meta-analysis", *BMJ* 349 (8 de julio de 2014): g4227, doi:10.1136/bmj.g4227.

17. K. Yaffe *et al.*, "Telomere Length and Cognitive Function in Community-Dwelling Elders: Findings from the Health ABC Study", *Neurobiology of Aging* 32, núm. 11 (noviembre de 2011): 2055-2060, doi:10.1016/j.neuro biolaging.2009.12.006.

18. I. Cohen-Manheim *et al.*, "Increased Attrition of Leukocyte Telomere Length in Young Adults Is Associated with Poorer Cognitive Function in Midlife", *European Journal of Epidemiology* 31, núm. 2 (febrero de 2016), doi:10.1007/s10654-015-0051-4.

19. K. S. King *et al.*, "Effect of Leukocyte Telomere Length on Total and Regional Brain Volumes in a Large Population-Based Cohort", *JAMA Neurology* 71, núm. 10 (octubre de 2014): 1247-1254, doi:10.1001/jamaneurol.2014.1926.

20. L. S. Honig *et al.*, "Shorter Telomeres Are Associated with Mortality in Those with APOE Epsilon4 and Dementia", *Annals of Neurology* 60, núm. 2 (agosto de 2006): 181-187, doi:10.1002/ana.20894.

21. Y. Zhan *et al.*, "Telomere Length Shortening and Alzheimer Disease— A Mendelian Randomization Study", *JAMA Neurology* 72, núm. 10 (octubre de 2015): 1202-1203, doi:10.1001/jamaneurol.2015.1513.

22. Si quieres, puedes contribuir a estudios sobre envejecimiento y enfermedades mentales sin tener que escanear tu cerebro ni presentarte en persona. El doctor Mike Weiner, un destacado investigador de la UCSF que lidera el estudio de cohorte más grande en Alzheimer en todo el mundo, desarrolló el Brain Health Registry, donde puedes responder cuestionarios y hacer tests cognitivos en línea. Le estamos ayudando a estudiar los efectos del estrés en el envejecimiento cerebral. Puedes registrarte en <http://www.brainhealthregistry.org/>.

23. R. A. Ward, "How Old Am I? Perceived Age in Middle and Later Life", *International Journal of Aging and Human Development* 71, núm. 3 (2010): 167-184.

24. *Idem.*

25. B. Levy, "Stereotype Embodiment: A Psychosocial Approach to Aging", *Current Directions in Psychological Science* 18, vol. 6 (1° de diciembre de 2009): 332-336.

26. B. R. Levy *et al.*, "Association Between Positive Age Stereotypes and Recovery from Disability in Older Persons", *JAMA* 308, núm. 19 (21 de noviembre de 2012): 1972-1973, doi:10.1001/jama.2012.14541; B. R. Levy, A. B. Zonderman, M. D. Slade y L. Ferrucci, "Age Stereotypes Held Earlier in Life Predict Cardiovascular Events in Later Life", *Psychological Science* 20, núm. 3 (marzo de 2009): 296-298, doi:10.1111/j.1467-9280.2009.02298.x.

27. C. Haslam *et al.*, "'When the Age Is In, the Wit Is Out': Age-Related Self-Categorization and Deficit Expectations Reduce Performance on Clinical Tests Used in Dementia Assessment", *Psychology and Aging* 27, núm. 3 (abril de 2012): 778784, doi:10.1037/a0027754.

28. B. R. Levy, S. V. Kasl y T. M. Gill, "Image of Aging Scale", Perceptual and Motor Skills 99, núm. 1 (agosto de 2004): 208-210.

29. H. Ersner-Hershfield, J. A. Mikels, S. J. Sullivan y L. L. Carstensen, "Poignancy: Mixed Emotional Experience in the Face of Meaningful Endings", *Journal of Personality and Social Psychology* 94, núm. 1 (enero de 2008): 158-167.

30. H. E. Hershfield, S. Scheibe, T. L. Sims y L. L. Carstensen, "When Feeling Bad Can Be Good: Mixed Emotions Benefit Physical Health Across Adulthood", *Social Psychological and Personality Science* 4, núm.1 (enero de 2013): 54-61.

31. B. R. Levy, J. M. Hausdorff, R. Hencke y J. Y. Wei, "Reducing Cardiovascular Stress with Positive Self-Stereotypes of Aging", *Journals of Gerontology, Series B: Psychological Sciences and Social Sciences* 55, núm. 4 (julio de 2000): P205-P213.

32. B. R. Levy, M. D. Slade, S. R. Kunkel y S. V. Kasl, "Longevity Increased by Positive Self-Perceptions of Aging", *Journal of Personal and Social Psychology* 83, núm. 2 (agosto de 2002): 261-270.

Capítulo dos. El poder de los telómeros largos

1. K. Lapham *et al.*, "Automated Assay of Telomere Length Measurement and Informatics for 100,000 Subjects in the Genetic Epidemiology Re-

search on Adult Health and Aging (GERA) Cohort", *Genetics* 200, núm. 4 (agosto de 2015): 1061-1072, doi:10.1534/genetics.115.178624.

2. L. Rode, B. G. Nordestgaard y S. E. Bojesen, "Peripheral Blood Leukocyte Telomere Length and Mortality Among 64,637 Individuals from the General Population", *Journal of the National Cancer Institute* 107, núm. 6 (mayo de 2015): djv074, doi:10.1093/jnci/djv074.

3. *Idem.*

4. Lapham *et al.*, *op. cit.*

5. P. Willeit *et al.*, "Leucocyte Telomere Length and Risk of Type 2 Diabetes Mellitus: New Prospective Cohort Study and Literature-Based Meta-analysis", *PLOS ONE* 9, núm. 11 (2014): e112483, doi:10.1371/journal.pone.0112483; M. J. D'Mello *et al.*, "Association Between Shortened Leukocyte Telomere Length and Cardiometabolic Outcomes: Systematic Review and Meta-analysis", *Circulation: Cardiovascular Genetics* 8, núm. 1 (febrero de 2015): 82-90, doi:10.1161/CIRCGENET ICS.113. 000485; P. C. Haycock *et al.*, "Leucocyte Telomere Length and Risk of Cardiovascular Disease: Systematic Review and Meta-Analysis", *BMJ* 349 (2014): g4227, doi:10.1136/bmj.g4227; C. Zhang *et al.*, "The Association Between Telomere Length and Cancer Prognosis: Evidence from a Meta-Analysis", *PLOS ONE* 10, núm. 7 (2015): e0133174, doi:10.1371/journal.pone.0133174, y S. Adnot *et al.*, "Telomere Dysfunction and Cell Senescence in Chronic Lung Diseases: Therapeutic Potential", *Pharmacology & Therapeutics* 153 (septiembre de 2015): 125-134, doi:10.10 16/j.pharmthera.2015.06.007.

6. O. T. Njajou *et al.*, "Association Between Telomere Length, Specific Causes of Death, and Years of Healthy Life in Health, Aging, and Body Composition, a Population-Based Cohort Study", *Journals of Gerontology, Series A: Biological Sciences and Medical Sciences* 64, núm. 8 (agosto de 2009): 860-864, doi:10.1093/gerona/glp061.

Capítulo tres. Telomerasa, la enzima que aviva los telómeros

1. T. Vulliamy, A. Marrone, F. Goldman, A. Dearlove, M. Bessler, P. J. Mason e I. Dokal, "The RNA Component of Telomerase Is Mutated in Autosomal Dominant Dyskeratosis Congenita", *Nature* 413, núm. 6854 (27 de septiembre de 2001): 432-435, doi:10.1038/35096585.

2. E. S. Epel, E. H. Blackburn, Jue Lin, Firdaus S. Dhabhar, Nancy E. Adler, Jason D. Morrow y Richard M. Cawthon, "Accelerated Telomere Shortening in Response to Life Stress", *Proceedings of the National Aca-*

demy of Sciences of the United States of America 101, núm. 49 (7 de diciembre de 2004): 17312-17315, doi:10.1073/pnas.0407162101.

Capítulo cuatro. Aclaración: cómo el estrés afecta tus células

1. Evercare by United Healthcare and the National Alliance for Caregiving, "Evercare Survey of the Economic Downtown and Its Impact on Family Caregiving" (marzo de 2009), 1.
2. E. S. Epel *et al.*, "Cell Aging in Relation to Stress Arousal and Cardiovascular Disease Risk Factors", *Psychoneuroendocrinology* 31, núm. 3 (abril de 2006): 277-287, doi:10.1016/j.psyneuen.2005.08.011.
3. I. H. Gotlib *et al.*, "Telomere Length and Cortisol Reactivity in Children of Depressed Mothers", *Molecular Psychiatry* 20, núm. 5 (mayo de 2015): 615-620, doi:10.1038/mp.2014.119.
4. B. S. Oliveira *et al.*, "Systematic Review of the Association between Chronic Social Stress and Telomere Length: A Life Course Perspective", *Ageing Research Reviews* 26 (marzo de 2016): 37-52, doi:10.1016/j. arr.2015.12.006, L. H. y Price *et al.*, "Telomeres and Early-Life Stress: An Overview", *Biological Psychiatry* 73, núm. 1 (enero de 2013): 15-23, doi:10.1016/j.biopsych.2012.06.025.
5. M. B. Mathur *et al.*, "Perceived Stress and Telomere Length: A Systematic Review, Meta-analysis, and Methodologic Considerations for Advancing the Field", *Brain, Behavior, and Immunity* 54 (mayo de 2016): 158-169, doi:10.1016/j.bbi.2016.02.002.
6. A. J. O'Donovan *et al.*, "Stress Appraisals and Cellular Aging: A Key Role for Anticipatory Threat in the Relationship Between Psychological Stress and Telomere Length", *Brain, Behavior, and Immunity* 26, núm. 4 (mayo de 2012): 573-579, doi:10.1016/j.bbi.2012.01.007.
7. *Idem.*
8. A. L. Jefferson *et al.*, "Cardiac Index Is Associated with Brain Aging: The Framingham Heart Study", *Circulation* 122, núm. 7 (17 de agosto de 2010): 690-697, doi:10.1161/CIRCULATIONAHA.109.905091, y A. L. Jefferson *et al.*, "Low Cardiac Index Is Associated with Incident Dementia and Alzheimer Disease: The Framingham Heart Study", *Circulation* 131, núm. 15 (14 de abril de 2015): 1333-1339, doi:10.1161/ CIRCULATIONAHA.114.012438.
9. M. Sarkar, D. Fletcher y D. J. Brown, "What doesn't kill me ...: Adversity-Related Experiences Are Vital in the Development of Superior

Olympic Performance", *Journal of Science in Medicine and Sport* 18, núm. 4 (julio de 2015): 475-479. doi:10.1016/j.jsams.2014.06.010.

10. E. Epel *et al.*, "Can Meditation Slow Rate of Cellular Aging? Cognitive Stress, Mindfulness, and Telomeres", *Annals of the New York Academy of Sciences* 1172 (agosto de 2009): 34-53, doi:10.1111/j.1749-6632.2009. 04414.x.

11. K. A. McLaughlin, M. A. Sheridan, S. Alves y W. B. Mendes, "Child Maltreatment and Autonomic Nervous System Reactivity: Identifying Dysregulated Stress Reactivity Patterns by Using the Biopsychosocial Model of Challenge and Threat", *Psychosomatic Medicine* 76, núm. 7 (septiembre de 2014): 538-546, doi:10.1097/PSY.0000000000000098.

12. O'Donovan *et al.*, *op. cit.*

13. L. Barrett, *How Emotions Are Made* (Nueva York, Houghton Mifflin Harcourt, (en prensa).

14. *Idem.*

15. J. P. Jamieson, W. B. Mendes, E. Blackstock y T. Schmader, "Turning the Knots in Your Stomach into Bows: Reappraising Arousal Improves Performance on the GRE", *Journal of Experimental Social Psychology* 46, núm. 1 (enero de 2010): 208-212.

16. M. L. Beltzer, M. K. Nock, B. J. Peters y J. P. Jamieson, "Rethinking Butterflies: The Affective, Physiological, and Performance Effects of Reappraising Arousal During Social Evaluation", *Emotion* 14, núm. 4 (agosto de 2014): 761-768, doi:10.1037/a0036326.

17. C. E. Waugh, S. Panage, W. B. Mendes e I. H. Gotlib, "Cardiovascular and Affective Recovery from Anticipatory Threat", *Biological Psychology* 84, núm. 2 (mayo de 2010): 169-175, doi:10.1016/j.biopsycho.2010. 01.010, y A. Lutz *et al.*, "Altered Anterior Insula Activation During Anticipation and Experience of Painful Stimuli in Expert Meditators", *NeuroImage* 64 (1° de enero de 2013): 538-546, doi:10.1016/j.neuroima ge.2012.09.030.

18. K. A. Herborn *et al.*, "Stress Exposure in Early Post-Natal Life Reduces Telomere Length: An Experimental Demonstration in a Long-Lived Seabird", *Proceedings of the Royal Society B: Biological Sciences* 281, núm. 1782 (19 de marzo de 2014): 20133151, doi:10.1098/rspb.2013. 3151.

19. D. Aydinonat *et al.*, "Social Isolation Shortens Telomeres in African Grey Parrots (Psittacus erithacus erithacus)", *PLOS ONE* 9, núm. 4 (2014): e93839, doi:10.1371/journal.pone.0093839.

20. J. P. Gouin, L. Hantsoo y J. K. Kiecolt-Glaser, "Immune Dysregulation and Chronic Stress Among Older Adults: A Review", *Neuroimmunomodulation* 15, núms. 4-6 (2008): 251-259, doi:10.1159/000156468.

21. W. Cao *et al.*, "Premature Aging of T-Cells Is Associated with Faster HIV-1 Disease Progression", *Journal of Acquired Immune Deficiency Syndromes (1999)* 50, núm. 2 (1° de febrero de 2009): 137-147, doi:10.1097/QAI.0b013e3181926c28.

22. S. Cohen *et al.*, "Association Between Telomere Length and Experimentally Induced Upper Respiratory Viral Infection in Healthy Adults", *JAMA* 309, núm. 7 (20 de febrero de 2013): 699-705, doi:10.1001/jama.2013.613.

23. J. Choi, S. R. Fauce y R. B. Effros, "Reduced Telomerase Activity in Human T Lymphocytes Exposed to Cortisol", *Brain, Behavior, and Immunity* 22, núm. 4 (mayo de 2008): 600-605, doi:10.1016/j.bbi.2007.12.004.

24. G. L. Cohen y D. K. Sherman, "The Psychology of Change: Self-Affirmation and Social Psychological Intervention", *Annual Review of Psychology* 65 (2014): 333-371, doi:10.1146/annurev-psych-010213-115137.

25. A. Miyake *et al.*, "Reducing the Gender Achievement Gap in College Science: A Classroom Study of Values Affirmation", *Science* 330, núm. 6008 (26 de noviembre de 2010): 1234-1237, doi:10.1126/science.1195996.

26. J. M. Dutcher *et al.*, "Self-Affirmation Activates the Ventral Striatum: A Possible Reward-Related Mechanism for Self-Affirmation", *Psychological Science* 27, núm. 4 (abril de 2016): 455-466, doi:10.1177/0956797615625989.

27. E. Kross *et al.*, "Self-Talk as a Regulatory Mechanism: How You Do It Matters", *Journal of Personality and Social Psychology* 106, núm. 2 (febrero de 2014): 304-324, doi:10.1037/a0035173, y E. Bruehlman-Senecal y O. Ayduk, "This Too Shall Pass: Temporal Distance and the Regulation of Emotional Distress", *Journal of Personality and Social Psychology* 108, núm. 2 (febrero de 2015): 356-375, doi:10.1037/a0038324.

28. L. A. M. Lebois *et al.*, "A Shift in Perspective: Decentering Through Mindful Attention to Imagined Stressful Events", *Neuropsychologia* 75 (agosto de 2015): 505-524, doi:10.1016/j.neuropsychologia.2015.05.030.

29. E. Kross *et al.*, "'Asking Why' from a Distance: Its Cognitive and Emotional Consequences for People with Major Depressive Disorder", *Journal of Abnormal Psychology* 121, núm. 3 (agosto de 2012): 559-569, doi:10.1037/a0028808.

Capítulo cinco. Cuida tus telómeros: pensamiento negativo y resistente

1. Friedman Meyer y Ray H. Roseman, *Type A Behavior and Your Heart*, Nueva York, Knopf, 1974.
2. Y. Chida y A. Steptoe, "The Association of Anger and Hostility with Future Coronary Heart Disease: A Meta-analytic Review of Prospective Evidence", *Journal of the American College of Cardiology* 53, núm. 11 (17 de marzo de 2009): 936-946, doi:10.1016/j.jacc.2008.11.044.
3. T. Q. Miller *et al.*, "A Meta-analytic Review of Research on Hostility and Physical Health", *Psychological Bulletin* 119, núm. 2 (marzo de 1996): 322-348.
4. L. Brydon *et al.*, "Hostility and Cellular Aging in Men from the White-hall II Cohort", *Biological Psychiatry* 71, núm. 9 (mayo de 2012): 767-773, doi:10.1016/j.biopsych.2011.08.020.
5. A. Zalli *et al.*, "Shorter Telomeres with High Telomerase Activity Are Associated with Raised Allostatic Load and Impoverished Psychosocial Resources", *Proceedings of the National Academy of Sciences of the United States of America* 111, núm. 12 (25 de marzo 2014): 4519-4524, doi: 10.1073/pnas.1322145111.
6. C. A. Low, R. C. Thurston y K. A. Matthews, "Psychosocial Factors in the Development of Heart Disease in Women: Current Research and Future Directions", *Psychosomatic Medicine* 72, núm. 9 (noviembre de 2010): 842-854, doi:10.1097/PSY.0b013e3181f6934f.
7. A. O'Donovan *et al.*, "Pessimism Correlates with Leukocyte Telomere Shortness and Elevated Interleukin-6 in Post-menopausal Women", *Brain, Behavior, and Immunity* 23, núm. 4 (mayo de 2009): 446-449, doi: 10.1016/j.bbi.2008.11.006.
8. A. Ikeda *et al.*, "Pessimistic Orientation in Relation to Telomere Length in Older Men: The VA Normative Aging Study", *Psychoneuroendocrinology* 42 (abril de 2014): 68-76, doi:10.1016/j.psyneuen.2014.01.001, y N. S. Schutte, K. A. Suresh y J. R. McFarlane, "The Relationship Between Optimism and Longer Telomeres", 2016, en revisión.
9. M. A. Killingsworth y D. T. Gilbert, "A Wandering Mind Is an Unhappy Mind", *Science* 330, núm. 6006 (12 de noviembre de 2010): 932, doi: 10.1126/science.1192439.
10. E. S. Epel *et al.*, "Wandering Minds and Aging Cells", *Clinical Psychological Science* 1, núm. 1 (enero de 2013): 75-83.

11. J. Kabat-Zinn, *Wherever You Go, There You Are: Mindfulness Meditation in Everyday Life* (Nueva York, Hyperion, 1995), p. 15. En español hay varios libros traducidos del mismo autor.

12. V. Engert, J. Smallwood y T. Singer, "Mind Your Thoughts: Associations Between Self-Generated Thoughts and Stress-Induced and Baseline Levels of Cortisol and Alpha-Amylase", *Biological Psychology* 103 (diciembre de 2014): 283-291, doi:10.1016/j.biopsycho.2014.10.004.

13. S. Nolen-Hoeksema, "The Role of Rumination in Depressive Disorders and Mixed Anxiety/Depressive Symptoms", *Journal of Abnormal Psychology* 109, núm. 3 (agosto de 2000): 504-511.

14. Lea Winerman, "Suppressing the 'White Bears' ", *Monitor on Psychology* 42, núm. 9 (octubre de 2011): 44.

15. M. Alda *et al.*, "Zen Meditation, Length of Telomeres, and the Role of Experiential Avoidance and Compassion", *Mindfulness* 7, núm. 3 (junio de 2016): 651-659.

16. D. Querstret y M. Cropley, "Assessing Treatments Used to Reduce Rumination and/or Worry: A Systematic Review", *Clinical Psychology Review* 33, núm. 8 (diciembre de 2013): 996-1009, doi:10.1016/j.cpr.2013.08.004.

17. B. Alan Wallace, *The Attention Revolution: Unlocking the Power of the Focused Mind* (Boston, Wisdom, 2006). En español hay varios libros traducidos del mismo autor.

18. Clifford Saron, "Training the Mind: The Shamatha Project", en *The Healing Power of Meditation: Leading Experts on Buddhism, Psychology, and Medicine Explore the Health Benefits of Contemplative Practice*, ed. Andy Fraser (Boston, Shambhala, 2013), 45-65.

19. B. K. Sahdra *et al.*, "Enhanced Response Inhibition During Intensive Meditation Training Predicts Improvements in Self-Reported Adaptive Socioemotional Functioning", *Emotion* 11, núm. 2 (abril de 2011): 299-312, doi:10.1037/a0022764.

20. S. M. Schaefer *et al.*, "Purpose in Life Predicts Better Emotional Recovery from Negative Stimuli", PLOS ONE 8, núm. 11 (2013): e80329, doi:10.1371/journal.pone.0080329.

21. E. S. Kim *et al.*, "Purpose in Life and Reduced Incidence of Stroke in Older Adults: The Health and Retirement Study", *Journal of Psychosomatic Research* 74, núm. 5 (mayo de 2013): 427-432, doi:10.1016/j.jpsychores.2013.01.013.

22. J. M. Boylan y C. D. Ryff, "Psychological Wellbeing and Metabolic Syndrome: Findings from the Midlife in the United States National Sample", *Psychosomatic Medicine* 77, núm. 5 (junio de 2015): 548-558, doi:10.1097/PSY.0000000000000192.

23. E. S. Kim, V. J. Strecher y C. D. Ryff, "Purpose in Life and Use of Preventive Health Care Services", *Proceedings of the National Academy of Sciences of the United States of America* 111, núm. 46 (18 de noviembre de 2014): 16331-16336, doi:10.1073/pnas.1414826111.

24. T. L. Jacobs *et al.*, "Intensive Meditation Training, Immune Cell Telomerase Activity, and Psychological Mediators", *Psychoneuroendocrinology* 36, núm. 5 (junio de 2011): 664-81, doi:10.1016/j.psyneuen.2010.09.010.

25. V. R. Varma *et al.*, "Experience Corps Baltimore: Exploring the Stressors and Rewards of High-Intensity Civic Engagement", *Gerontologist* 55, núm. 6 (diciembre de 2015): 1038-1049, doi:10.1093/geront/gnu011.

26. T. L. Gruenewald *et al.*, "The Baltimore Experience Corps Trial: Enhancing Generativity via Intergenerational Activity Engagement in Later Life", *Journals of Gerontology, Series B: Psychological Sciences and Social Sciences*, 25 de febrero de 2015, doi:10.1093/geronb/gbv005.

27. M. C. Carlson *et al.*, "Impact of the Baltimore Experience Corps Trial on Cortical and Hippocampal Volumes", *Alzheimer's & Dementia: The Journal of the Alzheimer's Association* 11, núm. 11 (noviembre de 2015): 1340-1348, doi:10.1016/j.jalz.2014.12.005.

28. R. Sadahiro *et al.*, "Relationship Between Leukocyte Telomere Length and Personality Traits in Healthy Subjects", *European Psychiatry: The Journal of the Association of European Psychiatrists* 30, núm. 2 (febrero de 2015): 291-295, doi:10.1016/j.eurpsy.2014.03.003.

29. G. W. Edmonds, H. C. Côté y S. E. Hampson, "Childhood Conscientiousness and Leukocyte Telomere Length 40 Years Later in Adult Women—Preliminary Findings of a Prospective Association", *PLOS ONE* 10, núm. 7 (2015): e0134077, doi:10.1371/journal.pone.0134077.

30. H. S. Friedman y M. L. Kern, "Personality, Wellbeing, and Health", *Annual Review of Psychology* 65 (2014): 719-742.

31. D. de S. Costa *et al.*, "Telomere Length Is Highly Inherited and Associated with Hyperactivity-Impulsivity in Children with Attention Deficit/Hyperactivity Disorder", *Frontiers in Molecular Neuroscience* 8 (2015): 28, doi:10.3389/fnmol.2015.00028, y O. S. Yim *et al.*, "Delay Discounting, Genetic Sensitivity, and Leukocyte Telomere Length", *Proceedings of the National Academy of Sciences of the United States of America* 113, núm. 10 (8 de marzo 2016): 2780-2785, doi:10.1073/pnas.1514351113.

32. L. R. Martin, H. S. Friedman y J. E. Schwartz, "Personality and Mortality Risk Across the Life Span: The Importance of Conscientiousness as a Biopsychosocial Attribute", *Health Psychology* 26, núm. 4 (julio de 2007):

428-436, y P. T. Costa Jr. *et al.*, "Personality Facets and All-Cause Mortality Among Medicare Patients Aged 66 to 102 Years: A Follow-On Study of Weiss and Costa (2005)", *Psychosomatic Medicine* 76, núm. 5 (junio de 2014): 370-378, doi:10.1097/PSY.0000000000000070.

33. M. J. Shanahan *et al.*, "Conscientiousness, Health, and Aging: The Life Course of Personality Model", *Developmental Psychology* 50, núm. 5 (mayo de 2014): 1407-1425, doi:10.1037/a0031130.

34. F. Raes, E. Pommier, K. D. Neff y D. Van Gucht, "Construction and Factorial Validation of a Short Form of the Self-Compassion Scale", *Clinical Psychology & Psychotherapy* 18, núm. 3 (mayo-junio de 2011): 250-255, doi:10.1002/cpp.702.

35. J. G. Breines *et al.*, "Self-Compassionate Young Adults Show Lower Salivary Alpha-Amylase Responses to Repeated Psychosocial Stress", *Self Identity* 14, núm. 4 (1° de octubre de 2015): 390-402.

36. A. L. Finlay-Jones, C. S. Rees y R. T. Kane, "Self-Compassion, Emotion Regulation and Stress Among Australian Psychologists: Testing an Emotion Regulation Model of Self-Compassion Using Structural Equation Modeling", *PLOS ONE* 10, núm. 7 (2015): e0133481, doi:10.1371/journal.pone.0133481.

37. Alda *et al.*, *op. cit.*

38. E. A. Hoge *et al.*, "Loving-Kindness Meditation Practice Associated with Longer Telomeres in Women", *Brain, Behavior and Immunity* 32 (agosto de 2013): 159-163, doi:10.1016/j.bbi.2013.04.005.

39. E. Smeets, K. Neff, H. Alberts y M. Peters, "Meeting Suffering with Kindness: Effects of a Brief Self-Compassion Intervention for Female College Students", *Journal of Clinical Psychology* 70, núm. 9 (septiembre de 2014): 794-807, doi:10.1002/jclp.22076, y K. D. Neff y C. K. Germer, "A Pilot Study and Randomized Controlled Trial of the Mindful Self-Compassion Program", *Journal of Clinical Psychology* 69, núm. 1 (enero de 2013): 28-44, doi:10.1002/jclp.21923.

40. Este ejercicio fue adaptado del sitio web del doctor Neff: <http://self-compassion.org/exercise-2-self-compassion-break/>. Para mayor información sobre cómo desarrollar la autocompasión, revisa su libro *Sé amable contigo mismo: el arte de la compasión hacia uno mismo* (Paidós Ibérica, 2016).

41. M. Valenzuela y P. Sachdev, "Can cognitive exercise prevent the onset of dementia? Systematic review of randomized clinical trials with longitudinal follow up", *Am J Geriatr Psychiatry*, 2009, 17(3): 179-187.

Evalúate: ¿Cómo influye tu personalidad en tu forma de responder al estrés?

1. M. F. Scheier, C. S. Carver y M. W. Bridges, "Distinguishing Optimism from Neuroticism (and Trait Anxiety, Self-Mastery, and Self-Esteem): A Reevaluation of the Life Orientation Test", *Journal of Personality and Social Psychology* 67, núm. 6 (diciembre de 1994): 1063-1078.

2. Grant N. Marshall *et al.*, "Distinguishing Optimism from Pessimism: Relations to Fundamental Dimensions of Mood and Personality", *Journal of Personality and Social Psychology* 62.6 (1992): 1067.

3. O'Donovan *et al.*, *op. cit.*, e Ikeda *et al.*, *op. cit.*

4. H. Glaesmer *et al.*, "Psychometric Properties and Population-Based Norms of the Life Orientation Test Revised (LOT-R)", *British Journal of Health Psychology* 17, núm. 2 (mayo de 2012): 432-445, doi:10.1111/j.2044-8287.2011.02046.x.

5. Christopher Eckhardt, Bradley Norlander y Jerry Deffenbacher, "The Assessment of Anger and Hostility: A Critical Review", *Aggression and Violent Behavior* 9, núm. 1 (enero de 2004): 17-43, doi:10.1016/S1359-1789(02)00116-7.

6. Brydon *et al.*, *op. cit.*

7. P. D. Trapnell y J. D. Campbell, "Private Self-Consciousness and the Five-Factor Model of Personality: Distinguishing Rumination from Reflection", *Journal of Personality and Social Psychology* 76, núm. 2 (febrero de 1999) 284-304.

8. *Idem.*, y P. D. Trapnell, "Rumination-Reflection Questionnaire (RRQ) Shortforms", datos no publicados, Universidad de Columbia Británica (1997).

9. *Idem.*

10. O. P. John, E. M. Donahue y R. L. Kentle, *The Big Five Inventory— Versions 4a and 54* (Institute of Personality and Social Research, Universidad de Berkeley, California, 1991). Agradecemos al doctor Oliver John de la Universidad de Berkeley por el permiso para usar esta escala. O. P. John y S. Srivastava, "The Big-Five Trait Taxonomy: History, Measurement, and Theoretical Perspectives", en el *Handbook of Personality: Theory and Research*, ed. L. A. Pervin y O. P. John, 2a. ed. (Nueva York, Guilford Press, 1999): 102-138.

11. R. Sadahiro *et al.*, "Relationship Between Leukocyte Telomere Length and Personality Traits in Healthy Subjects", *European Psychiatry* 30,

núm. 2 (febrero de 2015): 291-295, doi:10.1016/j.eurpsy.2014.03.003, pmid: 24768472.

12. S. Srivastava *et al.*, "Development of Personality in Early and Middle Adulthood: Set Like Plaster or Persistent Change?", *Journal of Personality and Social Psychology* 84, núm. 5 (mayo de 2003): 1041-1053, doi:10.10 37/0022-3514.84.5.1041.

13. C. D. Ryff y C. L. Keyes, "The Structure of Psychological Wellbeing Revisited", *Journal of Personality and Social Psychology* 69, núm. 4 (octubre de 1995): 719-727.

14. M. F. Scheier *et al.*, "The Life Engagement Test: Assessing Purpose in Life", *Journal of Behavioral Medicine* 29, núm. 3 (junio de 2006): 291-298, doi:10.1007/s10865-005-9044-1.

15. E. L. Pearson *et al.*, "Normative Data and Longitudinal Invariance of the Life Engagement Test (LET) in a Community Sample of Older Adults", *Quality of Life Research* 22, núm. 2 (marzo de 2013): 327-331, doi:10.1007/s11136-012-0146-2.

Capítulo seis. Cuando el azul se vuelve gris: depresión y ansiedad

1. H. A. Whiteford *et al.*, "Global Burden of Disease Attributable to Mental and Substance Use Disorders: Findings from the Global Burden of Disease Study 2010", *Lancet* 382, núm. 9904 (9 de noviembre de 2013): 1575-1586, doi:10.1016/S0140-6736(13)61611-6.

2. J. E. Verhoeven *et al.*, "Anxiety Disorders and Accelerated Cellular Ageing", *British Journal of Psychiatry* 206, núm. 5 (mayo de 2015): 371-378.

3. N. Cai *et al.*, "Molecular Signatures of Major Depression", *Current Biology* 25, núm. 9 (4 de mayo de 2015): 1146-1156, doi:10.1016/j.cub.2015.03.008.

4. J. E. Verhoeven *et al.*, "Major Depressive Disorder and Accelerated Cellular Aging: Results from a Large Psychiatric Cohort Study," *Molecular Psychiatry* 19, núm. 8 (agosto de 2014): 895-901, doi:10.1038/mp.2013.151.

5. F. Mamdani *et al.*, "Variable Telomere Length Across Post-Mortem Human Brain Regions and Specific Reduction in the Hippocampus of Major Depressive Disorder", *Translational Psychiatry* 5 (15 de septiembre de 2015): e636, doi:10.1038/tp.2015.134.

6. Q. G. Zhou *et al.*, "Hippocampal Telomerase Is Involved in the Modulation of Depressive Behaviors" *Journal of Neuroscience* 31, núm. 34 (24 de agosto de 2011): 12258-12269, doi:10.1523/JNEUROSCI.0805-11.2011.

7. O. M. Wolkowitz *et al.*, "PBMC Telomerase Activity, but Not Leukocyte Telomere Length, Correlates with Hippocampal Volume in Major Depression", *Psychiatry Research* 232, núm. 1 (30 de abril de 2015): 58-64, doi:10.1016/j.pscychresns.2015.01.007.

8. S. M. Darrow *et al.*, "The Association between Psychiatric Disorders and Telomere Length: A Meta-analysis Involving 14,827 Persons", *Psychosomatic Medicine* 78, núm. 7 (septiembre de 2016): 776-787, doi:10.1097/PSY.0000000000000356.

9. Cai *op. cit.*

10. J. E. Verhoeven *et al.*, "The Association of Early and Recent Psychosocial Life Stress with Leukocyte Telomere Length", *Psychosomatic Medicine* 77, núm. 8 (octubre de 2015): 882-891, doi:10.1097/PSY.0000000000000226.

11. J. E. Verhoeven *et al.*, "Major Depressive Disorder and Accelerated Cellular Aging: Results from a Large Psychiatric Cohort Study", *Molecular Psychiatry* 19, num. 8 (agosto de 2014): 895-901, doi:10.1038/mp.2013.151.

12. *Idem.*

13. Cai *et al.*, *op. cit.*

14. S. J. Eisendrath *et al.*, "A Preliminary Study: Efficacy of Mindfulness-Based Cognitive Therapy Versus Sertraline as First-Line Treatments for Major Depressive Disorder", *Mindfulness* 6, núm. 3 (1° de junio de 2015): 475-482, doi:10.1007/s12671-014-0280-8, y W. Kuyken *et al.*, "The Effectiveness and Cost-Effectiveness of Mindfulness-Based Cognitive Therapy Compared with Maintenance Antidepressant Treatment in the Prevention of Depressive Relapse/Recurrence: Results of a Randomised Controlled Trial (the PREVENT Study)", *Health Technology Assessment* 19, núm. 73 (septiembre de 2015): 1-124, doi:10.3310/hta19730.

15. J. D. Teasdale *et al.*, "Prevention of Relapse/Recurrence in Major Depression by Mindfulness-Based Cognitive Therapy", *Journal of Consulting and Clinical Psychology* 68, núm. 4 (agosto de 2000): 615-623.

16. J. Teasdale, M. Williams y Z. Segal, *The Mindful Way Workbook: An 8-Week Program to Free Yourself from Depression and Emotional Distress* (Nueva York, Guilford Press, 2014).

17. W. Wolfson y E. Epel (2006), "Stress, Post-traumatic Growth, and Leu-kocyte Aging", póster de presentación en la 64 reunión anual de la American Psychosomatic Society, Denver, Colorado, Abstract 1476.

18. Z. Segal, J. M. G. Williams y J. Teasdale, *Terapia cognitiva de la depresión basada en la nueva consciencia plena. Un nuevo abordaje para la prevención de las recaídas* (Desclee de Brouwer, 2006). (La pausa para respirar de tres minutos es parte del programa de TCBCP. Nuestra respiración es una versión modificada.)

19. *Idem.*

20. Z. Bai *et al.*, "Investigating the Effect of Transcendental Meditation on Blood Pressure: A Systematic Review and Meta-analysis", *Journal of Human Hypertension* 29, núm. 11 (noviembre de 2015): 653-662. doi:10.1038/jhh.2015.6, y R. Cernes y R. Zimlichman, "RESPeRATE: The Role of Paced Breathing in Hypertension Treatment", *Journal of the American Society of Hypertension* 9, núm. 1 (enero de 2015): 38-47, doi: 10.1016/j.jash.2014.10.002.

Consejos expertos para la renovación: técnicas para reducir el estrés que mejoran el mantenimiento telomérico

1. N. Morgan, M. R. Irwin, M. Chung y C. Wang, "The Effects of Mind-Body Therapies on the Immune System: Meta-analysis", *PLOS ONE* 9, núm. 7 (2014): e100903, doi:10.1371/journal.pone.0100903.

2. Q. Conklin *et al.*, "Telomere Lengthening After Three Weeks of an Intensive Insight Meditation Retreat", *Psychoneuroendocrinology* 61 (noviembre de 2015): 26-27, doi:10.1016/j.psyneuen.2015.07.462.

3. E. Epel *et al.*, "Meditation and Vacation Effects Impact Disease-Associated Molecular Phenotypes", *Translational Psychiatry* (agosto de 2016): 6, e880, doi:10.1038/tp.2016.164.

4. J. Kabat-Zinn, *Vivir con plenitud de las crisis: cómo utilizar la sabiduría del cuerpo y de la mente para enfrentarnos al estrés, el dolor y la enfermedad* (ed. revisada y actualizada) (Kairos, 2016).

5. C. A. Lengacher *et al.*, "Influence of Mindfulness-Based Stress Reduction (MBSR) on Telomerase Activity in Women with Breast Cancer (BC)", *Biological Research for Nursing* 16, núm. 4 (octubre de 2014): 438-447, doi:10.1177/1099800413519495.

6. L. E. Carlson *et al.*, "Mindfulness-Based Cancer Recovery and Supportive Expressive Therapy Maintain Telomere Length Relative to Controls in

Distressed Breast Cancer Survivors", *Cancer* 121, núm. 3 (1° de febrero de 2015): 476-484, doi:10.1002/cncr.29063.

7. D. S. Black *et al.*, "Yogic Meditation Reverses NF-κB- and IRF-Related Transcriptome Dynamics in Leukocytes of Family Dementia Caregivers in a Randomized Controlled Trial", *Psychoneuroendocrinology* 38, núm. 3 (marzo de 2013): 348-355, doi:10.1016/j.psyneuen.2012.06.011.

8. H. Lavretsky *et al.*, "A Pilot Study of Yogic Meditation for Family Dementia Caregivers with Depressive Symptoms: Effects on Mental Health, Cognition, and Telomerase Activity", *International Journal of Geriatric Psychiatry* 28, núm. 1 (enero de 2013): 57-65, doi:10.1002/gps.3790.

9. L. Desveaux, A. Lee, R. Goldstein y D. Brooks, "Yoga in the Management of Chronic Disease: A Systematic Review and Meta-analysis", *Medical Care* 53, núm. 7 (julio de 2015): 653661, doi:10.1097/MLR.00 00000000000372.

10. L. Hartley *et al.*, "Yoga for the Primary Prevention of Cardiovascular Disease", *Cochrane Database of Systematic Reviews* 5 (13 de mayo de 2014): CD010072, doi:10.1002/14651858.CD010072.pub2.

11. Y. H. Lu, B. Rosner, G. Chang y L. M. Fishman, "Twelve-Minute Daily Yoga Regimen Reverses Osteoporotic Bone Loss", *Topics in Geriatric Rehabilitation* 32, núm. 2 (abril de 2016): 81-87.

12. X. Lu *et al.*, "A Systematic Review and Meta-analysis of the Effects of Qigong and Tai Chi for Depressive Symptoms", *Complementary Therapies in Medicine* 23, núm. 4 (de agosto de 2015): 516-534, doi:10.1016/j. ctim.2015.05.001.

13. M. D. Freire y C. Alves, "Therapeutic Chinese Exercises (Qigong) in the Treatment of Type 2 Diabetes Mellitus: A Systematic Review", *Diabetes & Metabolic Syndrome: Clinical Research & Reviews* 7, núm. 1 (marzo de 2013): 56-59, doi:10.1016/j.dsx.2013.02.009.

14. R. T. H. Ho *et al.*, "A Randomized Controlled Trial of Qigong Exercise on Fatigue Symptoms, Functioning, and Telomerase Activity in Persons with Chronic Fatigue or Chronic Fatigue Syndrome", *Annals of Behavioral Medicine* 44, núm. 2 (octubre de 2012): 160-170, doi:10.1007/ s12160-012-9381-6.

15. D. Ornish *et al.*, "Effect of Comprehensive Lifestyle Changes on Telomerase Activity and Telomere Length in Men with Biopsy-Proven Low-Risk Prostate Cancer: 5-Year Follow-Up of a Descriptive Pilot Study", *Lancet Oncology* 14, núm. 11 (octubre de 2013): 1112-1120, doi:10.1016/ S1470-2045(13)70366-8.

Evalúate: ¿Cuál es la trayectoria de tus telómeros? Factores de protección y riesgo

1. K. Ahola *et al.*, "Work-Related Exhaustion and Telomere Length: A Population-Based Study", *PLOS ONE* 7, núm. 7 (2012): e40186, doi: 10.1371/journal.pone. 0040186.

2. A. K. Damjanovic *et al.*, "Accelerated Telomere Erosion Is Associated with a Declining Immune Function of Caregivers of Alzheimer's Disease Patients", *Journal of Immunology* 179, núm. 6 (15 de septiembre de 2007): 4249-4254.

3. A. T. Geronimus *et al.*, "Race-Ethnicity, Poverty, Urban Stressors, and Telomere Length in a Detroit Community-Based Sample", *Journal of Health and Social Behavior* 56, núm. 2 (junio de 2015): 199-224, doi: 10.1177/0022146515582100.

4. S. M. Darrow *et al.*, "The Association between Psychiatric Disorders and Telomere Length: A Meta-analysis Involving 14,827 Persons", *Psychosomatic Medicine* 78, núm. 7 (septiembre de 2016): 776-787, doi:10.1097/ PSY.0000000000000356, y Lindqvist *et al.*, "Psychiatric Disorders and Leukocyte Telomere Length: Underlying Mechanisms Linking Mental Illness with Cellular Aging", *Neuroscience & Biobehavioral Reviews* 55 (agosto de 2015): 333-364, doi:10.1016/j.neubiorev.2015.05.007.

5. P. H. Mitchell *et al.*, "A Short Social Support Measure for Patients Recovering from Myocardial Infarction: The ENRICHD Social Support Inventory", *Journal of Cardiopulmonary Rehabilitation* 23, núm. 6 (noviembre-diciembre de 2003): 398-403.

6. A. Zalli *et al.*, "Shorter Telomeres with High Telomerase Activity Are Associated with Raised Allostatic Load and Impoverished Psychosocial Resources", *Proceedings of the National Academy of Sciences of the United States of America* 111, núm. 12 (25 de marzo de 2014): 4519-4524, doi:10.1073/pnas.1322145111, y J. E. Carroll, A. V. Diez Roux, A. L. Fitzpatrick y T. Seeman, "Low Social Support Is Associated with Shorter Leukocyte Telomere Length in Late Life: Multi-Ethnic Study of Atherosclerosis", *Psychosomatic Medicine* 75, núm. 2 (febrero de 2013): 171-177, doi:10.1097/PSY.0b013e31828233bf.

7. Carroll *et al.*, *op. cit.*

8. M. Kiernan *et al.*, "The Stanford Leisure-Time Activity Categorical Item (L-Cat): A Single Categorical Item Sensitive to Physical Activity Changes in Overweight/Obese Women", *International Journal of Obesity*

(2005) 37, núm. 12 (diciembre de 2013): 1597-1602, doi:10.1038/ijo.2013.36.

9. E. Puterman *et al.*, "The Power of Exercise: Buffering the Effect of Chronic Stress on Telomere Length", PLOS ONE 5, núm. 5 (2010): e10837, doi:10.1371/journal.pone.0010837, y E. Puterman *et al.*, "Determinants of Telomere Attrition over One Year in Healthy Older Women: Stress and Health Behaviors Matter", *Molecular Psychiatry* 20, núm. 4 (abril de 2015): 529-535, doi:10.1038/mp.2014.70.

10. C. Werner, A. Hecksteden, J. Zundler, M. Boehm, T. Meyer y U. Laufs, "Differential Effects of Aerobic Endurance, Interval and Strength Endurance Training on Telomerase Activity and Senescence Marker Expression in Circulating Mononuclear Cells", *European Heart Journal* 36 (2015) (Abstract Supplement): P2370. Manuscrito en progreso.

11. D. J. Buysse *et al.*, "The Pittsburgh Sleep Quality Index: A New Instrument for Psychiatric Practice and Research", *Psychiatry Research* 28, núm. 2 (mayo de 1989): 193-213.

12. A. A. Prather *et al.*, "Tired Telomeres: Poor Global Sleep Quality, Perceived Stress, and Telomere Length in Immune Cell Subsets in Obese Men and Women", *Brain, Behavior, and Immunity* 47 (julio de 2015): 155-162, doi:10.1016/j.bbi.2014.12.011.

13. R. Farzaneh-Far *et al.*, "Association of Marine Omega-3 Fatty Acid Levels with Telomeric Aging in Patients with Coronary Heart Disease", JAMA 303, núm. 3 (20 de enero de 2010): 250-257, doi:10.1001/jama.2009.2008.

14. J. Y. Lee *et al.*, "Association Between Dietary Patterns in the Remote Past and Telomere Length", *European Journal of Clinical Nutrition* 69, núm. 9 (septiembre de 2015): 1048-1052, doi:10.1038/ejcn.2015.58.

15. J. K. Kiecolt-Glaser *et al.*, "Omega-3 Fatty Acids, Oxidative Stress, and Leukocyte Telomere Length: A Randomized Controlled Trial", *Brain, Behavior, and Immunity* 28 (febrero de 2013): 16-24, doi:10.1016/j.bbi.2012.09.004.

16. Lee, *op. cit.*; C. W. Leung *et al.*, "Soda and Cell Aging: Associations Between Sugar-Sweetened Beverage Consumption and Leukocyte Telomere Length in Healthy Adults from the National Health and Nutrition Examination Surveys", *American Journal of Public Health* 104, núm. 12 (diciembre de 2014): 2425-2431, doi:10.2105/AJPH.2014.302151, y C. Leung *et al.*, "Sugary Beverage and Food Consumption and Leukocyte Telomere Length Maintenance in Pregnant Women", *European Journal of Clinical Nutrition* (junio de 2016): doi:10.1038/ejcn.2016.v93.

17. J. A. Nettleton *et al.*, "Dietary Patterns, Food Groups, and Telomere Length in the Multi-ethnic Study of Atherosclerosis (MESA)", *American Journal of Clinical Nutrition* 88, núm. 5 (noviembre de 2008): 1405-1412.

18. A. M. Valdes *et al.*, "Obesity, Cigarette Smoking, and Telomere Length in Women", *Lancet* 366, núm. 9486 (20-26 de agosto de 2005): 662-664, y M. McGrath *et al.*, "Telomere Length, Cigarette Smoking, and Bladder Cancer Risk in Men and Women", *Cancer Epidemiology, Biomarkers, and Prevention* 16, núm. 4 (abril de 2007): 815-819.

19. V. F. Kahl *et al.*, "Telomere Measurement in Individuals Occupationally Exposed to Pesticide Mixtures in Tobacco Fields", *Environmental and Molecular Mutagenesis* 57, núm. 1 (enero de 2016): 74-84, doi:10.1002/em.21984.

20. S. Pavanello *et al.*, "Shorter Telomere Length in Peripheral Blood Lymphocytes of Workers Exposed to Polycyclic Aromatic Hydrocarbons", *Carcinogenesis* 31, núm. 2 (febrero de 2010): 216-221, doi:10.1093/carcin/bgp278.

21. L. Hou *et al.*, "Air Pollution Exposure and Telomere Length in Highly Exposed Subjects in Beijing, China: A Repeated-Measure Study", *Environment International* 48 (1° de noviembre de 2012): 71-77, doi:10.1016/j.envint.2012.06.020, y M. Hoxha *et al.*, "Association between Leukocyte Telomere Shortening and Exposure to Traffic Pollution: A Cross-Sectional Study on Traffic Officers and Indoor Office Workers", *Environmental Health* 8 (21 de septiembre de 2009): 41, doi:10.1186/1476-069X-8-41.

22. Y. Wu *et al.*, "High Lead Exposure Is Associated with Telomere Length Shortening in Chinese Battery Manufacturing Plant Workers", *Occupational and Environmental Medicine* 69, núm. 8 (agosto de 2012): 557-563, doi:10.1136/oemed-2011-100478.

23. Pavanello *et al.*, *op. cit.*, y P. Bin *et al.*, "Association Between Telomere Length and Occupational Polycyclic Aromatic Hydrocarbons Exposure", *Zhonghua Yu Fang Yi Xue Za Zhi* 44, núm. 6 (junio de 2010): 535-538. (El artículo está en chino.)

Capítulo siete. Entrenando a tus telómeros: ¿cuánto ejercicio es suficiente?

1. K. Najarro *et al.*, "Telomere Length as an Indicator of the Robustness of B- and T-Cell Response to Influenza in Older Adults", *Journal of*

Infectious Diseases 212, núm. 8 (15 de octubre de 2015): 1261-1269, doi:10.1093/infdis/jiv202.

2. R. J. Simpson *et al.*, "Exercise and the Aging Immune System", *Ageing Research Reviews* 11, núm. 3 (julio de 2012): 404-420, doi:10.1016/j. arr.2012.03.003.

3. L. F. Cherkas *et al.*, "The Association between Physical Activity in Leisure Time and Leukocyte Telomere Length", *Archives of Internal Medicine* 168, núm. 2 (28 de enero de 2008): 154-158, doi:10.1001/archinternmed.2007.39.

4. P. D. Loprinzi, "Leisure-Time Screen-Based Sedentary Behavior and Leukocyte Telomere Length: Implications for a New Leisure-Time Screen-Based Sedentary Behavior Mechanism", *Mayo Clinic Proceedings* 90, núm. 6 (junio de 2015): 786-790, doi:10.1016/j.mayocp.2015. 02.018, y P. Sjögren *et al.*, "Stand Up for Health—Avoiding Sedentary Behaviour Might Lengthen Your Telomeres: Secondary Outcomes from a Physical Activity RCT in Older People", *British Journal of Sports Medicine* 48, núm. 19 (octubre de 2014): 1407-1409, doi:10.1136/bjsports-2013-093342.

5. C. Werner *et al.*, "Differential Effects of Aerobic Endurance, Interval and Strength Endurance Training on Telomerase Activity and Senescence Marker Expression in Circulating Mononuclear Cells", *European Heart Journal* 36 (resumen del suplemento) (agosto de 2015): P2370, <http://eurheartj. oxfordjournals.org/content/ehj/36/suppl_1/163.full.pdf>.

6. P. D. Loprinzi, J. P. Loenneke y E. H. Blackburn, "Movement-Based Behaviors and Leukocyte Telomere Length among US Adults", *Medicine and Science in Sports and Exercise* 47, núm. 11 (noviembre de 2015): 2347-2352, doi:10.1249/MSS.0000000000000695.

7. W. L. Chilton *et al.*, "Acute Exercise Leads to Regulation of Telomere-Associated Genes and MicroRNA Expression in Immune Cells", *PLOS ONE* 9, núm. 4 (2014): e92088, doi:10.1371/journal.pone.0092088.

8. J. Denham *et al.*, "Increased Expression of Telomere-Regulating Genes in Endurance Athletes with Long Leukocyte Telomeres", *Journal of Applied Physiology* (1985) 120, núm. 2 (15 de enero de 2016): 148-158, doi:10.1152/japplphysiol.00587.2015.

9. K. S. Rana *et al.*, "Plasma Irisin Levels Predict Telomere Length in Healthy Adults", *Age* 36, núm. 2 (abril de 2014): 995-1001, doi:10.1007/s11357-014-9620-9.

10. F. C. Mooren y K. Krüger, "Exercise, Autophagy, and Apoptosis", *Progress in Molecular Biology and Translational Science* 135 (2015): 407-422, doi:10.1016/bs.pmbts.2015.07.023.

11. D. A. Hood *et al.*, "Exercise and the Regulation of Mitochondrial Turnover", *Progress in Molecular Biology and Translational Science* 135 (2015): 99-127, doi:10.1016/bs.pmbts.2015.07.007.

12. P. D. Loprinzi, "Cardiorespiratory Capacity and Leukocyte Telomere Length Among Adults in the United States", *American Journal of Epidemiology* 182, núm. 3 (1° de agosto de 2015): 198-201, doi:10.1093/aje/kwv056.

13. J. Krauss *et al.*, "Physical Fitness and Telomere Length in Patients with Coronary Heart Disease: Findings from the Heart and Soul Study", *PLOS ONE* 6, núm. 11 (2011): e26983, doi:10.1371/journal.pone.00 26983.

14. J. Denham *et al.*, "Longer Leukocyte Telomeres Are Associated with Ultra-Endurance Exercise Independent of Cardiovascular Risk Factors", *PLOS ONE* 8, núm. 7 (2013): e69377, doi:10.1371/journal.pone.0069 377.

15. Denham *et al.*, *op. cit.*

16. M. K. Laine *et al.*, "Effect of Intensive Exercise in Early Adult Life on Telomere Length in Later Life in Men", *Journal of Sports Science and Medicine* 14, núm. 2 (junio de 2015): 239-245.

17. C. Werner *et al.*, "Physical Exercise Prevents Cellular Senescence in Circulating Leukocytes and in the Vessel Wall", *Circulation* 120, núm. 24 (15 de diciembre de 2009): 2438-2447, doi:10.1161/CIRCULATIONAHA.109.861005.

18. D. Saßenroth *et al.*, "Sports and Exercise at Different Ages and Leukocyte Telomere Length in Later Life—Data from the Berlin Aging Study II (BASE-II)", *PLOS ONE* 10, núm. 12 (2015): e0142131, doi:10.1371/journal.pone.0142131.

19. M. Collins *et al.*, "Athletes with Exercise-Associated Fatigue Have Abnormally Short Muscle DNA Telomeres", *Medicine and Science in Sports and Exercise* 35, núm. 9 (septiembre de 2003): 1524-1528.

20. M. Wichers *et al.*, "A Time-Lagged Momentary Assessment Study on Daily Life Physical Activity and Affect", *Health Psychology* 31, núm. 2 (marzo de 2012): 135-144, doi:10.1037/a0025688.

21. B. Von Haaren *et al.*, "Does a 20-Week Aerobic Exercise Training Programme Increase Our Capabilities to Buffer Real-Life Stressors? A Randomized, Controlled Trial Using Ambulatory Assessment", *European Journal of Applied Physiology* 116, núm. 2 (febrero de 2016): 383-394, doi:10.1007/s00421-015-3284-8.

22. E. Puterman *et al.*, "The Power of Exercise: Buffering the Effect of Chronic Stress on Telomere Length", *PLOS ONE* 5, núm. 5 (2010): e10837, doi:10.1371/journal.pone.0010837.

23. E. Puterman *et al.*, "Multisystem Resiliency Moderates the Major Depression–Telomere Length Association: Findings from the Heart and Soul Study", *Brain, Behavior, and Immunity* 33 (octubre de 2013): 65-73, doi: 10.1016/j.bbi.2013.05.008.

24. Werner *et al.*, *op. cit.*

25. S. Masuki *et al.*, "The Factors Affecting Adherence to a Long-Term Interval Walking Training Program in Middle-Aged and Older People", *Journal of Applied Physiology* (1985) 118, núm. 5 (1° de marzo de 2015): 595-603, doi:10.1152/japplphysiol.00819.2014.

26. Loprinzi, *op. cit.*

Capítulo ocho. Telómeros cansados: del agotamiento a la restauración

1. "Lack of Sleep Is Affecting Americans, Finds the National Sleep Foundation", *National Sleep Foundation*, <https://sleepfoundation.org/media-center/press-relea se/lack-sleep- affecting-americans-finds-the-natio nal-sleep-foundation>, revisado el 29 de septiembre de 2015.

2. J. E. Carroll *et al.*, "Insomnia and Telomere Length in Older Adults", *Sleep* 39, núm. 3 (1° de marzo de 2016): 559-564, doi:10.5665/sleep. 5526.

3. G. Micic *et al.*, "The Etiology of Delayed Sleep Phase Disorder", *Sleep Medicine Reviews* 27 (junio de 2016): 29-38, doi:10.1016/j.smrv.2015. 06.004.

4. U. M. Sachdeva y C. B. Thompson, "Diurnal Rhythms of Autophagy: Implications for Cell Biology and Human Disease", *Autophagy* 4, núm. 5 (julio de 2008): 581-589.

5. E. Van der Helm y M. P. Walker, "Sleep and Emotional Memory Processing", *Journal of Clinical Sleep Medicine* 6, núm. 1 (marzo de 2011): 31-43.

6. P. Meerlo, A. Sgoifo y D. Suchecki, "Restricted and Disrupted Sleep: Effects on Autonomic Function, Neuroendocrine Stress Systems and Stress Responsivity", *Sleep Medicine Reviews* 12, núm. 3 (junio de 2008): 197-210, doi:10.1016/j.smrv.2007.07.007.

7. M. P. Walker, "Sleep, Memory, and Emotion", *Progress in Brain Research* 185 (2010): 49-68, doi:10.1016/B978-0-444-53702-7.00004-X.

8. K. A. Lee *et al.*, "Telomere Length Is Associated with Sleep Duration but Not Sleep Quality in Adults with Human Immunodeficiency Virus", *Sleep* 37, núm. 1 (1° de enero de 2014): 157-166, doi:10.5665/sleep.

3328, y M. R. Cribbet *et al.*, "Cellular Aging and Restorative Processes: Subjective Sleep Quality and Duration Moderate the Association between Age and Telomere Length in a Sample of Middle-Aged and Older Adults", *Sleep* 37, núm. 1 (1° de enero de 2014): 65-70, doi:10.5665/sleep.3308.

9. M. Jackowska *et al.*, "Short Sleep Duration Is Associated with Shorter Telomere Length in Healthy Men: Findings from the Whitehall II Cohort Study", PLOS ONE 7, núm. 10 (2012): e47292, doi:10.1371/journal.pone.0047292.

10. Cribbet *et al., op. cit.*

11. *Idem.*

12. A. A. Prather *et al.*, "Tired Telomeres: Poor Global Sleep Quality, Perceived Stress, and Telomere Length in Immune Cell Subsets in Obese Men and Women", *Brain, Behavior, and Immunity* 47 (julio de 2015): 155-162, doi:10.1016/j.bbi.2014.12.011.

13. W. D. Chen *et al.*, "The Circadian Rhythm Controls Telomeres and Telomerase Activity", *Biochemical and Biophysical Research Communications* 451, núm. 3 (29 de agosto de 2014): 408-414, doi:10.1016/j.bbrc.2014.07.138.

14. J. Ong y D. Sholtes, "A Mindfulness-Based Approach to the Treatment of Insomnia", *Journal of Clinical Psychology* 66, núm. 11 (noviembre de 2010): 1175-1184, doi:10.1002/jclp.20736.

15. J. C. Ong *et al.*, "A Randomized Controlled Trial of Mindfulness Meditation for Chronic Insomnia", *Sleep* 37, núm. 9 (1° de septiembre de 2014): 1553-1563B, doi:10.5665/sleep.4010.

16. A. M. Chang, D. Aeschbach, J. F. Duffy y C. A. Czeisler, "Evening Use of Light-Emitting eReaders Negatively Affects Sleep, Circadian Timing, and Next-Morning Alertness", *Proceedings of the National Academy of Sciences of the United States of America* 112, núm. 4 (enero de 2015): 1232-1237, doi:10.1073/pnas.1418490112.

17. T. T. Dang-Vu *et al.*, "Spontaneous Brain Rhythms Predict Sleep Stability in the Face of Noise", *Current Biology* 20, núm. 15 (10 de agosto de 2010): R626-R627, doi:10.1016/j.cub.2010.06.032.

18. B. Griefhan, P. Bröde, A. Marks y M. Basner, "Autonomic Arousals Related to Traffic Noise During Sleep", *Sleep* 31, núm. 4 (abril de 2008): 569-577.

19. K. Savolainen *et al.*, "The History of Sleep Apnea Is Associated with Shorter Leukocyte Telomere Length: The Helsinki Birth Cohort Study", *Sleep Medicine* 15, núm. 2 (febrero de 2014): 209-12, doi:10.1016/j.sleep.2013.11.779.

20. H. M. Salihu *et al.*, "Association Between Maternal Symptoms of Sleep Disordered Breathing and Fetal Telomere Length", *Sleep* 38, núm. 4 (1° de abril de 2015): 559-66,doi:10.5665/sleep.4570.

21. C. Shin, C. H. Yun, D. W. Yoon e I. Baik, "Association Between Snoring and Leukocyte Telomere Length", *Sleep* 39, núm. 4 (1° de abril de 2016): 767-772, doi:10.5665/sleep.5624.

Capítulo nueve. El peso de los telómeros: un metabolismo saludable

1. E. Mundstock *et al.*, "Effect of Obesity on Telomere Length: Systematic Review and Meta-analysis", *Obesity (Silver Spring)* 23, núm. 11 (noviembre de 2015): 2165-2174, doi:10.1002/oby.21183.

2. O. Bosello, M. P. Donataccio y M. Cuzzolaro, "Obesity or Obesities? Controversies on the Association Between Body Mass Index and Premature Mortality", *Eating and Weight Disorders* 21, núm. 2 (junio de 2016): 165-74, doi:10.1007/s40519-016-0278-4.

3. R. Farzaneh-Far *et al.*, "Telomere Length Trajectory and Its Determinants in Persons with Coronary Artery Disease: Longitudinal Findings from the Heart and Soul Study", *PLOS ONE* 5, núm. 1 (enero de 2010): e8612, doi:10.1371/journal.pone.0008612.

4. "IDF Diabetes Atlas, Sixth Edition", *International Diabetes Federation*, <http://www.idf.org/atlasmap/atlasmap?indicator=i1&date=2014>, revisado el 16 de septiembre de 2015.

5. Farzaneh-Far *et al.*, *op. cit.*

6. S. Verhulst *et al.*, "A Short Leucocyte Telomere Length Is Associated with Development of Insulin Resistance", *Diabetologia* 59, núm. 6 (junio de 2016): 1258-1265, doi:10.1007/s00125-016-3915-6.

7. J. Zhao *et al.*, "Short Leukocyte Telomere Length Predicts Risk of Diabetes in American Indians: The Strong Heart Family Study", *Diabetes* 63, núm. 1 (enero de 2014): 354-362, doi:10.2337/db13-0744.

8. P. Willeit *et al.*, "Leucocyte Telomere Length and Risk of Type 2 Diabetes Mellitus: New Prospective Cohort Study and Literature-Based Meta-analysis", *PLOS ONE* 9, núm. 11 (2014): e112483, doi:10.1371/journal.pone.0112483.

9. N. Guo *et al.*, "Short Telomeres Compromise β-Cell Signaling and Survival", *PLOS ONE* 6, núm. 3 (2011): e17858, doi:10.1371/journal.pone.0017858.

10. C. Formichi *et al.*, "Weight Loss Associated with Bariatric Surgery Does Not Restore Short Telomere Length of Severe Obese Patients after 1 Year", *Obesity Surgery* 24, núm. 12 (diciembre de 2014): 2089-2093, doi:10.1007/s11695-014-1300-4.

11. J. P. Gardner *et al.*, "Rise in Insulin Resistance is Associated with Escalated Telomere Attrition", *Circulation* 111, núm. 17 (3 de mayo de 2005): 2171-2177.

12. Erin Fothergill, Juen Guo, Lilian Howard, Jennifer C. Kerns, Nicolas D. Knuth, Robert Brychta, Kong Y. Chen, *et al.*, "Persistent Metabolic Adaptation Six Years after The Biggest Loser Competition", *Obesity* (Silver Spring, Md.), 2 de mayo de 2016, doi:10.1002/oby.21538.

13. S. Kim *et al.*, "Obesity and Weight Gain in Adulthood and Telomere Length", *Cancer Epidemiology, Biomarkers & Prevention* 18, núm. 3 (marzo de 2009): 816-820, doi:10.1158/1055-9965.EPI-08-0935.

14. P. Cottone *et al.*, "CRF System Recruitment Mediates Dark Side of Compulsive Eating", *Proceedings of the National Academy of Sciences of the United States of America* 106, núm. 47 (noviembre de 2009): 20016-20020, doi:0.1073/pnas.0908789106.

15. A. J. Tomiyama *et al.*, "Low Calorie Dieting Increases Cortisol", *Psychosomatic Medicine* 72, núm. 4 (mayo de 2010): 357-364, doi:10.1097/PSY.0b013e3181d9523c.

16. A. Kiefer, J. Lin, E. Blackburn y E. Epel, "Dietary Restraint and Telomere Length in Pre- and Post-Menopausal Women", *Psychosomatic Medicine* 70, núm. 8 (octubre de 2008): 845-849, doi:10.1097/PSY.0b013e318 187d05e.

17. F. B. Hu, "Resolved: There Is Sufficient Scientific Evidence That Decreasing Sugar-Sweetened Beverage Consumption Will Reduce the Prevalence of Obesity and Obesity-Related Diseases", *Obesity Reviews* 14, núm. 8 (agosto de 2013): 606-619, doi:10.1111/obr.12040, y Q. Yang *et al.*, "Added Sugar Intake and Cardiovascular Diseases Mortality Among U.S. Adults", *JAMA Internal Medicine* 174, núm. 4 (abril de 2014): 516-524, doi:10.1001/jamainternmed.2013.13563.

18. E. M. Schulte, N. M. Avena y A. N. Gearhardt, "Which Foods May Be Addictive? The Roles of Processing, Fat Content, and Glycemic Load", *PLOS ONE* 10, núm. 2 (18 de febrero de 2015): e0117959, doi:10.1371/journal.pone.0117959.

19. R. H. Lustig *et al.*, "Isocaloric Fructose Restriction and Metabolic Improvement in Children with Obesity and Metabolic Syndrome", *Obesity* 2 (24 de febrero de 2016): 453-460, doi:10.1002/oby.21371, epub 26 de octubre de 2015.

20. A. C. Incollingo Belsky, E. S. Epel y A. J. Tomiyama, "Clues to Maintaining Calorie Restriction? Psychosocial Profiles of Successful Long-Term Restrictors", *Appetite* 79 (agosto de 2014): 106-112, doi:10.1016/j.appet.2014.04.006.

21. C. Wang *et al.*, "Adult-Onset, Short-Term Dietary Restriction Reduces Cell Senescence in Mice", *Aging* 2, núm. 9 (septiembre de 2010): 555-566.

22. J. Daubenmier *et al.*, "Changes in Stress, Eating, and Metabolic Factors Are Related to Changes in Telomerase Activity in a Randomized Mindfulness Intervention Pilot Study", *Psychoneuroendocrinology* 37, núm. 7 (julio de 2012): 917-928, doi:10.1016/j.psyneuen.2011.10.008.

23. A. E. Mason *et al.*, "Effects of a Mindfulness-Based Intervention on Mindful Eating, Sweets Consumption, and Fasting Glucose Levels in Obese Adults: Data from the SHINE Randomized Controlled Trial", *Journal of Behavioral Medicine* 39, núm. 2 (abril de 2016): 201-213, doi:10.1007/s10865-015-9692-8.

24. J. Kristeller y A. Bowman, *The Joy of Half a Cookie: Using Mindfulness to Lose Weight and End the Struggle with Food* (Nueva York, Perigee, 2015). También revisa: <www.mindfuleatingtraining.com> y <www.mb-eat.com>.

Capítulo diez. La comida y los telómeros: comer para una salud celular óptima

1. D. Jurk *et al.*, "Chronic Inflammation Induces Telomere Dysfunction and Accelerates Ageing in Mice", *Nature Communications* 2 (24 de junio de 2104): 4172, doi:10.1038/ncomms5172.

2. "What You Eat Can Fuel or Cool Inflammation, A Key Driver of Heart Disease, Diabetes, and Other Chronic Conditions", Harvard Medical School, Harvard Health Publications, <http://www.health.harvard.edu/family_health_guide/what-you-eat-can-fuel-or-cool-inflammation-a-key-driver-of-heart-disease-diabetes-and-other-chronic-conditions>, revisado el 27 de noviembre de 2015.

3. M. Weischer, S. E. Bojesen y B. G. Nordestgaard, "Telomere Shortening Unrelated to Smoking, Body Weight, Physical Activity, and Alcohol Intake: 4,576 General Population Individuals with Repeat Measurements 10 Years Apart", *PLOS Genetics* 10, núm. 3 (13 de marzo de 2014): e1004191, doi:10.1371/journal.pgen.1004191, y S. Pavanello *et al.*, "Shortened Telomeres in Individuals with Abuse in Alcohol Consump-

tion," *International Journal of Cancer* 129, núm. 4 (15 de agosto de 2011): 983-992, doi:10.1002/ijc.25999.

4. A. Cassidy *et al.*, "Higher Dietary Anthocyanin and Flavonol Intakes Are Associated with Anti-inflammatory Effects in a Population of U.S. Adults", *American Journal of Clinical Nutrition* 102, núm. 1 (julio de 2015): 172-181, doi:10.3945/ajcn.115.108555.

5. R. Farzaneh-Far *et al.*, "Association of Marine Omega-3 Fatty Acid Levels with Telomeric Aging in Patients with Coronary Heart Disease", *JAMA* 303, núm. 3 (20 de enero de 2010): 250-257, doi:10.1001/jama.2009.2008.

6. S. Goglin *et al.*, "Leukocyte Telomere Shortening and Mortality in Patients with Stable Coronary Heart Disease from the Heart and Soul Study", *PLOS ONE* (2016), en impresión.

7. Farzaneh-Far *et al.*, *op. cit.*

8. J. K. Kiecolt-Glaser *et al.*, "Omega-3 Fatty Acids, Oxidative Stress, and Leukocyte Telomere Length: A Randomized Controlled Trial", *Brain, Behavior, and Immunity* 28 (febrero de 2013): 16-24, doi:10.1016/j.bbi.2012.09.004.

9. D. A. Glei *et al.*, "Shorter Ends, Faster End? Leukocyte Telomere Length and Mortality Among Older Taiwanese", *Journals of Gerontology, Series A: Biological Sciences and Medical Sciences* 70, núm. 12 (diciembre de 2015): 1490-1498, doi:10.1093/gerona/glu191.

10. B. Debreceni y L. Debreceni, "The Role of Homocysteine-Lowering B-Vitamins in the Primary Prevention of Cardiovascular Disease", *Cardiovascular Therapeutics* 32, núm. 3 (junio de 2014): 130-138, doi:10.1111/1755-5922.12064.

11. S. Kawanishi y S. Oikawa, "Mechanism of Telomere Shortening by Oxidative Stress", *Annals of the New York Academy of Sciences* 1019 (junio de 2004): 278-284.

12. J. Haendeler *et al.*, "Hydrogen Peroxide Triggers Nuclear Export of Telomerase Reverse Transcriptase via Src Kinase Familiy-Dependent Phosphorylation of Tyrosine 707", *Molecular and Cellular Biology* 23, núm. 13 (julio de 2003): 4598-4610.

13. C. Adelfalk *et al.*, "Accelerated Telomere Shortening in Fanconi Anemia Fibroblasts—a Longitudinal Study", *FEBS Letters* 506, núm. 1 (28 de septiembre de 2001): 22-26.

14. Q. Xu *et al.*, "Multivitamin Use and Telomere Length in Women", *American Journal of Clinical Nutrition* 89, núm. 6 (junio de 2009): 1857-1863, doi:10.3945/ajcn.2008.26986, epub 11 de marzo de 2009.

15. L. Paul *et al.*, "High Plasma Folate Is Negatively Associated with Leukocyte Telomere Length in Framingham Offspring Cohort", *European Journal of Nutrition* 54, núm. 2 (marzo de 2015): 235-241, doi:10.1007/s00394-014-0704-1.

16. J. Wojcicki *et al.*, "Early Exclusive Breastfeeding Is Associated with Longer Telomeres in Latino Preschool Children", *American Journal of Clinical Nutrition* (20 de julio de 2016), doi:10.3945/ajcn.115.115428.

17. C. W. Leung *et al.*, "Soda and Cell Aging: Associations between Sugar-Sweetened Beverage Consumption and Leukocyte Telomere Length in Healthy Adults from the National Health and Nutrition Examination Surveys", *American Journal of Public Health* 104, núm. 12 (diciembre de 2014): 2425-2431, doi:10.2105/AJPH.2014.302151.

18. Wojcicki *et al.*, *op. cit.*

19. "Peppermint Mocha", Starbucks, <http://www.starbucks.com/menu/drinks/espresso/peppermint-mocha#size=179560&milk=63&whip=125>, revisado el 29 de septiembre de 2015.

20. Stefan Pilz, Martin Grübler, Martin Gaksch, Verena Schwetz, Christian Trummer, Bríain Ó Hartaigh, Nicolas Verheyen, Andreas Tomaschitz y Winfried März, "Vitamin D and Mortality", *Anticancer Research* 36, núm. 3 (marzo de 2016): 1379-1387.

21. Zhu *et al.*, "Increased Telomerase Activity and Vitamin D Supplementation in Overweight African Americans", *International Journal of Obesity* (junio de 2012): 805-809, doi:10.1038/ijo.2011.197.

22. V. Boccardi *et al.*, "Mediterranean Diet, Telomere Maintenance and Health Status Among Elderly", *PLOS ONE* 8, núm. 4 (30 de abril de 2013): e62781, doi:10.1371/journal.pone.0062781.

23. J. Y. Lee *et al.*, "Association Between Dietary Patterns in the Remote Past and Telomere Length", *European Journal of Clinical Nutrition* 69, núm. 9 (septiembre de 2015): 1048-1052, doi:10.1038/ejcn.2015.58.

24. *Idem.*

25. "IARC Monographs Evaluate Consumption of Red Meat and Processed Meat", *World Health Organization, International Agency for Research on Cancer*, comunicado, 26 de octubre de 2015, <https://www.iarc.fr/en/media-centre/pr/2015/pdfs/pr240_E.pdf>.

26. J. A. Nettleton *et al.*, "Dietary Patterns, Food Groups, and Telomere Length in the Multi-Ethnic Study of Atherosclerosis (MESA)", *American Journal of Clinical Nutrition* 88, núm. 5 (noviembre de 2008): 1405-1412.

27. R. Cardin *et al.*, "Effects of Coffee Consumption in Chronic Hepatitis C: A Randomized Controlled Trial", *Digestive and Liver Disease* 45, núm. 6 (junio de 2013): 499-504, doi:10.1016/j.dld.2012.10.021.

28. J. J. Liu, M. Crous-Bou, E. Giovannucci e I. De Vivo, "Coffee Consumption Is Positively Associated with Longer Leukocyte Telomere Length", en el Nurses' Health Study, *Journal of Nutrition* 146, núm. 7 (julio de 2016): 1373-1378, doi:10.3945/jn.116.230490, epub, 8 de junio de 2016.

29. J. Y. Lee *et al.*, *op. cit.*, y Nettleton *et al.*, *op. cit.*

30. S. García-Calzón *et al.*, "Telomere Length as a Biomarker for Adiposity Changes after a Multidisciplinary Intervention in Overweight/Obese Adolescents: The EVASYON Study", *PLOS ONE* 9, núm. 2 (24 de febrero de 2014): e89828, doi:10.1371/journal.pone.0089828.

31. Lee *et al.*, *op. cit.*

32. Leung *et al.*, *op. cit.*

33. A. M. Tiainen *et al.*, "Leukocyte Telomere Length and Its Relation to Food and Nutrient Intake in an Elderly Population", *European Journal of Clinical Nutrition* 66, núm. 12 (diciembre de 2012): 1290-1294, doi: 10.1038/ejcn.2012.143.

34. A. Cassidy *et al.*, "Associations Between Diet, Lifestyle Factors, and Telomere Length in Women", *American Journal of Clinical Nutrition* 91, núm. 5 (mayo de 2010): 1273-1280, doi:10.3945/ajcn.2009.28947.

35. Pavanello, *et al.*, *op. cit.*

36. Cassidy *et al.*, *op. cit.*

37. Tiainen *et al.*, *op. cit.*

38. Lee *et al.*, *op. cit.*

39. *Idem.*

40. *Idem.*

41. Farzaneh-Far *et al.*, *op. cit.*

42. García-Calzón *et al.*, *op. cit.*

43. Liu *et al.*, *op. cit.*

44. L. Paul, "Diet, Nutrition and Telomere Length", *Journal of Nutritional Biochemistry* 22, núm. 10 (octubre de 2011): 895-901, doi:10.1016/j.jnutbio.2010.12.001.

45. J. B. Richards *et al.*, "Higher Serum Vitamin D Concentrations Are Associated with Longer Leukocyte Telomere Length in Women", *American Journal of Clinical Nutrition* 86, núm. 5 (noviembre de 2007): 1420-1425.

46. Xu *et al.*, *op. cit.*

47. Paul *et al.*, *op. cit.* (Este estudio también descubrió que el uso de las vitaminas se asocia con telómeros más cortos).

48. J. O'Neill, T. O. Daniel y L. H. Epstein, "Episodic Future Thinking Reduces Eating in a Food Court", *Eating Behaviors* 20 (enero de 2016): 9-13, doi:10.1016/j.eatbeh.2015.10.002.

Consejos expertos para la renovación. Sugerencias basadas en la ciencia para hacer cambios duraderos

1. E. I. Vasilaki, S. G. Hosier y W. M. Cox, "The Efficacy of Motivational Interviewing as a Brief Intervention for Excessive Drinking: A Meta-analytic Review", *Alcohol and Alcoholism* 41, núm. 3 (mayo de 2006): 328-335, doi:10.1093/alcalc/agl016, y N. Lindson-Hawley, T. P. Thompson y R. Begh, "Motivational Interviewing for Smoking Cessation", *Cochrane Database of Systematic Reviews* 3 (2 de marzo de 2015): CD006936, doi:10.1002/14651858.CD006936.pub3.

2. K. M. Sheldon, A. Gunz, C. P. Nichols y Y. Ferguson, "Extrinsic Value Orientation and Affective Forecasting: Overestimating the Rewards, Underestimating the Costs", *Journal of Personality* 78, núm. 1 (febrero de 2010): 149-78, doi:10.1111/j.1467-6494.2009.00612.x; T. Kasser y R. M. Ryan, "Further Examining the American Dream: Differential Correlates of Intrinsic and Extrinsic Goals", *Personality and Social Psychology*, boletín 22, núm. 3 (marzo de 1996): 280-287, doi:10.1177/0146167296223006, y J. Y. Ng *et al.*, "Self-Determination Theory Applied to Health Contexts: A Meta-analysis", *Perspectives on Psychological Science: A Journal of the Association for Psychological Science* 7, núm. 4 (julio de 2012): 325-340, doi:10.1177/1745691612447309.

3. G. O. Ogedegbe *et al.*, "A Randomized Controlled Trial of Positive-Affect Intervention and Medication Adherence in Hypertensive African Americans", *Archives of Internal Medicine* 172, núm. 4 (27 de febrero de 2012): 322-326, doi:10.1001/archinternmed.2011.1307.

4. A. Bandura, "Self-Efficacy: Toward a Unifying Theory of Behavioral Change", *Psychological Review* 84, núm. 2 (marzo de 1977): 191-215.

5. B. J. Fogg ilustra sugerencias para hacer pequeños cambios en "Forget Big Change, Start with a Tiny Habit: BJ Fogg at TEDxFremont", YouTube, <https://www.youtube.com/watch?v=AdKU Jxjn-R8>.

6. R. F. Baumeister, "Self-Regulation, Ego Depletion, and Inhibition", *Neuropsychologia* 65 (diciembre de 2014): 313-319, doi:10.1016/j.neuropsycho logia.2014.08.012.

Capítulo once. Lugares y rostros que ayudan a nuestros telómeros

1. B. L. Needham *et al.*, "Neighborhood Characteristics and Leukocyte Telomere Length: The Multi-ethnic Study of Atherosclerosis", *Health & Place* 28 (julio de 2014): 167-172, doi:10.1016/j.healthplace.2014.04. 009.

2. A. T. Geronimus *et al.*, "Race-Ethnicity, Poverty, Urban Stressors, and Telomere Length in a Detroit Community-Based Sample", *Journal of Health and Social Behavior* 56, núm. 2 (junio de 2015): 199-224, doi: 10.1177/0022146515582100.

3. M. Park *et al.*, "Where You Live May Make You Old: The Association Between Perceived Poor Neighborhood Quality and Leukocyte Telomere Length", *PLOS ONE* 10, núm. 6 (17 de junio de 2015): e0128460, doi:10.1371/journal.pone.0128460.

4. *Idem.*

5. F. Lederbogen *et al.*, "City Living and Urban Upbringing Affect Neural Social Stress Processing in Humans", *Nature* 474, núm. 7352 (22 de junio de 2011): 498-501, doi:10.1038/nature10190.

6. Park *et al.*, *op. cit.*

7. A. S. DeSantis *et al.*, "Associations of Neighborhood Characteristics with Sleep Timing and Quality: The Multi-ethnic Study of Atherosclerosis", *Sleep* 36, núm. 10 (1° de octubre de 2013): 1543-1551, doi:10.5665/ sleep.3054.

8. K. P. Theall *et al.*, "Neighborhood Disorder and Telomeres: Connecting Children's Exposure to Community Level Stress and Cellular Response", *Social Science & Medicine* (1982) 85 (mayo de 2013): 50-58, doi:10. 1016/j.socscimed.2013.02.030.

9. J. Woo *et al.*, "Green Space, Psychological Restoration, and Telomere Length", *Lancet* 373, núm. 9660 (24 de enero de 2009): 299-300, doi: 10.1016/S0140-6736(09)60094-5.

10. J. J. Roe *et al.*, "Green Space and Stress: Evidence from Cortisol Measures in Deprived Urban Communities", *International Journal of Environmental Research and Public Health* 10, núm. 9 (septiembre de 2013): 4086-4103, doi:10.3390/ijerph10094086.

11. R. Mitchell y F. Popham, "Effect of Exposure to Natural Environment on Health Inequalities: An Observational Population Study", *Lancet* 372, núm. 9650 (8 de noviembre de 2008): 1655-1660, doi:10.1016/ S0140-6736(08)61689-X.

12. Theall *et al.*, *op. cit.*
13. T. Robertson *et al.*, "Is Socioeconomic Status Associated with Biological Aging as Measured by Telomere Length?", *Epidemiologic Reviews* 35 (2013): 98-111, doi:10.1093/epirev/mxs001.
14. N. E. Adler *et al.*, "Socioeconomic Status and Health: The Challenge of the Gradient", *American Psychologist* 49, núm. 1 (enero de 1994): 15-24.
15. L. F. Cherkas *et al.*, "The Effects of Social Status on Biological Aging as Measured by White-Blood-Cell Telomere Length", *Aging Cell* 5, núm. 5 (octubre de 2006): 361-365, doi:10.1111/j.1474-9726.2006.00222.x.
16. "Canary Used for Testing for Carbon Monoxide", *Center for Construction Research and Training, Electronic Library of Construction Occupational Safety & Health*, <http://elcosh.org/video/3801/a000096/canary-used-for-testing-for-carbon-monoxide.html>.
17. L. Hou *et al.*, "Lifetime Pesticide Use and Telomere Shortening Among Male Pesticide Applicators in the Agricultural Health Study", *Environmental Health Perspectives* 121, núm. 8 (agosto de 2013): 919-924, doi: 10.1289/ehp.1206432.
18. V. F. Kahl *et al.*, "Telomere Measurement in Individuals Occupationally Exposed to Pesticide Mixtures in Tobacco Fields", *Environmental and Molecular Mutagenesis* 57, núm. 1 (enero de 2016), doi:10.1002/em.21 984.
19. *Idem.*
20. A. R. Zota *et al.*, "Associations of Cadmium and Lead Exposure with Leukocyte Telomere Length: Findings from National Health and Nutrition Examination Survey, 1999-2002", *American Journal of Epidemiology* 181, núm. 2 (15 de enero de 2015): 127-136, doi:10.1093/aje/kwu293.
21. "Toxicological Profile for Cadmium", Departamento de Salud y Servicios Humanos de Estados Unidos, Public Health Service, Agency for Toxic Substances and Disease Registry (Atlanta, Ga., septiembre de 2012), <http://www.atsdr.cdc.gov/toxprofiles/tp5.pdf>.
22. S. Lin *et al.*, "Short Placental Telomere Was Associated with Cadmium Pollution in an Electronic Waste Recycling Town in China", *PLOS ONE* 8, núm. 4 (2013): e60815, doi:10.1371/journal.pone.0060815.
23. Zota *et al.*, *op. cit.*
24. Y. Wu *et al.*, "High Lead Exposure Is Associated with Telomere Length Shortening in Chinese Battery Manufacturing Plant Workers", *Occupational and Environmental Medicine* 69, núm. 8 (agosto de 2012): 557-563, doi:10.1136/oemed-2011-100478.
25. *Idem.*

26. N. Pawlas *et al.*, "Telomere Length in Children Environmentally Expuesto to Low-to-Moderate Levels of Lead", *Toxicology and Applied Pharmacology* 287, núm. 2 (1° de septiembre de 2015): 111-118, doi:10.1016/j. taap.2015.05.005.

27. M. Hoxha *et al.*, "Association Between Leukocyte Telomere Shortening and Exposure to Traffic Pollution: A Cross-Sectional Study on Traffic Officers and Indoor Office Workers", *Environmental Health* 8 (2009): 41, doi:10.1186/1476-069X-8-41; X. S. Zhang, S. Lin, W. E. Funk y L. Hou, "Environmental and Occupational Exposure to Chemicals and Telomere Length in Human Studies", *Postgraduate Medical Journal* 89, núm. 1058 (diciembre de 2013): 722-728, doi:10.1136/postgradmedj-2012-101350rep, y S. D. Mitro, L. S. Birnbaum, B. L. Needham y A. R. Zota, "Cross-Sectional Associations Between Exposure to Persistent Organic Pollutants and Leukocyte Telomere Length Among U.S. Adults in NHANES, 2001-2002", *Environmental Health Perspectives* 124, núm. 5 (mayo 2016): 651-658, doi:10.1289/ehp.1510187.

28. E. Bijnens *et al.*, "Lower Placental Telomere Length May Be Attributed to Maternal Residental Traffic Exposure; A Twin Study", *Environment International* 79 (junio de 2015): 1-7, doi:0.1016/j.envint.2015.02. 008.

29. D. Ferrario *et al.*, "Arsenic Induces Telomerase Expression and Maintains Telomere Length in Human Cord Blood Cells", *Toxicology* 260, núms. 1-3 (16 de junio de 2009): 132-141, doi:10.1016/j.tox.2009.03.019; L. Hou *et al.*, "Air Pollution Exposure and Telomere Length in Highly Exposed Subjects in Beijing, China: A Repeated-Measure Study", *Environment International* 48 (1° de noviembre de 2012): 71-77, doi: 10.1016/j.envint.2012.06.020; Zhang *et al.*, "Environmental and Occupational Exposure to Chemicals and Telomere Length in Human Studies"; B. A. Bassig *et al.*, "Alterations in Leukocyte Telomere Length in Workers Occupationally Exposed to Benzene", *Environmental and Molecular Mutagenesis* 55, núm. 8 (2014): 673-678, doi:10.1002/em.218 80, y H. Li, K. Engström, M. Vahter y K. Broberg, "Arsenic Exposure Through Drinking Water Is Associated with Longer Telomeres in Peripheral Blood", *Chemical Research in Toxicology* 25, núm. 11 (19 de noviembre de 2012): 2333-2339, doi:10.1021/tx300222t.

30. Sociedad Americana contra el Cáncer, AACR *Cancer Progress Report 2014: Transforming Lives Through Cancer Research*, 2014, <http://cancerpro gressreport.org/2014/Documents/AACR_CPR_2014.pdf>, revisado el 21 de octubre de 2015.

31. "Cancer Fact Sheet No. 297", World Health Organization, febrero de 2015, <http://www.who.int/mediacentre/factsheets/fs297/en/>, revisado el 21 de octubre de 2015.

32. J. S. House, K. R. Landis y D. Umberson, "Social Relationships and Health", *Science* 241, núm. 4865 (29 de julio de 1988): 540-545; L. F. Berkman y S. L. Syme, "Social Networks, Host Resistance, and Mortality: A Nine-Year Follow-up Study of Alameda County Residents", *American Journal of Epidemiology* 109, núm. 2 (febrero de 1979): 186-204, y J. Holt-Lunstad, T. B. Smith, M. B. Baker, T. Harris y D. Stephenson, "Loneliness and Social Isolation as Risk Factors for Mortality: A Meta-analytic Review", *Perspectives on Psychological Science: A Journal of the Association for Psychological Science* 10, núm. 2 (marzo de 2015): 227-237, doi:10.1177/1745691614568352.

33. G. L. Hermes *et al.*, "Social Isolation Dysregulates Endocrine and Behavioral Stress While Increasing Malignant Burden of Spontaneous Mammary Tumors", *Proceedings of the National Academy of Sciences of the United States of America* 106, núm. 52 (29 de diciembre de 2009): 22393-22398, doi:10.1073/pnas.0910753106.

34. D. Aydinonat *et al.*, "Social Isolation Shortens Telomeres in African Grey Parrots (Psittacus erithacus erithacus)", *PLOS ONE* 9, núm. 4 (2014):e938 39, doi:10.1371/journal.pone.0093839.

35. J. E. Carroll, A. V. Diez Roux, A. L. Fitzpatrick y T. Seeman, "Low Social Support Is Associated with Shorter Leukocyte Telomere Length in Late Life: Multi-ethnic Study of Atherosclerosis", *Psychosomatic Medicine* 75, núm. 2 (febrero de 2013): 171-177, doi:10.1097/PSY.0b013e31828 233bf.

36. B. N. Uchino *et al.*, "The Strength of Family Ties: Perceptions of Network Relationship Quality and Levels of C-Reactive Proteins in the North Texas Heart Study", *Annals of Behavioral Medicine* 49, núm. 5 (octubre de 2015): 776-781, doi:10.1007/s12160-015-9699-y.

37. B. N. Uchino *et al.*, "Social Relationships and Health: Is Feeling Positive, Negative, or Both (Ambivalent) About Your Social Ties Related to Telomeres?", *Health Psychology* 31, núm. 6 (noviembre de 2012): 789-796, doi:10.1037/a0026836.

38. T. F. Robles, R. B. Slatcher, J. M. Trombello y M. M. McGinn, "Marital Quality and Health: A Meta-analytic Review", *Psychological Bulletin* 140, núm. 1 (enero de 2014): 140-187, doi:10.1037/a0031859.

39. *Idem.*

40. A. G. Mainous *et al.*, "Leukocyte Telomere Length and Marital Status among Middle-Aged Adults", *Age and Ageing* 40, núm. 1 (enero de

2011): 73-78, doi:10.1093/ageing/afq118, e Y. Yen y F. Lung, "Older Adults with Higher Income or Marriage Have Longer Telomeres", *Age and Ageing* 42, núm. 2 (marzo de 2013): 234-239, doi:10.1093/ageing/afs122.

41. L. Broer, V. Codd, D. R. Nyholt, *et al.*, "Meta-Analysis of Telomere Length in 19,713 Subjects Reveals High Heritability, Stronger Maternal Inheritance and a Paternal Age Effect", *European Journal of Human Genetics: EJHG* 21, núm. 10 (octubre de 2013): 1163-1168, doi:10.1038/ejhg.2012.303.

42. D. Herbenick *et al.*, "Sexual Behavior in the United States: Results from a National Probability Sample of Men and Women Ages 14-94", *Journal of Sexual Medicine* 7, supl. 5 (7 de octubre de 2010): 255-265, doi:10.1111/j.1743-6109.2010.02012.x.

43. D. E. Saxbe *et al.*, "Cortisol Covariation within Parents of Young Children: Moderation by Relationship Aggression", *Psychoneuroendocrinology* 62 (diciembre de 2015): 121-128, doi:10.1016/j.psyneuen.2015.08.006.

44. S. Liu, M. J. Rovine, L. C. Klein y D. M. Almeida, "Synchrony of Diurnal Cortisol Pattern in Couples", *Journal of Family Psychology* 27, núm. 4 (agosto de 2013): 579-588, doi:10.1037/a0033735.

45. J. L. Helm, D. A. Sbarra y E. Ferrer, "Coregulation of Respiratory Sinus Arrhythmia in Adult Romantic Partners", *Emotion* 14, núm. 3 (junio de 2014): 522-31, doi:10.1037/a0035960.

46. T. Hack, S. A. Goodwin y S. T. Fiske, "Warmth Trumps Competence in Evaluations of Both Ingroup and Outgroup", *International Journal of Science, Commerce and Humanities* 1, núm. 6 (septiembre de 2013): 99-105.

47. T. Parrish, "How Hate Took Hold of Me", *Daily News*, 21 de junio de 2015, http://www.nydailynews.com/opinion/tim-parrish-hate-hold-article-1.2264643, revisado el 23 de octubre de 2015.

48. S. Y. Lui e I. Kawachi, "Discrimination and Telomere Length Among Older Adults in the US: Does the Association Vary by Race and Type of Discrimination?", en revisión, Public Health Reports.

49. D. H. Chae *et al.*, "Discrimination, Racial Bias, and Telomere Length in African American Men", *American Journal of Preventive Medicine* 46, núm. 2 (febrero de 2014): 103-111, doi:10.1016/j.amepre.2013.10.020.

50. M. Peckham, "This Billboard Sucks Pollution from the Sky and Returns Purified Air", *Time*, 1° de mayo de 2014, <http://time.com/84013/this-

billboard-sucks-pollution-from-the-sky-and-returns-purified-air/>, revisado el 24 de noviembre de 2015.

51. J. Diers, *Neighbor Power: Building Community the Seattle Way* (Seattle, Universidad de Washington, 2004).

52. K. M. M. Beyer *et al.*, "Exposure to Neighborhood Green Space and Mental Health: Evidence from the Survey of the Health of Wisconsin", *International Journal of Environmental Research and Public Health* 11, núm. 3 (marzo de 2014): 3453-3472, doi:10.3390/ijerph110303453, y Roe *et al.*, *op. cit.*

53. C. C. Branas *et al.*, "A Difference-in-Differences Analysis of Health, Safety, and Greening Vacant Urban Space", *American Journal of Epidemiology* 174, núm. 11 (1° de diciembre de 2011): 1296-1306, doi:10.1093/aje/kwr273.

54. E. D. Wesselmann, F. D. Cardoso, S. Slater y K. D. Williams, "To Be Looked At as Though Air: Civil Attention Matters", *Psychological Science* 23, núm. 2 (febrero de 2012): 166-168, doi:10.1177/0956797611427921.

55. N. Guéguen y M-A De Gail, "The Effect of Smiling on Helping Behavior: Smiling and Good Samaritan Behavior", *Communication Reports,* 16, núm. 2 (2003): 133-140, doi: 10.1080/08934210309384496.

Capítulo doce. Embarazo: el envejecimiento celular empieza en el vientre materno

1. J. B. Hjelmborg *et al.*, "The Heritability of Leucocyte Telomere Length Dynamics", *Journal of Medical Genetics* 52, núm. 5 (mayo de 2015): 297-302, doi:10.1136/jmedgenet-2014-102736.

2. J. M. Wojcicki *et al.*, "Cord Blood Telomere Length in Latino Infants: Relation with Maternal Education and Infant Sex", *Journal of Perinatology: Official Journal of the California Perinatal Association* 36, núm. 3 (marzo de 2016): 235-241, doi:10.1038/jp.2015.178.

3. B. L. Needham *et al.*, "Socioeconomic Status and Cell Aging in Children", *Social Science and Medicine* (1982) 74, núm. 12 (junio de 2012): 1948-1951, doi:10.1016/j.socscimed.2012.02.019.

4. L. C. Collopy *et al.*, "Triallelic and Epigenetic-like Inheritance in Human Disorders of Telomerase", *Blood* 126, núm. 2 (9 de julio de 2015): 176-184, doi:10.1182/blood-2015-03-633388.

5. P. Factor-Litvak *et al.*, "Leukocyte Telomere Length in Newborns: Implications for the Role of Telomeres in Human Disease", *Pediatrics* 137, núm. 4 (abril de 2016): e20153927, doi:10.1542/peds.2015-3927.

6. T. De Meyer *et al.*, "A Non-Genetic, Epigenetic-like Mechanism of Telomere Length Inheritance?", *European Journal of Human Genetics* 22, núm. 1 (enero de 2014): 10-11, doi:10.1038/ejhg.2013.255.

7. Collopy *et al.*, *op. cit.*

8. J. L. Tarry-Adkins *et al.*, "Maternal Diet Influences DNA Damage, Aortic Telomere Length, Oxidative Stress, and Antioxidant Defense Capacity in Rats", *FASEB Journal: Official Publication of the Federation of American Societies for Experimental Biology* 22, núum. 6 (junio de 2008): 2037-2344, doi:10.1096/fj.07-099523.

9. C. E. Aiken, J. L. Tarry-Adkins y S. E. Ozanne, "Suboptimal Nutrition in Utero Causes DNA Damage and Accelerated Aging of the Female Reproductive Tract", *FASEB Journal: Official Publication of the Federation of American Societies for Experimental Biology* 27, núm. 10 (octubre de 2013): 3959-3965, doi:10.1096/fj.13-234484.

10. C. E. Aiken, J. L. Tarry-Adkins y S. E. Ozanne, "Transgenerational Developmental Programming of Ovarian Reserve", *Scientific Reports* 5 (2015): 16175, doi:10.1038/srep16175.

11. J. L. Tarry-Adkins *et al.*, "Nutritional Programming of Coenzyme Q: Potential for Prevention and Intervention?", *FASEB Journal: Official Publication of the Federation of American Societies for Experimental Biology* 28, núm. 12 (diciembre de 2014): 5398-5405, doi:10.1096/fj.14-259473.

12. C. Bull, H. Christensen y M. Fenech, "Cortisol Is Not Associated with Telomere Shortening or Chromosomal Instability in Human Lymphocytes Cultured Under Low and High Folate Conditions", *PLOS ONE* 10, núm. 3 (6 de marzo de 2015): e0119367, doi:10.1371/journal.pone.0119367, y C. Bull *et al.*, "Folate Deficiency Induces Dysfunctional Long and Short Telomeres; Both States Are Associated with Hypomethylation and DNA Damage in Human WIL2-NS Cells", *Cancer Prevention Research* (Philadelphia, Pa.) 7, núm. 1 (enero de 2014): 128-38, doi:10.11 58/1940-6207.CAPR-13-0264.

13. S. Entringer *et al.*, "Maternal Folate Concentration in Early Pregnancy and Newborn Telomere Length", *Annals of Nutrition and Metabolism* 66, núm. 4 (2015): 202-208, doi:10.1159/000381925.

14. J. Z. Cerne *et al.*, "Functional Variants in CYP1B1, KRAS and MTHFR Genes Are Associated with Shorter Telomere Length in Postmenopausal Women", *Mechanisms of Ageing and Development* 149 (julio de 2015): 1-7, doi:10.1016/j.mad.2015.05.003.

15. "Folic Acid Fact Sheet", Womenshealth.gov, <http://womenshealth.gov/publications/our-publications/fact-sheet/folic-acid.html>, revisado el 27 de noviembre de 2015.

16. L. Paul *et al.*, "High Plasma Folate Is Negatively Associated with Leuko-cyte Telomere Length in Framingham Offspring Cohort", *European Journal of Nutrition* 54, núm. 2 (marzo de 2015): 235-241, doi:10.1007/s00394-014-0704-1.

17. S. Entringer *et al.*, "Maternal Psychosocial Stress During Pregnancy Is Associated with Newborn Leukocyte Telomere Length", *American Journal of Obstetrics and Gynecology* 208, núm. 2 (febrero de 2013): 134.e1-7, doi:10.1016/j.ajog.2012.11.033.

18. N. M. Marchetto *et al.*, "Prenatal Stress and Newborn Telomere Length", *American Journal of Obstetrics and Gynecology,* 30 de enero de 2016, doi:10.1016/j.ajog.2016.01.177.

19. S. Entringer *et al.*, "Influence of Prenatal Psychosocial Stress on Cytokine Production in Adult Women", *Developmental Psychobiology* 50, núm. 6 (septiembre de 2008): 579-587, doi:10.1002/dev.20316.

20. S. Entringer *et al.*, "Stress Exposure in Intrauterine Life Is Associated with Shorter Telomere Length in Young Adulthood", *Proceedings of the National Academy of Sciences of the United States of America* 108, núm. 33 (16 de agosto de 2011): E513-E518, doi:10.1073/pnas.1107759108.

21. *Idem.*

22. M. Haussman y B. Heidinger, "Telomere Dynamics May Link Stress Exposure and Ageing across Generations", *Biology Letters* 11, núm. 11 (noviembre de 2015), doi:10.1098/rsbl.2015.0396.

Capítulo trece. La importancia de la infancia en nuestra vida: cómo los primeros años dan forma a los telómeros

1. M. C. Sullivan, "For Romania's Orphans, Adoption Is Still a Rarity", National Public Radio, 19 de agosto de 2012, <http://www.npr.org/2012/08/19/158924764/for-romanias-orphans-adoption-is-still-a-rarity>.

2. L. Ahern, "Orphanages Are No Place for Children", *Washington Post*, 9 de agosto de 2013, <https://www.washingtonpost.com/opinions/orpha-nages-are-no-place-for-children/2013/08/09/6d502fb0-fadd-11e2-a369-d1954abcb7e3_story.html>, revisado el 14 de octubre de 2015.

3. V. J. Felitti *et al.*, "Relationship of Childhood Abuse and Household Dysfunction to Many of the Leading Causes of Death in Adults: The Adverse Childhood Experiences (ACE) Study", *American Journal of Preventive Medicine* 14, núm. 4 (mayo de 1998): 245-258.

4. S. H. Chen *et al.*, "Adverse Childhood Experiences and Leukocyte Telomere Maintenance in Depressed and Healthy Adults", *Journal of Affective*

Disorders 169 (diciembre de 2014): 86-90, doi:10.1016/j.jad.2014. 07.035.

5. M. R. Skilton *et al.*, "Telomere Length in Early Childhood: Early Life Risk Factors and Association with Carotid Intima-Media Thickness in Later Childhood", *European Journal of Preventive Cardiology* 23, núm. 10 (julio de 2016), 1086-1092, doi:10.1177/2047487315607075.

6. S. S. Drury *et al.*, "Telomere Length and Early Severe Social Deprivation: Linking Early Adversity and Cellular Aging", *Molecular Psychiatry* 17, núm. 7 (julio de 2012): 719-727, doi:10.1038/mp.2011.53.

7. J. Hamilton, "Orphans' Lonely Beginnings Reveal How Parents Shape a Child's Brain", National Public Radio, 24 de febrero de 2014, <http://www.npr.org/sections/health-shots/2014/02/20/280237833/orphans-lonely-beginnings-reveal-how-parents-shape-a-childs-brain>, revisado el 15 de octubre de 2015.

8. A. Powell, "Breathtakingly Awful", *Harvard Gazette*, 5 de octubre de 2010, <http://news.harvard.edu/gazette/story/2010/10/breathtakingly-awful/>, revisado el 26 de octubre de 2015.

9. Entrevista de las autores a Charles Nelson, 18 de septiembre de 2015.

10. I. Shalev *et al.*, "Exposure to Violence During Childhood Is Associated with Telomere Erosion from 5 to 10 Years of Age: A Longitudinal Study", *Molecular Psychiatry* 18, núm. 5 (mayo de 2013): 576-581, doi:10. 1038/mp.2012.32.

11. L. H. Price *et al.*, "Telomeres and Early-Life Stress: An Overview", *Biological Psychiatry* 73, núm. 1 (1° de enero de 2013): 15-23, doi:10.1016/j. biopsych.2012.06.025.

12. D. Révész, Y. Milaneschi, E. M. Terpstra y B. W. J. H. Penninx, "Baseline Biopsychosocial Determinants of Telomere Length and 6-Year Attrition Rate", *Psychoneuroendocrinology* 67 (mayo de 2016): 153-162, doi: 10.1016/j.psyneuen.2016.02.007.

13. A. Danese y B. S. McEwen, "Adverse Childhood Experiences, Allostasis, Allostatic Load y Age-Related Disease", *Physiology & Behavior* 106, núm. 1 (12 de abril de 2012): 29-39, doi:10.1016/j.physbeh.2011.08.019.

14. F. J. Infurna, C. T. Rivers, J. Reich y A. J. Zautra, "Childhood Trauma and Personal Mastery: Their Influence on Emotional Reactivity to Everyday Events in a Community Sample of Middle-Aged Adults", *PLOS ONE* 10, núm. 4 (2015): e0121840, doi:10.1371/journal.pone. 01 21840.

15. A. Schrepf, K. Markon y S. K. Lutgendorf, "From Childhood Trauma to Elevated C-Reactive Protein in Adulthood: The Role of Anxiety and

Emotional Eating", *Psychosomatic Medicine* 76, núm. 5 (junio de 2014): 327-336, doi:10.1097/PSY.0000000000000072.

16. D. Lim y D. DeSteno, "Suffering and Compassion: The Links Among Adverse Life Experiences, Empathy, Compassion, and Prosoial Behavior", *Emotion* 16, núm. 2 (marzo de 2016): 175-182, doi:10.1037/emo 0000144.

17. A. Asok *et al.*, "Infant-Caregiver Experiences Alter Telomere Length in the Brain", PLOS ONE 9, núm. 7 (2014): e101437, doi:10.1371/journal. pone.0101437.

18. B. S. McEwen, C. N. Nasca y J. D. Gray, "Stress Effects on Neuronal Structure: Hippocampus, Amygdala, and Prefrontal Cortex", *Neuropsychopharmacology: Official Publication of the American College of Neuropsychopharmacology* 41, núm. 1 (enero de 2016): 3-23, doi:10.1038/ npp.2015.171, y A. F. T. Arnsten, "Stress Signalling Pathways That Impair Prefrontal Cortex Structure and Function", *Nature Reviews Neuroscience* 10, núm. 6 (junio de 2009): 410-422, doi:10.1038/nrn2648.

19. S. Suomi, "Attachment in Rhesus Monkeys", en *Handbook of Attachment: Theory, Research, and Clinical Applications*, ed. J. Cassidy y P. R. Shaver, 3a ed. (Nueva York, Guilford Press, 2016).

20. L. Schneper, Jeanne Brooks-Gunn, Daniel Notterman y Stephen Suomi, "Early Life Experiences and Telomere Length in Adult Rhesus Monkeys: An Exploratory Study", *Psychosomatic Medicine*, en imprenta (n.d.).

21. M. R. Gunnar *et al.*, "Parental Buffering of Fear and Stress Neurobiology: Reviewing Parallels Across Rodent, Monkey, and Human Models", *Social Neuroscience* 10, núm. 5 (2015): 474-478, doi:10.1080/1747091 9.2015.1070198.

22. C. E. Hostinar, R. M. Sullivan y M. R. Gunnar, "Psychobiological Mechanisms Underlying the Social Buffering of the Hypothalamic Pituitary-Adrenocortical Axis: A Review of Animal Models and Human Studies Across Development", *Psychological Bulletin* 140, núm. 1 (enero de 2014): 256-282, doi:10.1037/a0032671.

23. J. R. Doom, C. E. Hostinar, A. A. VanZomeren-Dohm y M. R. Gunnar, "The Roles of Puberty and Age in Explaining the Diminished Effectiveness of Parental Buffering of HPA Reactivity and Recovery in Adolescence", *Psychoneuroendocrinology* 59 (septiembre de 2015): 102-111, doi: 10.1016/j.psyneuen.2015.04.024.

24. M. D. Seery *et al.*, "An Upside to Adversity?: Moderate Cumulative Lifetime Adversity Is Associated with Resilient Responses in the Face of Controlled Stressors", *Psychological Science* 24, núm. 7 (1° de julio de 2013): 1181-1189, doi:10.1177/0956797612469210.

25. A. Asok *et al.*, "Parental Responsiveness Moderates the Association Between Early-Life Stress and Reduced Telomere Length", *Development and Psychopathology* 25, núm. 3 (agosto de 2013): 577-585, doi:10.1017/S0954579413000011.

26. K. Bernard, C. E. Hostinar y M. Dozier, "Intervention Effects on Diurnal Cortisol Rhythms of Child Protective Services–Referred Infants in Early Childhood: Preschool Follow-Up Results of a Randomized Clinical Trial", *JAMA Pediatrics* 169, núm. 2 (febrero de 2015): 112-119, doi:10.1001/jamapediatrics.2014.2369.

27. C. H. Kroenke *et al.*, "Autonomic and Adrenocortical Reactivity and Buccal Cell Telomere Length in Kindergarten Children", *Psychosomatic Medicine* 73, núm. 7 (septiembre de 2011): 533-540, doi:10.1097/PSY.0b013e318229acfc.

28. J. M. Wojcicki *et al.*, "Telomere Length Is Associated with Oppositional Defiant Behavior and Maternal Clinical Depression in Latino Preschool Children", *Translational Psychiatry* 5 (junio de 2015): e581, doi:10.1038/tp.2015.71, y D. S. Costa *et al.*, "Telomere Length Is Highly Inherited and Associated with Hyperactivity-Impulsivity in Children with Attention Deficit/Hyperactivity Disorder", *Frontiers in Molecular Neuroscience* 8 (julio de 2015): 28, doi:10.3389/fnmol.2015.00028.

29. Kroenke *et al.*, *op. cit.*

30. W. T. Boyce y B. J. Ellis, "Biological Sensitivity to Context: I. An Evolutionary-Developmental Theory of the Origins and Functions of Stress Reactivity", *Development and Psychopathology* 17, núm. 2 (primavera de 2005): 271-301.

31. M. H. Van Ijzendoorn y M. J. Bakermans-Kranenburg, "Genetic Differential Susceptibility on Trial: Meta-analytic Support from Randomized Controlled Experiments", *Development and Psychopathology* 27, núm. 1 (febrero de 2015): 151-162, doi:10.1017/S0954579414001369.

32. M. Colter *et al.*, "Social Disadvantage, Genetic Sensitivity, and Children's Telomere Length", *Proceedings of the National Academy of Sciences of the United States of America* 111, núm. 16 (22 de abril de 2014): 5944-5949, doi:10.1073/pnas.1404293111.

33. G. H. Brody, T. Yu, S. R. H. Beach y R. A. Philibert, "Prevention Effects Ameliorate the Prospective Association Between Nonsupportive Parenting and Diminished Telomere Length", *Prevention Science: The Official Journal of the Society for Prevention Research* 16, núm. 2 (febrero de 2015): 171-180, doi:10.1007/s11121-014-0474-2; S. R. H. Beach *et al.*, "Nonsupportive Parenting Affects Telomere Length in Young Adulthood

Among African Americans: Mediation through Substance Use", *Journal of Family Psychology: JFP: Journal of the Division of Family Psychology of the Asociación Americana de Psicología (Division 43)* 28, núm. 6 (diciembre de 2014): 967-972, doi:10.1037/fam0000039, y G. H. Brody *et al.*, "The Adults in the Making Program: Long-Term Protective Stabilizing Effects on Alcohol Use and Substance Use Problems for Rural African American Emerging Adults", *Journal of Consulting and Clinical Psychology* 80, núm. 1 (febrero de 2012): 17-28. doi:10.1037/a0026592.

34. Brody *et al.*, "Prevention Effects...", *op. cit.*, y Beach *et al.*, *op. cit.*

35. J. M. Spielberg, T. M. Olino, E. E. Forbes y R. E. Dahl, "Exciting Fear in Adolescence: Does Pubertal Development Alter Threat Processing?", *Developmental Cognitive Neuroscience* 8 (abril de 2014): 86-95, doi: 10.1016/j.dcn.2014.01.004, y J. S. Peper y R. E. Dahl, "Surging Hormones: Brain-Behavior Interactions During Puberty", *Current Directions in Psychological Science* 22, núm. 2 (abril de 2013): 134-139, doi:10.1177/0963721412473755.

36. S. Turkle, *Reclaiming Conversation: The Power of Talk in a Digital Age* (Nueva York, Penguin Press, 2015).

37. D. Siegel y T. P. Bryson, *El cerebro del niño*, Alba Editorial, 2012.

38. T. F. Robles *et al.*, "Emotions and Family Interactions in Childhood: Associations with Leukocyte Telomere Length Emotions, Family Interactions, and Telomere Length", *Psychoneuroendocrinology* 63 (enero de 2016): 343-350, doi:10.1016/j.psyneuen.2015.10.018.

Conclusión. Interconectados: Nuestro legado celular

1. K. E. Pickett y R. G. Wilkinson, "Inequality: An Underacknowledged Source of Mental Illness and Distress", *British Journal of Psychiatry: The Journal of Mental Science* 197, núm. 6 (diciembre de 2010): 426-428, doi:10.1192/bjp.bp.109.072066.

2. C. Stone, D. Trisi, A. Sherman y B. Debot, "A Guide to Statistics on Historical Trends in Income Inequality", Center on Budget and Policy Priorities, 26 de octubre de 2015, <http://www.cbpp.org/research/poverty-and-inequality/a-guide-to-statistics-on-historical-trends-ininco me-inequality>.

3. K. E. Pickett y R. G. Wilkinson, "The Ethical and Policy Implications of Research on Income Inequality and Child Wellbeing", *Pediatrics* 135, supl. 2 (marzo de 2015): S39-S47, doi:10.1542/peds.2014-3549E.

4. *Idem.*, y R. G. Wilkerson y K. Pickett, *The Spirit Level: Why More Equal Societies Almost Always Do Better* (Londres, Allen Lane, 2009).

5. E. A. Mayer *et al.*, "Gut Microbes and the Brain: Paradigm Shift in Neuroscience", *Journal of Neuroscience: The Official Journal of the Society for Neuroscience* 34, núm. 46 (12 de noviembre de 2014): 15490-15496, doi:10.1523/JNEUROSCI.3299-14.2014; M. Picard, R. P. Juster y B. S. McEwen, "Mitoc0068ondrial Allostatic Load Puts the 'Gluc' Back in Glucocorticoids", *Nature Reviews Endocrinology* 10, núm. 5 (mayo de 2014): 303-310, doi:10.1038/nrendo.2014.22, y M. Picard *et al.*, "Chronic Stress and Mitochondria Function in Humans", en revisión.

6. F. J. Varela, E. Thompson y E. Rosch, *The Embodied Mind* (Cambridge, MA, MIT Press, 1991).

7. "Zuckerberg: One in Seven People on the Planet Used Facebook on Monday", *Guardian*, 28 de agosto de 2015, <http://www.theguardian.com/technology/2015/aug/27/facebook-1bn-users-day-mark-zuckerberg>, revisado el 26 de octubre de 2015, y "Number of Monthly Active Facebook Users Worldwide as of 1st Quarter 2016 (in Millions)", *Statista*, <http://www.statista.com/statistics/264810/number-of-monthly-active-facebook-users-worldwide/>.

Permisos

Agradecemos a todos los autores y organizaciones que nos dieron los permisos para reproducir las figuras, tablas, gráficas e imágenes.

Por las figuras, agradecemos a:

Blackburn, Elizabeth H., Elissa S. Epel y Jue Lin, "Human Telomere Biology: A Contributory and Interactive Factor in Aging, Disease Risks, and Protection", *Science* (Nueva York, N. Y.) 350, núm. 6265 (4 de diciembre de 2015): 1193-1198. **Reproducido con la autorización de AAAS.**

Epel, Elissa S., Elizabeth H. Blackburn, Jue Lin, Firdaus S. Dhabhar, Nancy E. Adler, Jason D. Morrow y Richard M. Cawthon, "Accelerated Telomere Shortening in Response to Life Stress", *Proceedings of the National Academy of Sciences of the United States of America* 101, núm. 49 (7 de diciembre de 2004): 17312-17315. **Permiso otorgado por la National Academy of Sciences, U.S.A. Copyright (2004) National Academy of Sciences, U.S.A.**

Cribbet, M. R., M. Carlisle, R. M. Cawthon, B. N. Uchino, P. G. Williams, T. W. Smith y K. C. Light, "Cellular Aging and Restorative Processes: Subjective Sleep Quality and Duration Moderate the

Association between Age and Telomere Length in a Sample of Middle-Aged and Older Adults", SLEEP 37, núm. 1: 65-70. **Reproducido con la autorización de la American Academy of Sleep Medicine; permiso transmitido a través de Copyright Clearance Center, Inc.**

Carroll J. E., S. Esquivel, A. Goldberg, T. E. Seeman, R. B. Effros, J. Dock, R. Olmstead, E. C. Breen y M. R. Irwin, "Insomnia and Telomere Length in Older Adults", SLEEP 39, núm. 3 (2016): 559-564. **Reproducido con la autorización de la American Academy of Sleep Medicine; permiso transmitido a través de Copyright Clearance Center, Inc.**

Farzaneh-Far R., J. Lin, E. S. Epel, W. S. Harris, E. H. Blackburn y M. A. Whooley, "Association of Marine Omega-3 Fatty Acid Levels with Telomeric Aging in Patients with Coronary Heart Disease", *JAMA* 303, núm. 3 (2010): 250-257. **Permiso otorgado por la American Medical Association.**

Park, M., J. E. Verhoeven, P. Cuijpers, C. F. Reynolds III y B. W. J. H. Penninx, "Where You Live May Make You Old: The Association between Perceived Poor Neighborhood Quality and Leukocyte Telomere Length", PLOS ONE 10, núm. 6 (2015), e0128460. <http://doi.org/10.1371/journal.pone.0128460>. **Permisos otorgados por Park *et al.* a través de la Creative Commons Attribution License. Copyright © 2015 *Park et al.***

Brody, G. H., T. Yu, S. R. H. Beach y R. A. Philibert, "Prevention Effects Ameliorate the Prospective Association between Nonsupportive Parenting and Diminished Telomere Length", *Prevention Science: The Official Journal of the Society for Prevention Research* 16, núm. 2 (febrero de 2015): 171-180. **Con la autorización de Springer.**

Pickett, Kate E., y Richard G. Wilkinson. "Inequality: An Underacknowledged Source of Mental Illness and Distress", *The British Journal of Psychiatry: The Journal of Mental Science* 197, núm. 6 (diciembre de 2010): 426-428. **Permisos otorgados por la Royal College of Psychiatrists. Copyright, the Royal College of Psychiatrists.**

Por las gráficas y tablas agradecemos a:

Kiernan, M., D. E. Schoffman, K. Lee, S. D. Brown, J. M. Fair, M. G. Perri y W. L. Haskell, "The Stanford Leisure-Time Activity Categorical Item (L-CAT): A Single Categorical Item Sensitive to Physical Activity Changes in Overweight/Obese Women", *International Journal of Obesity* 37 (2013): 1597-1602. **Permisos otorgados por Nature Publishing Group y la doctora Michaela Kiernan, Escuela de Medicina de la Universidad de Stanford. Copyright 2013. Reproducido con la autorización de Macmillan Publishers Ltd.**

The ENRICHD Investigators, "Enhancing Recovery in Coronary Heart Disease (ENRICHD): Baseline Characteristics", *The American Journal of Cardiology* 88, núm. 3 (1° de agosto de 2001): 316-322. **Permisos otorgados por las revistas científicas y tecnológicas Elsevier y la doctora Pamela Mitchell de la Universidad de Washington. Permiso transmitido a través de Copyright Clearance Center, Inc. Reproducido con la autorización de las revistas científicas y tecnológicas Elsevier.**

Buysse, Daniel J., Charles F. Reynolds III, Timothy H. Monk, Susan R. Berman y David J. Kupfer, "The Pittsburgh Sleep Quality Index: A New Instrument for Psychiatric Practice and Research", *Psychiatry Research* 28, núm. 2 (mayo de 1989): 193-213. **Copyright © 1989 y 2010, Universidad de Pittsburgh. Todos los derechos reservados. Permisos otorgados por el doctor Daniel Buysse y la Universidad de Pittsburgh.**

Scheier, M. F., y C. S. Carver, "Optimism, Coping, and Health: Assessment and Implications of Generalized Outcome Expectancies", *Health Psychology* 4, núm. 3 (1985): 219-247. **Permisos otorgados por el doctor Michael Scheier, Universidad Carnegie Mellon y la Asociación Americana de Psicología (APA, por sus siglas en inglés).**

Trapnell, P. D., J. D. Campbell, "Private Self-Consciousness and the Five-Factor Model of Personality: Distinguishing Rumination from Reflection", *Journal of Personality and Social Psychology* 76 (1999): 284-

330. Permisos otorgados por el doctor Paul Trapnell, Universidad de Winnipeg, y la Asociación Americana de Psicología.

John, O. P., E. M. Donahue y R. L. Kentle, *The Big Five Inventory— Versions 4a and 54*, Berkeley: Universidad de California, Berkeley, Institute of Personality and Social Research, 1991. **Permisos otorgados por el doctor Oliver John, Universidad de California, Berkeley.**

Scheier, M. F., C. Wrosch, A. Baum, S. Cohen, L. M. Martire, K. A. Matthews, R. Schulz y B. Zdaniuk, "The Life Engagement Test: Assessing Purpose in Life", *Journal of Behavioral Medicine* 29 (2006): 291-298. **Con la autorización de Springer. Permisos otorgados por Springer Publishing y el doctor Michael Scheier, Universidad Carnegie Mellon.**

La Adverse Childhood Experiences Scale (ACES) fue **reproducida con la autorización del doctor** Vincent Felitti, Co-PI, Adverse Childhood Experiences Study, Universidad de California, San Diego.

Acerca de las autoras

La doctora Elizabeth Blackburn recibió el Premio Nobel de Medicina en 2009 junto con dos colegas por el descubrimiento de la naturaleza molecular de los telómeros, los extremos de los cromosomas que sirven de protectores, y por descubrir la telomerasa, la enzima que los mantiene. En la actualidad es presidenta del Instituto Salk y profesor emérito de UCSF. Blackburn es expresidenta de la American Association for Cancer Research (Asociación Americana para la Investigación del Cáncer) y la American Society for Cell Biology (Sociedad Americana de Biología Celular) y ha recibido casi todos los premios importantes de medicina, incluyendo el Premio Albert Lasker por Investigación Médica Básica. La revista *Time* la nombró una de las 100 personas más influyentes. Es miembro de la Royal Society de Londres y de las Academias Nacionales de Ciencias y Medicina de Estados Unidos. Blackburn ayudó a guiar la política de ciencia para el público y colaboró en el Consejo Presidencial de Bioética, un comité de asesoría para el presidente de Estados Unidos.

Nació en Tasmania, Australia. Hizo la licenciatura en ciencias en la Universidad de Melbourne y el doctorado en biología molecular en la Universidad de Cambridge. Realizó su beca posdoctoral en la Universidad de Yale. En la actualidad, ella y su esposo viven una parte del tiempo en La Jolla y otra en San Francisco, ambas ciudades en California.

La doctora Elissa Epel es una destacada psicóloga que estudia estrés, envejecimiento y obesidad. Es profesora en el Departamento de Psiquiatría de la UCSF, directora del Aging, Metabolism, and Emotions (AME) Center [Centro de Envejecimiento, Metabolismo y Emociones] de la UCSF, directora de COAST, un centro de investigación sobre obesidad de la UCSF y directora asociada del Centro para la Salud y la Comunidad de la UCSF. Es miembro de la Academia Nacional de Medicina y participa en comités para dar asesoría científica a las iniciativas del Instituto Nacional de Salud (como el programa Ciencia del Cambio de Comportamiento), el Instituto Mind & Life y la Sociedad Europea de Medicina Preventiva. Ha recibido muchos galardones de investigación, incluyendo premios de la Universidad de Stanford, la Society de Behavioral Medicine, la Academy of Behavioral Medicine Research y la Asociación Psicológica Americana (APA).

Epel nació en Carmel, California. Hizo la licenciatura en la Universidad de Stanford y el doctorado en psicología clínica y de salud en la Universidad de Yale. Completó su práctica clínica en el Veterans Administration Palo Alto Healthcare System y la beca posdoctoral en la UCSF. Vive en San Francisco con su esposo y su hijo.

La solución de los telómeros de Elizabeth Blackburn / Elissa Epel
se terminó de imprimir en julio de 2017
en los talleres de
Litográfica Ingramex, S.A. de C.V.
Centeno 162-1, Col. Granjas Esmeralda, C.P. 09810
Ciudad de México.